电力电缆

选型与敷设

DIANLI DIANLAN

XUANXING YU FUSHE

第三版

The Third Edition

 黄 威 夏新民 等编

U0243725

化学工业出版社

·北京·

图书在版编目（CIP）数据

电力电缆选型与敷设/黄威等编. —3 版. —北京：化学
工业出版社，2017.5（2025.5重印）
　ISBN 978-7-122-29283-4

　Ⅰ．①电… 　Ⅱ．①黄… 　Ⅲ．①电力电缆-选型②电力电
缆-电缆敷设　　Ⅳ．①TM247②TM757

　中国版本图书馆 CIP 数据核字（2017）第 050595 号

责任编辑：高墨荣　　　　　　　装帧设计：刘丽华
责任校对：王　静

出版发行：化学工业出版社（北京市东城区青年湖南街 13 号　邮政编码 100011）
印　　装：北京天宇星印刷厂
850mm×1168mm　1/32　印张 10　字数 269 千字
2025 年 5 月北京第 3 版第 9 次印刷

购书咨询：010-64518888　　　　　　　售后服务：010-64518899
网　　址：http://www.cip.com.cn
凡购买本书，如有缺损质量问题，本社销售中心负责调换。

定　　价：38.00 元　　　　　　　　　　版权所有　违者必究

前　言

电缆线路相比较架空线路有着极大的优越性，因此电缆的应用日益广泛，各类电缆的生产制造、新品种的开发也日趋增多。特别是从城乡电网改造开始，工矿企业、城镇的景观街道、高层建筑等已经普遍实现电缆化。摆在使用者和建设者面前的任务是如何培养和训练一支具有中、高级技术水平和操作技能的电缆敷设安装及维护队伍，使员工既能采用先进的技术和安装工艺进行电缆线路的敷设，又能在电缆运行维护全过程中用有关质量标准进行跟踪监视和检测，同时也能进行必要的故障检查和判别。为了满足广大电气专业技术人员和工人学习和掌握电力电缆选型、敷设施工技术的需要，也为了提高电力电缆敷设工程质量，为确保电力系统安全经济运行，我们在参考有关技术资料的基础上，结合多年的施工和维修经验，编写了本书。本次修订是在第二版的基础上删减了过时的内容，增加了典型电力电缆的结构和性能、电缆的固定、电缆的过电压及防雷接地保护等内容。本书力求帮助读者解决在电力电缆线路选型、敷设施工及平时维护管理中遇到的问题。

本书可供从事电力电缆选型、线路设计施工的工程技术人员和现场工人使用，也可供职业技术院校有关专业师生参考。

本书由黄威、夏新民、黄一平、黄禹、孙琴梅参与编写。其中孙琴梅编写第 1 章，黄一平编写第 2 章，黄禹编写第 3、4 章，夏新民编写第 5 章，黄威编写第 6 章。全书由夏新民统稿。本书在编写过程中，得到了刘学红、王艳红、张敏的大力支持，在此表示衷心的感谢。

由于水平有限，书中不妥之处在所难免，敬请广大读者批评指正。

编者

目　　录

第1章 电力电缆的基础知识

1.1 电力电缆的用途与优缺点

发电厂发出的电能传送到远方的变电所、配电所及各种用户，是通过架空线路或电缆线路实现的。用于传送和分配电能的电缆，称为电力电缆。

电能传送中，通过建筑物和居民密集的地区，地面空隙有限，不能立设杆塔和架空线，就需要施放地下电缆。在发电厂或变电所中，引出线很多，往往因空间不够，也需用电缆来输送电能。

采用电缆输送电能比用架空线具有下列优点。

① 占地小。地下敷设不占地面空间，不受地面建筑物的影响，不需在地面架设杆塔、导线，适用于城市、街道供电，使市容整齐美观。

② 对人身比较安全。地下隐蔽工程，人们不可能触及。

③ 供电可靠，不受外界的影响。自然界常见的如雷击、风害、水、风筝、鸟害等因素会造成架空线的短路和接地等故障，而电缆则不会受影响。

④ 运行维护简单方便，工作量少，费用低。

⑤ 电缆的电容较大，有利于提高电力系统的功率因素。

对于地下水电站来说，电缆引出线成为它不可缺少的一个重要组成部分，对于过江、过河输电线路，由于跨度太大而不宜敷设架空线，或者为了避免架空线对船只通航的障碍时，宜采用电缆，为避免电力线对通信产生干扰，则多采用电缆，在大城市人口稠密区的配电网、大型工厂、发电厂以及电网交叉区、交通拥挤区等，也需采用电缆，其占地少，安全可靠，可以减少电网对交通、城市建设的影响。但是，电缆线路与架空线路比较存在如下缺点。

① 成本高，投资费用较大。

② 敷设后不易更换变动，不宜作临时性的线路使用。

③ 线路不易分支。

④ 故障测寻困难。

⑤ 检修费工、费时、费用大。

⑥ 电缆头的制作工艺要求较高。

综上所述，在什么情况下采用电缆，需综合考虑后再决定。

1.2 电力电缆的种类及特征

1.2.1 电力电缆的种类

电力电缆按绝缘材料、电能形式、结构特征、电压等级、导体标称截面积、导体芯数以及安装敷设的环境等有以下分类。

（1）按绝缘材料分类

① 油纸绝缘

a. 黏性浸渍纸绝缘（统包型、分相屏蔽型）。

b. 不滴流浸渍纸绝缘（统包型、分相屏蔽型）。

c. 有油压、油浸渍纸绝缘（自容式充油电缆、钢管充油电缆）。

d. 有气压、黏性浸渍纸绝缘（自容式充气电缆、钢管充气电缆）。

② 塑料绝缘

a. 聚氯乙烯绝缘。

b. 聚乙烯绝缘。

c. 交联聚乙烯绝缘。

③ 橡胶绝缘

a. 天然橡胶绝缘。

b. 乙丙橡胶绝缘。

c. 丁基橡胶绝缘。

（2）按传输电能形式分类

按传输电能形式分交流电缆和直流电缆。目前电力电缆的绝缘部分均为应用于交流系统而设计。直流电力电缆的电场分布与交流电力电缆不同，因此需要特殊设计。

（3）按结构特征分类

① 统包型：缆芯成缆后，在外面包有统包绝缘，并置于同一内护套中。

② 分相型：主要是分相屏蔽，一般用在 10～35kV，有油纸绝缘和塑料绝缘。

③ 钢管型：电缆绝缘外有钢管护套，分钢管充油、充气电缆和钢管油压式、气压式电缆。

④ 扁平型：三芯电缆的外形呈扁平状，一般用于大长度海底电缆。

⑤ 自容型：护套内部有压力的电缆，分自容式充油电缆和充气电缆。

（4）按电压等级分类

电力电缆都是按一定电压等级制造的，由于绝缘材料及运行情况不同，使用于不同的电压等级。我国电缆产品的电压等级有 0.6/1kV、1/1kV、3.6/6kV、6/6kV、6/10kV、8.7/10kV、8.7/15kV、12/15kV、15/20kV、18/20kV、18/30kV、21/35kV、26/35kV、36/63kV、48/63kV、64/110kV、127/220kV、190/330kV、290/500kV 共 19 种。

电压等级有两个数值，用斜杠分开，斜杠前的数值是相电压值，斜杠后的数值是线电压值（设备最高电压）。常用电缆的电压等级 U_0/U（kV）为 0.6/1kV、3.6/6kV、6/10kV、21/35kV、36/63kV、64/110kV，这种电压等级的电缆适用于每次接地故障持续时间不超过 1min 的三相系统，而电压等级 U_0/U（kV）为 1/1kV、6/6kV、8.7/10kV、26/35kV、48/63kV 的电缆适用于每次接地故障持续时间一般不超过 2h、最长不超过 8h 的三相系统。在选择和使用电缆时应特别注意。

从施工技术要求，电缆中间接头、电缆终端结构特征及运行维护等方面考虑，也可以依据电压这样分类：低电压电力电缆（1kV）、中电压电力电缆（6～35kV）、高电压电力电缆（110～500kV）。

（5）按导体标称截面积分类

电力电缆的导体是按一定等级的标称截面积制造的，这样既便于制造，也便于施工。

我国电力电缆标称截面积系列为 $1.5mm^2$、$2.5mm^2$、$4mm^2$、$6mm^2$、$10mm^2$、$16mm^2$、$25mm^2$、$35mm^2$、$50mm^2$、$70mm^2$、$95mm^2$、$120mm^2$、$150mm^2$、$185mm^2$、$240mm^2$、$300mm^2$、$400mm^2$、$500mm^2$、$630mm^2$、$800mm^2$、$1000mm^2$、$1200mm^2$、$1400mm^2$、$1600mm^2$、$1800mm^2$、$2000mm^2$ 共 26 种。

（6）按导体芯数分类

电力电缆导体芯数有单芯、二芯、三芯、四芯和五芯共 5 种。单芯电缆通常用于传送单相交流电、直流电，也可在特殊场合使用（如高压电机引出线等），一般中低压大截面的电力电缆和高压充油电缆多为单芯；二芯电缆多用于传送单相交流电或直流电；三芯电缆主要用于三相交流电网中，在 35kV 及以下各种中小截面的电缆线路中得到广泛的应用；四芯和五芯电缆多用于低压配电线路。只有电压等级为 1kV 的电缆才有二芯、三芯、四芯和五芯。

（7）按敷设环境条件分类

地下直埋、地下管道、空气中、水底、矿井、高海拔、盐雾、大高差、多移动、潮热区等。一般环境因素对护层的结构影响较大，有的要求考虑力学保护，有的要求提高防腐蚀能力，有的要求增加柔软度等。

1.2.2　电力电缆的特征

现将几种电力电缆的主要特点分别叙述如下。

（1）油纸绝缘电缆

① 黏性浸渍纸绝缘电力电缆

　a. 成本低，工作寿命长。

　b. 结构简单，制造方便。

　c. 绝缘材料来源充足。

　d. 易于安装和维护。

　e. 油易淌流，不宜作高落差敷设。

　f. 允许工作场强较低，不宜作高电压电力传输。

　② 不滴流浸渍纸绝缘电力电缆

　a. 浸渍剂在工作温度下不滴流，适宜高落差敷设。

　b. 工作寿命较黏性浸渍电缆更长。

　c. 有较高的绝缘稳定性。

　d. 成本较黏性浸渍纸绝缘电缆稍高。

　（2）橡胶绝缘电缆

　① 柔软性好，易弯曲，橡胶在很大的温差范围内具有弹性，适宜作多次拆装的线路。

　② 橡胶的耐寒性能较好。

　③ 橡胶电缆有较好的电气性能、力学性能和化学稳定性。

　④ 对气体、潮气、水的防渗透性较好。

　⑤ 耐电晕、耐臭氧、耐热，耐油的性能较差，仅能适用于1000V 以下的电压等级。

　（3）塑料绝缘电缆

　① 聚氯乙烯绝缘电缆

　a. 安装工艺简单。

　b. 聚氯乙烯化学稳定性高，具有非燃性，材料来源充足。

　c. 能适应高落差敷设。

　d. 敷设维护简单方便。

　e. 聚氯乙烯电气性能低于聚乙烯。

　f. 工作温度高低对其力学性能有明显的影响。

　② 聚乙烯绝缘电缆

　a. 聚乙烯有优良的介电性能，但抗电晕、游离放电性能差。

　b. 聚乙烯工艺性能好，易于加工，耐热性差，受热易变形，易延燃，易发生应力龟裂。

③ 交联聚乙烯绝缘电缆

a. 交联聚乙烯的允许温升较高，所以电缆的允许载流量较大。

b. 交联聚乙烯有优良的介电性能，但抗电晕、游离放电性能差。

c. 交联聚乙烯的耐热性能好。

d. 适宜于高落差和垂直敷设。

e. 接头工艺虽较严格，但因为对技工的手艺技术水平要求不高，因此便于推广使用。

1.3　电力电缆的制造流程

1.3.1　油浸纸绝缘电缆生产过程

见图 1-1。

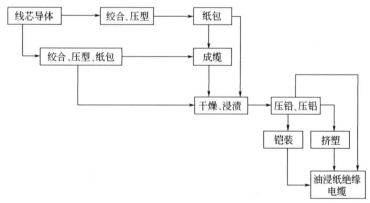

图 1-1　油浸纸绝缘电缆生产过程

1.3.2　橡塑绝缘电缆生产过程

见图 1-2。

1.3.3　塑料绝缘电缆生产过程

塑料绝缘电缆按照其本身的结构要求，在制造过程中总是从导

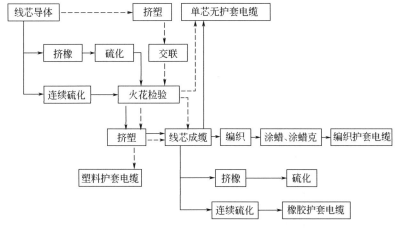

图 1-2　橡塑绝缘电缆生产过程

体加工开始，在导体线芯的外面一层一层地加上绝缘层、屏蔽层、保护层等结构而制成的。产品的结构越复杂，层数越多。塑料绝缘电缆制造工艺流程如图 1-3 所示。

（1）导线拉制

导线拉制是指对连铸连轧机生产的圆形铜杆或铝杆进行冷加工（拉丝），利用拉丝机，经过多道拉丝模将杆材拉细，再对达到所需直径的铜、铝单线进行退火处理。

（2）退火软化

金属经冷加工塑性变形后，内部晶粒破碎，晶格畸变，存在残余内应力，因此是不稳定的。它有向稳定状态发展的自发趋势，但在常温下原子的扩散能力很弱，变化很难进行。将冷变形的金属进行加热，使原子动能增加，促使其发生变化，使金属恢复冷加工前的性能。

（3）绞线与紧压

绞线是利用绞线机将铜、铝单线多股胶合在一起，并利用金属压轮压制成圆形或扇形的紧压导体。电力电缆的导电线芯有两种绞合方法，分别是无退扭绞合和有退扭绞合。采用有退扭方法绞成的线芯没有扭转内应力，故多用于不紧压的绞线，以避免因有内应力在单线断裂时散开。没有退扭的绞合多用于紧压型线芯，因为自扭

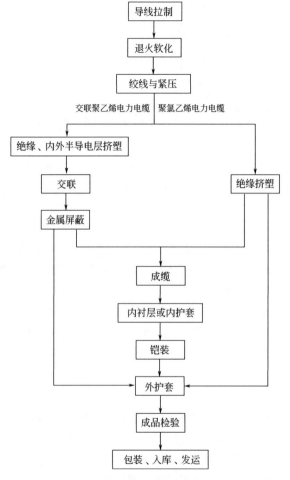

图 1-3　塑料绝缘电缆制造工艺流程

产生的残余应力是弹性变形，压型为塑性变形，因此经过紧压后内应力即可消失。

紧压工序主要用于绝缘导体的绞合，裸电线一般不紧压。导体紧压的目的如下。

① 增大填充系数，缩小导体几何尺寸，节约绝缘和护层材料。

② 提高导体表面光滑度，均匀导体表面电场。

③ 减少电缆中形成空隙的机会。

（4）挤塑

挤塑是利用挤塑机特定形状的螺杆，在加热的机筒中旋转，将由料斗中送来的塑料向前挤压，使塑料均匀地塑化（即熔融），通过机头和不同形状的模具，使塑料挤压成连续性的所需要的各种形状的材料。

挤出过程中，塑料将经过如下三个阶段。

① 塑化阶段　又称压缩阶段。在机筒内完成。经过螺杆的旋转，使塑料由固体的颗粒状变为可塑性的粘流体。

② 成型阶段　在机头内进行。由螺杆旋转和压力的作用，把粘流体推向机头，经过机头内的模具，使粘流体成型为所需要的各种尺寸及形状的挤包材料。机头的模具起成型作用，而不是起定型作用。

③ 定型阶段　在冷却水槽中进行。塑料经过冷却后，将塑性状态变为定型的固体状态。

（5）交联

聚氯乙烯绝缘是热塑性材料，力学性能在很大程度上取决于聚合物的结晶体。在电和热的作用下，尤其电缆在过电流或短路故障时，温度可能升高使内部产生软化变形，导致绝缘性能降低并损坏；而交联聚乙烯绝缘是利用化学方法或物理方法，使电缆绝缘聚乙烯分子由线性分子结构转变为主体网状分子结构，即热塑性的聚乙烯转变为热固性的交联聚乙烯，这一过程叫做交联，从而大大提高它的耐热性和力学性能，减少了它的收缩性，使其受热以后不再熔化，并保持了优良的电气性能。

聚乙烯的交联方法有物理交联即辐射交联和化学交联两种。化学交联又分为硅烷交联、过氧化物交联。

① 辐射交联　将聚乙烯制品，如包覆在导线上的聚乙烯护套、薄膜、薄壁管等产品用 γ 射线、高能射线进行照射进行交联（引发聚乙烯大分子产生自由基，形成 C—C 交联链）。交联度受

辐射剂量及温度的影响，交联点随辐射剂量的增加而增加，因此通过控制辐射条件，可以获得具有一定交联度的交联聚乙烯制品。此方法设备投资大，防护设施要好，最适用于制备薄型交联产品。

② 化学交联　化学交联则是采用化学交联剂使聚合物产生交联，由线性结构转变为网状结构。交联剂的选择应视聚合物品种，加工工艺和制品性能而定，理想的交联剂除满足一些具体的要求外，还应具有如下基本要求：交联率高，交联结构稳定；加工安全性大，使用方便，加入树脂后的有效期适中，无过早或过晚交联之弊；不影响制品的加工性能和使用性能；无毒、不污染、不刺激皮肤和眼睛。在化学交联中又有过氧化物交联、硅烷交联、偶氮交联之分。

a. 过氧化物交联及交联剂　过氧化物交联，一般采用有机过氧化物为交联剂，在热的作用下，分解而生成活性的游离基，这些游离基使聚合物碳链上生成活性点，并产生 C—C 交联，形成网状结构。该技术需要高压挤出设备，使交联反应在机筒内进行，然后使用快速加热方式对制品加热，从而产生交联制品。所以采用过氧化物交联法生产聚乙烯管材不易控制，产品质量不稳。

b. 硅烷交联及交联剂　该技术是利用含有双链的乙烯基硅烷在引发剂的作用下与熔融的聚合物反应，形成硅烷接枝聚合物，该聚合物在硅烷醇缩合催化剂的存在下，遇水发生水解，从而形成网状的氧烷链交联结构。硅烷交联技术由于其交联所用设备简单，工艺易于控制，投资较少，成品交联度高，品质好，从而大大推动了交联聚乙烯的生产和应用。除聚乙烯、硅烷外，交联中还需用催化剂、引发剂、抗氧剂等。

c. 偶氮交联　该方法是将偶氮化合物混入 PE 中，并在低于偶氮化合物分解温度挤出，挤出物通过高温盐浴，偶氮化合物分解形成自由基，引发聚乙烯交联。一般用于熔融温度较低的橡胶类材料，对于塑料很少有实际应用。

（6）金属屏蔽

3kV 以上电压等级的交联聚乙烯电缆都需要具有金属屏蔽。金属屏蔽结构有多种形式，分相屏蔽可利用铜带屏蔽机，将铜带绕包于每一相绝缘线芯上；扇形结构则应先成缆，将三相的三根缆芯绞合在一起，然后加一统包的金属屏蔽，可以是铜带或者铜线。单芯电缆一般采用疏绕铜丝屏蔽。

（7）成缆

将多根绝缘线芯按一定的规则绞合成电缆的工艺过程叫成缆。绝缘线芯直径相同的叫对称成缆，否则叫非对称成缆。实际生产中，成缆包括两道工序，即线芯（填充）绞合和绕包带层。

（8）铠装

电力电缆的铠装有两种形式，即钢带铠装和钢丝铠装。

① 钢带铠装　钢带铠装是用两层厚度为 0.3～0.8mm，宽度为 15～60mm 的钢带，采用间隙式绕包在电缆内衬层的表面上。使用的钢带一般为涂漆钢带或镀锌钢带，钢带的抗拉强度应大于 30kgf/mm^2，伸长率不小于 20%。

② 钢丝铠装　装铠用的钢丝使用低碳钢轧制而成的镀锌钢丝。钢丝的直径一般为 ϕ6.0mm，钢丝的抗拉强度为 35～50kgf/mm^2，伸长率为不小于 8%（ϕ1.8～2.4mm）和不小于 12%（ϕ2.5～6.0mm）。涂塑钢丝是在镀锌钢丝上挤包或用沸腾法涂敷上一层塑料护层，护层的厚度通常为 0.4mm 以上，护层材料有聚乙烯和聚氯乙烯。

1.4　电力电缆的基本结构

电力电缆的基本结构主要包括电缆导体、绝缘层和保护层三个部分。

导体是用来传输电能的，它必须具有良好的导电性能，减少电能在传输中的损耗，有一定的抗拉强度和伸长率，不易氧化，容易加工和焊接等特性同时还要价廉物美和资源丰富；绝缘层是用来将不同的导电线芯以及导电线芯与接地部分之间彼此绝缘隔离，并能承受长期工作电压和短时间的过电压和耐热性能；保护层又可分为内护层和外护层两部分，是保护绝缘层免受外界媒质的作用，防止水分浸入及腐蚀和外力损伤，因此它应有良好的密封及防腐性能和一定的力学强度。在油浸纸绝缘电缆中，保护层还有防止绝缘油外流的作用。

1.4.1 导线结构设计

电缆的结构设计包括选择电缆所有的材料，确定电缆各部分尺寸，进行电性能、热性能、力学性能等方面的计算等，以满足线路对电缆要求。

导线结构的设计方法是按电缆的结构和运行条件，先假定几个导线系列截面积。分别计算电缆的长期允许载流量，选取其中合适者，再做允许短路电流核算。导线的截面积应同时满足长期允许载流量和允许短路电流的要求。

① 圆形导线正规绞合结构　正规绞合时圆单线直径相同，中心放置 1 根单线，第一层为 6 根，以后每层递增 6 根，相邻两层导线的绞合方向相反。

② 紧压导线结构　对圆形和非圆形导线（如扇形、椭圆形等）加以紧压，可提高导线填充系数，缩小外径，用于黏性浸渍纸绝缘电缆还可减少在垂直敷设时浸渍的淌流。

紧压工艺有一次紧压和逐层紧压两种。一次紧压是在各层单线全部绞完后，用一对滚压轮压紧，填充系数约为 80%～84%。逐层紧压是在每层单线绞完后，均用滚轮紧压，填充系数可达 90%～93%，常用于大截面积导线。

③ 中空导线结构

a. 螺旋管支撑结构　螺旋管由厚度为 0.6～0.8mm 的镀锡扁铜线构成。外层绞合的单线，其直径、根数及绞合层数，一般根据工艺条件及导线的力学性能，按下列步骤选定：先假定螺旋管外第一层单线的根数为 n_1，求出单线直径 d；再假定绞合层数为 m，确定绞合单线总根数；最后校核导线截面。

b. 型线结构 绞合型线（Z 形线、弓形线）的根数，一般根据制造设备条件和绞合后导线的柔软性来选择。根数太少，导线柔软性较差；根数太多，则制造工艺复杂。型线的几何尺寸可用绘图法或计算法求得。当用绘图法时，可将图放大 20 倍，从图上直接量出几何尺寸，用求积仪测出面积。

1.4.2 绝缘结构设计

① 电缆的电场 任何导体在电压的作用下，会在其周围产生一定的电场，其强度和电压的大小与电极的形式和电极对接地部分的距离等有关。导体周围的绝缘物质在一定的温度和压力条件下，能够承受一定的电场强度而不受破坏，称之为绝缘的电气强度。电缆的制造，也是根据这个基本原则来设计的。电缆的结构不同，其电场的分布情况也有所不同，如单芯电缆（包括三芯屏蔽型和分相铅包型电缆），单芯分阶绝缘电缆和统包型电缆等。

a. 单芯电缆的电场

ⓐ 单芯或分相屏蔽型圆形线芯电缆的电场 单芯或分相屏蔽型圆形线芯电缆的电场，在大多数情况下，线芯和绝缘层表面均具有均匀电场分布的屏蔽层，因此均可看作同心圆柱体电场，它的电力线是辐向均匀分布的，其电场强度是均匀径向分布的，电场等位线的分布如图 1-4 所示，靠近内屏蔽处，电场强度最大；靠近外屏蔽处，电场强度最小，各点的电场强度按以下公式计算：

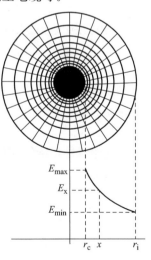

图 1-4 单芯电缆均匀介质中电场分布

x 处的电场强度 E_x（kV/mm）：

$$E_x = \frac{U}{x \ln \dfrac{r_i}{r_c}} \tag{1-1}$$

最大电场强度 E_{max}（kV/mm）

$$E_{max} = \frac{U}{r_c \ln \dfrac{r_i}{r_c}} \tag{1-2}$$

最小电场强度 E_{min}（kV/mm）

$$E_{min} = \frac{U}{r_i \ln \dfrac{r_i}{r_c}} \tag{1-3}$$

平均电场强度 E_{av}（kV/mm）

$$E_{av} = \frac{U}{r_i - r_c} \tag{1-4}$$

式中　U——导体对地电压，kV；

　　　x——绝缘中任一点半径，mm；

　　　r_i——绝缘外半径，mm；

　　　r_c——绝缘内半径，mm。

平均电场强度与最大电场强度之比称为该绝缘层的利用系数 η 即

$$\eta = \frac{E_{av}}{E_{max}} = \frac{r}{R-r} \ln \frac{R}{r} \tag{1-5}$$

利用系数愈大说明电场分布愈均匀，绝缘材料利用愈充分，它的利用系数等于1，此时有下列关系式

$$E_{max} = E_{av} = E_{min}$$

电缆绝缘结构绝缘层的利用系数均小于1。电缆绝缘层愈厚，利用系数愈小。

从式(1-2) E_{max} 可以看出，当式中 $\ln \dfrac{R}{r} = 1$ 时（即 $\dfrac{R}{r} = 2.72$ 或 $\dfrac{r}{R} = 0.37$）导体表面的最大电场强度 E_{max} 是最小，且 $E_{max} = \dfrac{U}{r}$。

如按 $\dfrac{r}{R} = 0.37$ 来设计电缆的导线半径，则其导体的半径比根据容

许载流量所要求的大。有时利用铝为导体或中空结构导体来增加导体半径。但制造上除了考虑电气性能之外，还必须考虑其他因素，如成本、材料和加工问题等。当 r 与 R 之比在 0.25～0.5 之间时，导体表面最大电场强度基本上变化不大，不超过 6%。所以一般电缆制造不论其导体截面大小，同电压等级均用同样的绝缘厚度。

在考虑导体表面场强时，就必须考虑导体面的不光滑因素。导体是由许多单线绞合而成，表面形成了很多小曲率，应力相应增大。对于非圆形导体，扇形或椭圆线芯电缆电场分布较为复杂。在电缆设计中，主要是电缆最大电场强度。

ⓑ 单芯分阶绝缘电缆的电场　电缆绝缘层厚度增加，其利用系数降低，因此，在高压电缆中，常采用分阶绝缘结构使电场分布均匀，以提高电缆绝缘的利用系数。所谓分阶绝缘结构就是采用多层绝缘，在接近线芯的内层绝缘采用较外层介电常数高的材料，以达到均匀电场的目的。

b. 统包型电缆绝缘层中的电场　多芯电缆绝缘层中的电场分布比较复杂，一般用模拟实验方法来确定。在此基础上，再近似计算出它的最大电场强度。

三芯电缆电场的互相堆积作用，电场的分布很不规则。此外，导体的形状对电场强度有很大的影响。因此，三芯电缆的电场强度不能准确地用简单的数学公式来计算。一般都用近似的公式，或根据试验所得的应力与电缆几何尺寸的关系曲线来求得。当导体为圆形时，统包型电缆的最大电场强度存在于连接三芯导体中心点的三角地带，当导体是扇形时，统包型电缆的最大电场强度存在于连接三芯导体中心点的三角地带。

c. 单芯直流电缆的电场　单芯直流电缆，其绝缘层中的电场是按绝缘

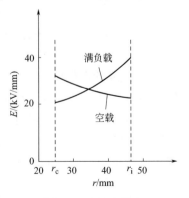

图 1-5　直流电缆中
电场分布示意

电阻分布的，电阻增大，场强增高，而绝缘电阻又与温度及电场强度有关，因此直流电缆绝缘内的电场分布随绝缘层的温度变化而不同，如图 1-5 所示。

当绝缘电阻系数 $\rho = \rho_0 e^{-\alpha\theta_r} E_r^{-P}$ 时，绝缘中的电场强度按下式计算

$$E_r = \frac{U \delta r^{\delta-1}}{r_i^\delta - r_c^\delta} \tag{1-6}$$

式中　U——导体与金属护层间的电压，kV；

　　　r——绝缘中任一点半径，mm；

　　　r_i——绝缘外半径，mm；

　　　r_c——绝缘内半径，mm；

　　　ρ_0——0℃时的绝缘电阻系数，$\Omega \cdot mm$；

　　　E_r——半径为 r 处的电场强度，kV/mm；

　　　δ——表示下列关系式。

$$\delta = \frac{P}{P+1} + \frac{\alpha}{P+1} \times \frac{\theta_c - \theta_s}{\ln \dfrac{r_i}{r_c}}$$

式中　θ_c，θ_s——导线和金属护层温度，℃；

　　　P——绝缘电阻的电场系数，油浸纸绝缘 $P \approx 1$，交联聚乙烯 $P \approx 2$；

　　　α——绝缘电阻温度系数，油浸纸绝缘 $\alpha \approx 0.11/℃$，交联聚乙烯 $P \approx 0.051/℃$。

② 绝缘的电气强度　电缆绝缘的击穿方式有电击穿、热击穿、滑移击穿三种。电击穿是电场对绝缘直接作用而引起；热击穿是当电缆发热大于散热时，电缆处于热不稳定状态，温度越来越高，最终使绝缘丧失承受电压的能力而引起；滑移击穿是由于绕包绝缘纸层间的局部滑移放电逐步延伸，最后形成击穿通道而引起。

电缆绝缘的电气强度（工频电压击穿强度、冲击电压击穿强度、过电压击穿强度），与电缆的结构、绝缘材料的性能以及制造

工艺等因素有关。

绝缘中气隙、水分和杂质的存在，降低绝缘的电气强度。充油电缆结构能有效地消除绝缘层中的气隙产生，并保持一定的油压，所以比黏性浸渍电缆和塑料、橡胶电缆有较高的电气强度。

a. 油浸纸绝缘的电气强度　油浸纸绝缘的电气强度随浸渍的压力增大而提高，当油压从 0.1MPa 增加到 1.5MPa 时，工频击穿强度提高约 50%～70%，冲击击穿强度提高约 5%～10%。

油浸纸绝缘的电气强度随纸的密度、不透气性及均匀性的提高而提高，随纸带厚度的增厚而下降。

油浸纸绝缘的电气强度还随含水量的降低而提高，所以油、纸应充分干燥，使纸的剩余含水量低于一定的值。如高压电缆（10kV 及以上），要求纸的剩余含水量在 0.1% 以下，其干燥缸的真空度应达到 1～10MPa。干燥温度一般为 120～125℃。干燥后进行压力浸渍，浸渍剂的含水量一般在 10ppm（$1ppm=10^{-6}$）（百万分之十）以下，含气量在 0.05% 以下。经验证明，干燥浸渍的质量对电缆的工频长期击穿强度的影响较为显著。

电缆纸层发皱会使油纸绝缘的电气强度下降，尤其对冲击击穿强度影响较大。高压电缆如纸层严重发皱，会使电缆的冲击击穿强度降低 25% 左右。制造过程中避免纸层发皱的措施如下。

•进行彻底纸预干燥，使纸带的含水量在 1% 以下。

•对纸包机进行湿度控制，靠近纸包头处的湿度应控制在 10% 以下。

•控制纸包张力，在纸包过程中各层纸的张力波动应尽可能得小，使纸层紧而不皱。如纸包张力太大，纸包过紧，纸带不易滑移，电缆弯曲时产生轴向压力超出纸带的弹性范围时，纸带将产生折皱。如纸包张力太小，纸包就太松，电缆弯曲时相邻纸带之间易松动，会导致绝缘松皱。相邻的薄纸带与厚纸带的厚度相差不要太大，这样可减少或避免薄纸发皱。

•纸包后缆芯弯曲半径不能过小，一般不小于纸包外径的 40 倍。

b. 塑料绝缘的电气强度 塑料电缆的击穿主要是由于绝缘层中的气隙、杂质以及屏蔽层与绝缘层之间的表面不平等缺陷，在电场下引起部分放电（或称游离放电）而导致绝缘树枝状放电而引起。绝缘中如有水分，在电场和水的同时作用下，树枝状放电发展得更快。因此塑料电缆应可能消除绝缘中的气隙、杂质和水分（如将塑料进线预干燥）。高压塑料电缆（110kV 及以上）采用内、外半导电屏蔽层和绝缘层三层同时挤出及逐段冷却等工艺，可提高其电气强度。交联聚乙烯电缆宜采用非水蒸气交联法（如红外线交联、超声波交联等），以消除绝缘中的气隙和水分。

c. 橡胶绝缘的电气强度 橡胶电缆的击穿主要是由于绝缘层中存在气隙、杂质等缺陷，在电场下产生部分放电而引起。因此要求尽可能地消除绝缘中的气隙和杂质。橡胶的击穿强度与含胶量及其配方有关。含胶量较高的橡胶击穿强度较高。橡胶的击穿强度随拉伸程度的增加而降低。

1.4.3 屏蔽结构设计

屏蔽层分导线屏蔽和绝缘屏蔽。

导线屏蔽的作用是改善导线表面的电场分布，对于塑料及橡胶电缆，还起消除导线与绝缘层之间气隙的作用。纸绝缘电缆的导线屏蔽材料有半导电纸、金属化纸、金属化半导电纸等。

绝缘屏蔽材料一般与导线屏蔽材料相同。对于高压油浸纸绝缘电缆，绝缘屏蔽外还用铜带或编织铜丝扎紧绝缘层，并使绝缘屏蔽与金属护套有良好接触。对于金属护套的塑料、橡胶电缆，绝缘屏蔽由半导电材料加金属带或金属丝组合而成，其屏蔽金属的截面积由短路电流决定。若截面积太小，当短路电流通过时将产生过热或烧断，并损坏绝缘。

塑料、橡胶电缆屏蔽铜带的截面积，以短路电流通过屏蔽铜带所引起的温升不超过电缆最高允许温度来确定。

1.4.4 护层结构设计

电缆护层分内护层和外护层。内护层有金属的铅护套、平铝护套、皱纹铝护套等和非金属的塑料护套、橡胶护套等，其作用是防止绝缘层受潮、机械损伤以及光和化学侵蚀性媒质等的作用。金属护套多用于油浸纸绝缘电缆，塑料和橡胶护套多用于塑料、橡胶绝缘电缆。

金属护套厚度取决于机械强度，并考虑电缆内部的压力以及敷设运行条件和工艺条件加以确定。低压电缆的铅、铝、塑料、橡胶护套已趋标准。为提高铝护层的安全裕度，目前铝护层的厚度基本与铅护层相同。

目前我国高压电缆中铅护套有铅锑铜合金和铅碲砷合金两种。铅碲砷合金的抗拉强度、耐疲劳性能和耐蠕变性能比铅锑铜合金高，延伸率稍差。

外护层包括衬垫层、铠装层和覆盖层（外被层），主要是起机械加强和防腐作用。其结构设计取决于电缆的敷设运行条件。金属护套的外护套层常为多层结构，为沥青、聚氯乙烯带、浸渍纸、加强金属带的组合，这种组合有较好的防蚀性能，并能防止铠装层对金属护套的机械损伤。为了使外护层有更好的防蚀性和防水性，最外层还可用挤包的塑料护套。

当高压电缆线路发生短路故障，或当操作波及雷击波浸入时，会产生很高的护层须有承受一定电压的能力。一般应能通过工频电压 10kV、1min 及冲击试验电压 50kV、正负 10 次不击穿的试验。

对于铅包的高油压自容式充油电缆、高落差电缆及水底电缆，由于要承受较大的压力或拉力，或者两者都要承受，需进行机械加固，所以护层要铠装。铠装材料一般用带材（如吕青铜带、不锈钢带）或线材（如钢丝、铝合金丝）。铠装带的厚度及层数，铠装丝的直径及根数，由电缆所承受的压力、拉力和铠装材料的机械强度确定。

电缆外护层按不同的敷设条件，分为普通外护层、一级外护层和二级外护层三种结构。普通外护层仅适用于铅护层，由沥青和浸渍电缆纸的组合层组成。一级外护层，对于无铠装的结构，由沥青加聚氯乙烯护套组成；对于有铠装的结构，衬垫层由两层沥青、聚氯乙烯带和浸渍皱纸带的防水组合层组成，在铠装外面可无外被层

（裸）或有一层由沥青、浸渍电缆纸及防止黏合的涂料所组成的外被层。二级外护层是在铠装外面还有一层与衬垫层相同结构的防护层，再挤包塑料护套。

裸铠装或裸铅包电缆，只能适用于对铠装或金属护套没有腐蚀作用的场合。一级外护层有一定防腐蚀作用，但在严重的酸、碱性环境和海水中，铠装和金属护套仍会锈烂。二级外护层则可同时防止酸、碱、盐和水分对金属护套和铠装的侵蚀。

1.5 电缆的导体

1.5.1 导体材料、性能和规格

（1）导体材料

电缆中导体的作用是传送电流，为了减少线路损耗和电压降，一般采用高电导率的金属材料来制造电缆的导体。同时还应考虑材料的力学强度、价格、来源等因素，综合比较后，一般采用铜和铝来作为电缆的导体。

（2）铜和铝的性能（表 1-1）。

表 1-1 铜和铝的性能

性　　能		铜	铝
熔点/℃		1084.5	658
密度(20℃)/(g/cm³)		8.9	2.7
电阻率(20℃)/(10⁻⁸Ω·m)	软态	1.748	2.83
	硬态	1.790	2.90
电阻温度系数(20℃)/(10⁻³℃⁻¹)	软态	3.95	4.10
	硬态	3.85	4.03
抗拉强度/(kgf/mm²)①	软态	20~24	7~9.5
	硬态	35~45	15~18
伸长率/%	软态	30~50	20~40
	硬态	>0.5	>0.5
硬度/(kgf/mm²)	软态	40~45	
	硬态	80~120	35~45

① 1kgf/mm²=0.980665kPa。

用铜来作为电缆的导体，是因为它具有许多技术上的优点，例如：它导电率大，力学强度相当高，加工容易（易压延、拉丝、焊接）。

铜的含杂质量对铜的导电率影响很大，微量杂质会引起导电率显著下降。各种杂质对铜的导电率的影响如图1-6所示。

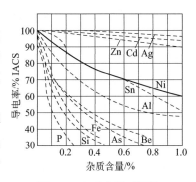

图1-6　杂质含量对铜的
导电率的影响

电解铜及电工用铜线锭，按化学成分铜品号规定见表1-2。

表1-2　按化学成分铜品号规定

铜品号	代号	化学成分/%										
		铜+银（不小于）	杂质含量（不大于）									
			砷	锑	铋	铁	铅	锡	镍	锌	硫	磷	总和
一号	Cu-1	99.95	0.002	0.002	0.001	0.004	0.003	0.002	0.002	0.003	0.004	0.001	0.05
二号	Cu-2	99.90	0.002	0.002	0.001	0.005	0.005	0.002	0.002	0.004	0.004	0.001	0.10

① 铜线制作　用电解铜板或电工用铜线锭，首先加工成铜杆，然后由铜杆拉制成铜线。

铜杆生产的工艺不同，将影响铜杆的含氧量，而含氧量又影响到铜的电导率，传统的铜杆加工是将铜料在反射炉中熔化，氧化还原，然后铸锭，再把铜锭加热，然后在回线式轧机上轧成黑铜杆，再经酸洗后方可进入拉线。在铜锭浇铸后，由于冷却过程中在铜锭表面形成富氧层以及在反射炉中氧气去除有限，所以铜的质量较差，通常将锭刨面后再轧制，所轧铜杆含氧量也在 $300\times10^{-6}\sim500\times10^{-6}$。这种传统的工艺已逐渐淘汰，取而代之的是连铸连轧工艺，省去了铜锭冷却过程，也就不会形成富氧层且生产效率大大提高，生产的铜杆含氧量在 $250\times10^{-6}\sim500\times10^{-6}$。对于要求含氧量低的铜杆，则是采用品位高的电解铜板，在保护气体下进行熔化和铸杆，生产的铜杆含氧量可在 20×10^{-6} 以下，常用的方法有浸涂法和上引法。

铜杆再经过拉线，成为不同规格的铜线。由于拉线是冷加工，在加工过程中铜线经过拉线模时受到了拉、挤压变形，其金相结构也发生了变化，从而引起电导率下降与伸长率减少，而抗拉强度、屈服极限、弹性均增大。为了提高冷拉铜线的电导率和柔软性，则需要将铜线经过韧炼处理（或称退火），即把冷拉铜线加热到 $500 \sim 700 \text{℃}$ 左右，保温一段时间后冷却即可。传统退火的方法是非连续式的，把铜线盘放入专门的退火炉中进行退火，如罐式炉、水封炉、钟罩炉等。而新工艺采用连续退火，即在拉线设备上装有退火装置，边拉线边退火，这样不仅提高了线材退火的质量，而且也节约电能，节约了单独退火工序的人力、物力。各种退火方式为避免氧化，都是在保护气体下进行的。软铜线（TR）指韧炼过的铜线，多用于电缆线芯的制造；而硬铜线（TY）则多用于架空裸线生产。由于铜对浸渍剂（例如矿物油、松香复合浸渍剂等）、硫化橡胶有促进老化的作用，所以铜线表面有时要镀锡，使铜不直接与绝缘层接触，以降低绝缘老化速度。采用镀锡铜线提高了电缆产品的质量，并使得接头容易焊接，但增加了工序，提高了成本。传统的镀锡工艺是将软铜线经过酸洗后，除去线表面上的油污及氧化层，然后通过熔融的锡形成镀层，这种方法锡膜较厚，且不易均匀。采用电镀方法，将锡作阳极，铜线作阴极，在含锡盐的镀液中，加直流电压后在铜线上可镀上薄而均匀的锡层。

铝的电导率仅次于银、铜和金，它是地壳中含量最多的元素之一，仅次于硅和氧，重量占地壳的 8%。因此可用来代替铜作为导电材料。按化学成分铝品号规定见表 1-3。

② 铝线制作 铝锭制造铝线的工艺与铜线相似，首先采用连铸、连轧的压延工艺获得所需的圆铝杆，然后再拉制成不同规格的圆铝线。为了使铝线柔软性增加，用于制造电力电缆线芯的铝线，

表 1-3　按化学成分铝品号规定

铝品号	代号	铝/%（不小于）	杂质/%（不大于）				
			铁	硅	铁＋硅	铜	杂质总和
特一号	Al-00	99.7	0.16	0.13	0.26	0.010	0.30
特二号	Al-0	99.6	0.25	0.18	0.36	0.010	0.40
一号	Al-1	99.5	0.30	0.22	0.45	0.015	0.50
二号	Al-2	99.0	0.50	0.45	0.90	0.020	1.0
三号	Al-3	98.0	1.1	1.0	1.80	0.050	2.0

除了小截面（在 $10mm^2$ 以下）之外，一般也要经过韧炼处理。由于铝线表面极易形成氧化膜，可以防止铝线在韧炼过程中进一步氧化，因此与铜线韧炼时不同，无需与空气隔绝。铝的再结晶温度比铜低，因此铝线的韧炼温度也比铜低（约 $300\sim350℃$），韧炼时间也较铜短。铝线经过韧炼后，柔软性提高，抗拉强度降低。由于铝的力学强度较铜差，一般多用于固定敷设的电力电缆线芯，而架空线多采用硬铝或合金铝。

（3）导体规格

电缆由于用途不同，输送容量不同，因而导电线芯的构造分成许多种。线芯有大小、形状和数量不同等区别。

① 导线结构应满足力学性能要求，并力求通用化、系列化。

② 导线截面在 $0.012\sim1000mm^2$ 间按优先数系合理分挡，每一品种选取用其中一段范围。某些传送弱电流的电线电缆（如信号电缆、钻探电缆），仅有一种导线截面，按最大工作电流和机械强度确定。

③ 导电线芯的大小是按横断面积（即截面）来衡量，以 mm^2 作单位。各国标准不同，我国目前规定中低压电缆截面有 $2.5mm^2$、$4mm^2$、$6mm^2$、$10mm^2$、$16mm^2$、$25mm^2$、$35mm^2$、$50mm^2$、$70mm^2$、$95mm^2$、$120mm^2$、$150mm^2$、$185mm^2$、$240mm^2$、$300mm^2$、$400mm^2$、$500mm^2$、$630mm^2$ 和 $800mm^2$ 等规格。

④ 电缆的线芯数有单芯、双芯、三芯和四芯四种。线芯的形状有圆形、半圆形、椭圆形和扇形等，圆形导线具有稳定性好、表面电场均匀、制造工艺简单等优点，所以高压电缆的线芯多数为圆形，但其又分为压紧和非压紧两种。此外还有应用于充油的"中空导体"等不同结构形式。

⑤ 导线绞合。为了增加电缆的柔软性和可曲度，较大截面的电缆线芯由多根较小直径的导线绞合而成。由多根导线绞合的线芯柔软性好、可曲度较大，因为单根金属导线沿某一半径弯曲时，其中心线圆外部分必须伸长，而其圆内部分必须缩短，如线芯是由多根导线平行放置而组成，导线之间可以滑动，因此，它比相同截面单根导线作相同弯曲时要省力得多。为了保持线芯结构形状的稳定性和减小线芯弯曲时每根导线的变形，多根导线组成的线芯都应绞合而成。图 1-7(a)、(b)、(c) 表示一组平行放置的导线弯曲后变直时，由于导线的塑性变形可能在线芯表面产生凸出部分，使电缆绝缘层中电场分布产生畸变，并损伤电缆绝缘。而在绞合的线芯结构图 1-7(d)、(e) 中，线芯中心线内外两部分可以互相移动补偿，弯曲时不会引起导线的塑性变形，因此线芯的柔软性和稳定性大大提高。要求线芯有较高的柔软性和稳定性，可采用较小直径导线用

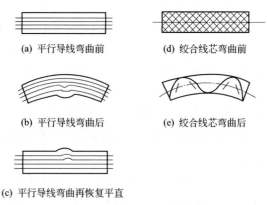

(a) 平行导线弯曲前　　　　　　(d) 绞合线芯弯曲前

(b) 平行导线弯曲后　　　　　　(e) 绞合线芯弯曲后

(c) 平行导线弯曲再恢复平直

图 1-7　线芯弯曲时变形示意

较小绞合节距绞合。此外，由多根导线绞合的线芯，与大截面的单根线芯不同，弯曲较平滑地分配在一段线芯上，因而弯曲时不容易损坏电缆的绝缘。

电缆的用途不同，对线芯可曲度的要求也有所不同。移动式橡胶、塑料绝缘电力电缆要求最高，其次是固定式橡胶、塑料绝缘电力电缆，它多用于可曲度要求较高的场合。油浸纸绝缘电力电缆线芯的可曲度比橡胶、塑料绝缘电力电缆低。因为油浸纸绝缘电力电缆的可曲度主要由护层结构来决定，线芯对电缆的可曲度影响较小，一般只要求线芯在生产制造、安装敷设过程中不致损伤绝缘即可。绞合方式有正规绞合、束绞和复绞三种。

a. 正规绞合外形较圆整、结构较稳定。其结构是在中心层（1根或 2、3、4、5 根单线）上依次绞合第 1 层、第 2 层……每层比前一层多 6 根单线，绞向与前一层相反。各层单线根数和绞完该层后单线的总根数，可按表 1-4 中所列公式计算，表中 m 为绞合层数（中心不作为层数）。

表 1-4 绞合层单线根数计算公式

中心根数 n_0	第 m 层的单线根数 n_m	包括 m 层在内的单线总根数 N
1	$n_m = 6m$	$N = 1 + 3m(m+1)$
2～5	$n_m = n_0 + 6m$	$N = (n_0 + 3m)(m+1)$

绞合节距的选择与导线的柔软度、稳定性、外径及生产速度有关。一般单线根数多、直径小、要求导线较柔软的，采用较短的绞合节距。节距比是绞合节距与被绞合后导线外径的比值，是常用的结构参数。

b. 束绞的单线排列方式与正规绞合相同，因是多层一次同向绞合，故绞合后分层不明显，外形不太圆整和稳定。束绞的特点是生产率高，柔软性好，设备较简单。中小截面的移动式电线电缆和特别柔软的大截面电缆，大多采用束绞的方式。

c. 复绞是将已绞合好的股线（一般为 $7\sim19$ 根单线，可采用束绞或正规绞合）按正规绞合方式再进行绞合。复绞的绞向可与股线绞向同向（较柔软）或反向。单线根数多的中、大截面导线多采用复绞。

1.5.2 电缆的截面积

通常称三芯电缆中一芯导体的截面积为电缆截面积。确定电缆导体的截面积通常采用称重法。其方法是垂直切下一定长度的电缆芯样品，除去绝缘层，并将导线按层退扭成直线，用汽油揩净导线表面的油剂和金属屑等，量得各层导线的长度后，分别取其平均值，再按式（1-7）分别求得各层的截面积：

$$S_n = \frac{G}{KL} \tag{1-7}$$

式中　S_n——各层的截面积，mm^2；

　　　G——各层所有单线的总质量，g；

　　　L——各层单线的平均长度，mm；

　　　K——密度（铜 $=8.9g/cm^3$，铝 $=2.7g/cm^3$），g/cm^3。

电缆的截面积则等于各层截面积的总和。

除了采用上述方法外，还可以应用几何方法确定电缆的截面积。未经压缩的圆形导体的截面积，可以按照组成导体的各单线的截面积总和来计算；对于压缩过的电缆芯，可以按照所测得的等值直径用式（1-8）、式（1-9）求得：

$$圆形导体的截面积 = \alpha\pi r^2 \ (mm^2) \tag{1-8}$$

$$扇形导体的截面积 = \alpha r(0.5c - r) \ (mm^2) \tag{1-9}$$

式中　α——导体的填充系数，导体为一次紧压的，取 $0.82\sim$
　　　　　0.84；导体为分层紧压的，取 $0.9\sim0.93$；

　　　r——导体等值半径，mm；

　　　c——导体的圆周长，mm。

在现场工作时，一般不允许用上述两种方法确定导体截面。由于电缆导体截面积的大小有固定的等级，因此经验丰富的电缆工人和技术人员，可凭经验用肉眼来判断电缆的截面积，这是熟练的电缆工人必须掌握的基本技能。

现将常用的几种缆芯截面尺寸列于表 1-5。

表 1-5　常用的几种缆芯截面尺寸

导体截面/mm²	圆形导体外径/mm	扇形导体	
		长轴/mm	短轴/mm
50	9.1	12.3	7.0
70	10.7	14.5	8.3
95	12.5	16.7	9.8
120	14.7	18.5	11.2
150	15.7	21.3	12.8
185	17.4	23.5	14.2
240	19.8	26.2	16.4

1.6　电缆的绝缘

电力电缆的绝缘层材料应具有的主要性能如下。

① 高的击穿强度（脉冲、工频）。

② 低的介质损耗角正切（tanδ）。

③ 相当高的绝缘电阻。

④ 优良的耐树枝放电、局部放电性能。

⑤ 具有一定的柔软性和机械强度。

⑥ 绝缘性能长期稳定。

常用的电力电缆绝缘材料有塑料（聚氯乙烯、聚乙烯）、浸渍纸、橡胶等。过去电力电缆的绝缘几乎为油浸纸绝缘，随着化学合成工业的发展，现在中低压电力电缆中，几乎都采用塑料绝缘或橡胶绝缘，并逐渐往高压电力电缆方面发展。但油纸绝缘优良的性能，多少年来已证明的可靠性，是其他电缆所不及的，故仍占有一定市场，特别在高压、超高压电力电缆方面，仍然采用油浸纸绝缘。

1.6.1 绝缘材料

（1）选择绝缘材料需考虑的因素

① 电性能 对于 1kV 及以下的电线电缆，主要是绝缘电阻和耐电压强度；对 6kV 及以上的电缆，除上述两项外，还有表面放电、介质损耗、耐电晕等性能。在选用材料时应对橡塑材料、配合剂的基本性能及含水率、杂质、均匀性提出相应的指标，同时应考虑材料制备和绝缘工艺中的控制要求。

② 热性能 热性能主要是长期和短期允许工作温度、热变形、热老化等。用于高温条件（如 100℃ 以上）的材料，热性能的要求更为突出，选择材料时应对材料的分子结构与热老化特性的关系及配合剂对改善热性能的作用效果进行分析。

③ 力学性能 力学性能主要是抗拉强度、伸长率、柔软性、弹性、抗撕性等，这些性能对没有护层的和使用时频繁移动的电缆更为重要。

④ 防护性能 对于仅有绝缘层的产品，要求绝缘材料具有一定的耐气候性和其他防护性能（如耐油、不延燃等）。

（2）绝缘线芯成缆

将多根绝缘线芯绞合在一起称为成缆。成缆时，应将填芯、加强芯等进行合理排列。外径相同的绝缘线芯，成缆方式与导线正规绞合相似。

某些小截面的 2、3 芯电线，可将绝缘线芯平行排列，一次挤出，便于安装，也利于组成绝缘、护套生产流水线。

成缆时，线芯间、线芯与护套间的空隙需用纤维、橡胶条、泡沫塑料管（或条）等填充，使其结构紧密、稳固。小截面的多芯电缆可不加填充。移动使用的电线电缆，要求导线、各绝缘芯和护层间互不粘连。有的品种允许在绝缘与护层间包一层电缆纸或塑料薄膜，个别品种成缆时以密封胶浆填充线芯间，使产品具有横向或纵向密封性。

成缆的节距比一般如下。

① 固定敷设用电线电缆不大于 25。

② 移动使用的电线电缆不大于 14。

③ 柔软性要求高的产品，成缆节距比应小些。

（3）各种电缆绝缘材料的性能

① 塑料绝缘材料

a. 聚氯乙烯绝缘材料的性能　　聚氯乙烯塑料是以聚氯乙烯树脂为主要原料，根据各种电缆的不同使用要求，加入各类配合剂，如增塑剂、稳定剂、填充剂等经混合塑化、造粒而制得电线电缆用的聚氯乙烯塑料。

聚氯乙烯塑料是应用最早、最广泛的塑料，可用它作为电线电缆的绝缘，也可作为电缆的护套。

聚氯乙烯树脂是由氯乙烯单体聚合而成。作为绝缘材料的聚氯乙烯树脂，主要是悬浮法聚氯乙烯树脂，与乳液聚合树脂相比较，它的杂质少，具有较高的电气性能，具有较高的力学性能和耐酸、耐碱、耐油性能，不延燃，工艺性能好。它的缺点是分子结构中有极性基因，绝缘电阻率小，介质损耗大，耐热性能低，热稳定性不高及耐寒性差等。经常采用作为电缆绝缘用的聚氯乙烯树脂为 XS-1 和 XS-2，即悬浮法疏松型树脂。XS-1 聚氯乙烯树脂的聚合度为 1400～1530，而 XS-2 型的聚合度为 1270～1400。聚合度高者，则绝缘电阻、击穿强度都较高，力学性能及耐寒性亦较好。

单纯的聚氯乙烯树脂不能直接用作绝缘，必须加入配合剂。主要的配合剂如下。

ⓐ 稳定剂　　由于聚氯乙烯树脂在 68℃时就开始分解出氯化氢，但聚氯乙烯加工温度大大超过这一温度。另外，在氧气、紫外线、光、热的作用下，聚氯乙烯会分解而破坏，或高分子断链、交联或氧化老化等。加稳定剂就是使聚氯乙烯对光、氧、热保持稳定。用于电缆绝缘的稳定剂是铅盐为主体的复合稳定剂。例如，三碱式硫

酸铅、二碱式亚磷酸铅、硬脂酸钡、硬脂酸铅等，硬脂酸盐类同时也起到润滑作用。

ⓑ 增塑剂 由于聚氯乙烯树脂是极性材料，分子之间引力很大，致使塑性很差，所以要加入增塑剂。其作用是减少聚氯乙烯分子之间的引力，提高活动性，使玻化温度、黏流温度降低，以获得弹性的聚氯乙烯塑料，并易于加工。常用的增塑剂有邻苯二甲酸二辛酯、苯二甲酸混合辛酯、石油酯、双季戊四醇酯、均苯四辛酯等，后三者多用于耐热塑料配方。

ⓒ 填充剂 为了降低成本，改善塑料的某些性能，如塑料电气性能、老化性能、工艺性能等，常要使用填充剂，常用的填充剂为陶土、碳酸钙、滑石粉等。

b. 聚乙烯绝缘材料的性能 聚乙烯是单体乙烯的聚合物，根据聚合的方法可以分为高压聚乙烯和低压聚乙烯。高压聚乙烯是将乙烯气态单体在 $100\sim200MPa$ 压力下加热聚合而成，而低压聚乙烯是用催化剂在较低的压力 $0.1\sim10MPa$ 压力下加热聚合而成。高压聚乙烯的密度、结晶程度、软化点均较低压聚乙烯低，硬度也较小。根据分子量的大小可以分成高分子量聚乙烯和低分子量聚乙烯。应当指出，分子量大小与密度大小互不相关，分子量大不一定是高密度，例如就有高分子量低密度聚乙烯。

由于聚乙烯为非极性分子所组成，因此它的分子之间的作用力很小。由于聚乙烯大分子在化学结构和几何结构上都很规则、对称，所以聚乙烯很容易结晶。不过它的烃链相当富有柔顺性，要聚乙烯不含结晶结构固然困难，但要它全为结晶结构也不可能。一般聚乙烯是结晶相和非晶相的两相共存物，结晶相含量的百分数称为结晶度。聚乙烯根据侧基的情况结晶度也可能不同，高压聚乙烯含支链数目较多，因而结晶度较低，在室温下约为 $55\%\sim70\%$。低压和中压聚乙烯的侧基较少，因而结晶度较高，在室温下约 $80\%\sim90\%$。聚乙烯的结晶度随温度变化而变化。

聚乙烯的原料来源丰富，价格低廉。电气性能优异（小的 $\tan\delta$ 值和介电常数），在通常温度下即具有一定的韧性和柔性，不要增塑剂，加工方便。但用作高压电缆绝缘必须注意解决下述几个问题：耐电晕、光热老化，抗氧化性能低；聚乙烯分子之间引力小，因而熔点低、耐热性低、机械强度不高、蠕变大；容易产生环境应力开裂；容易形成气隙。

为了克服聚乙烯的上述缺点，可加入各种相应的添加剂。为了提高聚乙烯绝缘的耐电晕性以提高其使用电压，可以在聚乙烯混料中添加所谓稳压剂。稳压剂的作用如下：吸收放电能量，抑制局部放电发展；加入难燃物质，提高聚乙烯耐电晕能力；用无机填料填满气隙降低气隙场强，使聚乙烯绝缘内不产生电晕。为了提高聚乙烯的耐光、热老化，抗氧化性能，可以采用各种抗老化剂、抗氧剂和紫外线吸收剂。在抗环境应力开裂性方面，可以在聚乙烯中混入一定量的聚异丁烯和丁基橡胶来对聚乙烯增塑。另外，为了减少气隙的形成，聚乙烯电缆采用内外屏蔽层，在制造上采用分层挤出。

c. 交联聚乙烯绝缘材料的性能　聚乙烯虽然具有一系列优点，但其缺点是耐热性和力学性能差，蠕变性大和容易产生环境应力开裂等现象，这妨碍聚乙烯在电缆工业中的应用。目前为了克服这些缺点，除在混料中加入各种添加剂外，主要途径是采用交联法，使线型聚乙烯变成三度空间网状结构的交联聚乙烯，从而大大提高了聚乙烯的耐热性和力学性能。

交联的方法很多，从机理上可分为物理交联和化学交联两大类。

物理交联用高能粒子射线辐照交联，此外可用紫外线交联、超声波交联、微波交联等。化学交联是在聚乙烯中加入化学交联剂，常用的是加入过氧化物。

交联聚乙烯在保持聚乙烯优良性能的同时，又克服了聚乙烯的缺点，在力学、耐热、抗蠕变性能上都优于聚乙烯。

② 橡胶绝缘材料　橡胶是最早用来作电线的绝缘材料。橡胶

在很大的温度范围内具有高弹性，对气体、潮气、水分具有低的渗透性，有高的化学稳定性和电气性能，特别是橡胶的高弹性使它具有极好的弯曲性能，弯曲半径可以小到只有它的绝缘线芯的三倍，它几乎成为目前制造要求高柔软性的移动式设备如掘土机、采煤机等所用供电电缆唯一的材料。

以橡胶为主体，配以各种配合剂，经混合炼制而成橡料，再经过硫化后成为有弹性的橡胶，橡胶是一种复杂的混合物，其力学、化学、物理、电气性能在很大程度上由它的组成部分、工艺因素等来决定。下面简单介绍组成橡胶的胶料和配合剂。

a. 橡胶

ⓐ 天然橡胶（NR）　由橡胶树的乳液制成胶片，制法不同分烟胶片和白皱片，电缆工业采用的是烟胶片，按级别而言，一、二级烟胶片可作绝缘橡胶，三级则用于护套橡胶。它具有优越的介电性能，此外，它的抗拉强度和弹性优于合成胶，低温柔软性、加工性能都不错。但它的耐热老化性能不佳，耐油、耐溶剂性能都较差。对耐气候老化、耐臭氧、耐电晕性也差，工作温度为 65℃，是可燃性物质，微量的铜和锰等金属盐，还能加速它的老化。

ⓑ 丁苯橡胶（SBR）　是合成橡胶，由丁二烯与苯乙烯共聚而成。丁苯橡胶按聚合方法不同又分为乳聚丁苯胶和溶聚丁苯胶。电缆常用的是乳聚丁苯胶中的冷丁苯胶，它的聚合温度仅 5℃。溶聚丁苯胶性能更好，也适用于电缆工业。丁苯胶与天然胶相比，力学强度、伸长率、弹性、耐寒性都较差，但它的抗老化性能、耐热性能、耐油性能都比天然胶好，而且它硫化速度慢，不易烧焦及硫化变形。所以电缆工业中一般不单独使用它，总是把它与天然胶配合使用，互相取长补短，工作温度不太高约 65℃。

ⓒ 乙丙橡胶　是新型合成胶，20 世纪 50 年代中期才发展起来，最初是由乙烯、丙烯共聚而成，称之为二元乙丙胶，具有优良的电气性能，耐臭氧、耐气候、耐热性能都很好，但由于不含有双键而不能交联（硫化），机械强度不能提高，所以不宜用于电缆工业。而电缆绝缘用的是三元乙丙胶，它是在二元乙丙胶的基础上引

入少量的第三单体如双环戊二烯，进行共聚而成，改善了硫化性能，但也不降低它的优良性能。它的缺点是可燃烧、不耐油、黏合性差，加工性能不好，硫化速度慢。由于它的优良电性能，特别是它优良的耐臭氧、耐候、耐热等物理性能，不仅矿用电缆上大量采用，而且已用于高压电力电缆。

ⓓ 丁基橡胶（GR-1）　由异丁烯和异戊二烯共聚而成。比一般通用的天然-丁苯胶的耐电晕性能、抗老化性能、电气性能好，能用于较高压电缆、较重要（如船用电缆、高压电机引出线等）电缆的绝缘。另外它是现有橡胶中透气性能最小的一种，是一种耐湿橡胶。它的缺点是回弹性、耐热性较差，硫化速度较慢，与其他橡胶相容性差等。现已有改性丁基胶克服上述缺点。自乙丙胶出现后丁基橡胶用得较少。

除以上几种橡胶外，硅橡胶也常被采用于高温场合下使用的电缆绝缘中，硅橡胶温度范围很广泛可以从 -90～300℃，瞬时温度可达几千摄氏度。

b. 橡胶用的配合剂　橡胶除了它的基料外，还需要加各种配合剂。配合剂的配方不同对橡胶性能影响很大，所以每一种橡胶按使用要求应有其合理的配方。

配合剂种类繁多，作用各异，归纳起来可有以下几个体系：硫化体系、防护体系、软化体系、填充补强体系、特殊用途加入剂。

③ 浸渍纸绝缘　浸渍纸绝缘是应用较早、历时最久的电力电缆的绝缘材料。它是由电缆纸包绕到电缆线芯后，经过干燥，在真空下浸渍电缆油而成，所以它是一种由纸和油组合的绝缘材料。

a. 电缆纸　最常用的电缆纸，主要由木质纤维素组成，纤维素也是一种高分子化合物，电缆纸还含有其他一些成分。它的性能在很大程度上取决于纤维素在纸中的排列状况，以及其他成分的影响。为了获得较高机械强度的纸，制造过程中必须保持由长纤维相互组编而成，长的纤维形成的毛细管结构使它具有优良的浸渍性能。纸的密度与纤维的含量密切相关，一般说纸密度增大，其冲击击穿强度、抗拉力和弹性模量均会增加,同时介质损失角正切也相应增加。

此外,纸的厚度对油浸纸的电气强度影响很大,减薄纸的厚度,脉冲击穿强度提高较大,但机械强度却有所下降。考察纸的性质另一个重要参数是不透气度,即纸张多孔性的指标,不透气度增加意味着电缆纸对形成击穿通道的拦阻效应增加,从而有利于提高脉冲及短时击穿强度。但不透气度对长时间交流击穿强度未见有显著影响。

纸的纤维素的含量高,有利于提高纸的密度和不透气度,但是正如前述,这又将引起介质损耗及介电常数的增加。因此在高压和超高压电缆中,力求更低的介电常数和低 $\tan\delta$ 值的绝缘纸。如脱离子水洗木纤维纸,已被各国采用。

b. 电缆浸渍剂　电缆的浸渍剂按黏度可分为两类:一类为黏性浸渍剂,它的黏度高,在电缆的工作温度下不流动或基本不流动,主要用于 35kV 及以下浸渍纸绝缘电力电缆;另一类为低黏度油,用于充油电缆,自容式充油电缆的浸渍剂黏度最低,钢管充油电缆的浸渍剂黏度要高些,而钢管中填充的浸渍剂黏度居中。

黏性浸渍剂有两种主要配方:一种是以光亮油与松香为主的复合浸渍剂,光亮油是从减压残渣油经过脱沥青、酚精制、脱蜡以及白土精制而成,也可以用合成方法制得,目前从软蜡裂解产物烯烃,经过聚合及常压蒸馏、减压蒸馏而成;另一种是不滴流电缆用的浸渍剂,在浸渍温度下应具有足够低的黏度,以保证充分浸渍,但在电缆的工作温度范围内,应不流动,成为塑性固体,并且要求较小的线胀系数,以保证气隙形成尽可能少。不滴流浸渍剂的配方可以是由矿物油、微晶蜡,低分子量的聚合物如聚异丁烯,再加上松香组成。也有的是用油脂状聚乙烯或液体聚异丁烯加上适量的固体配合剂组成。

充油电缆油、自容式充油电缆油(或称浸渍剂),黏度要求很低,以便减少流动阻力。早期用矿物油,现期已采用合成高压电缆油即十二烷基苯。钢管电缆用聚丁烯油。

c. 油浸纸绝缘结构及性能　浸渍纸绝缘结构，是把电缆纸切成 5～25mm 宽的纸带螺旋式绕包在线芯上，这样可以保证电缆可曲度，也便于包缠。若是以整张纸包缠，将是不可想象的。整张包缠，电缆几乎不可弯曲。用纸带螺旋绕包，电缆弯曲时纸带间可有相互移动，这样电缆的弯曲半径可以到本身线芯半径的 12～25 倍，也不会损伤绝缘。

包绕的方式分为正搭盖式、负搭盖式、衔接式。正搭盖螺旋绕包时第二圈部分压在第一圈上，而负搭盖则是每圈之间留有一定间隙，而衔接式则下一圈的边正好与上一圈的边紧挨着。电缆绝缘的包绕主要是负搭盖式，在线芯部分或绝缘最外层才可能采用正搭盖式。每层之间也有搭盖问题，一般取搭盖度为 25%～40%，即后一层绕包压住前一层纸带宽度为 25%～40%。这主要是考虑到间隙重叠次数不要太多，及间隙之间距离不要太短，保证绝缘层有较高的击穿强度，无论在工频电压或脉冲电压作用下都能满足要求。

纸带包绕时从减少间隙提高击穿强度来考虑，希望包的尽可能得紧，较窄的纸带易包紧，但生产率低，所以一般低压电缆用较宽纸带，而高压电缆所用纸带较窄。此外包绕时的张力越大包得越紧，但拉力过大当电缆弯曲时产生皱褶，实验证明这将会使脉冲击穿强度下降 20%～40%。所以不同纸带厚度，包缠半径及不同种类的纸有一个最大张力的限制。

纸带中的含水会显著降低浸渍后的绝缘介电及老化性能，因此在纸带包缠完后，必须进行干燥。纸中的水分由三部分组成，即吸附在纸表面的水、吸附在纤维素表面毛细管中的水及纤维素的化学结晶水，干燥过程主要是去除前两种水分。

1.6.2　电缆绝缘和电压等级的关系

电气装备用电线电缆的绝缘层大多是用热挤压法将橡塑材料整体包覆在导线上，成一个圆筒体。个别产品也采用橡胶纵包，合成纤维或薄膜绕包，以及挤压和绕包结合的综合结构。

电缆绝缘结构及厚度与电压等级有关，一般电压越高则绝缘越厚，但不成比例。

确定绝缘厚度时应考虑下列因素。

① 电压等级为 6kV 及以上的电线电缆，其绝缘厚度主要按电场强度进行设计。传输电流较大的，应考虑绝缘层的散热性对允许载流量的影响。

② 电压等级在 1kV 及以下时，其绝缘厚度取决于运行中所受的各种机械力。同一品种的绝缘厚度随导线截面的增大而分级增厚。

③ 相同电压等级的电线电缆的绝缘厚度一般是没有护套的比有护套的较厚，移动式的比固定敷设用的较厚，使用条件苛刻或安全要求高的比一般的较厚。

1.6.3 绝缘厚度和截面积的关系

对于一定电压等级的电缆，如果要保持电缆的最大电场强度不变，则电缆导体半径越大（电缆导体截面积越大），电缆绝缘可相应薄些。例如 35kV 油浸纸绝缘电缆截面积 $50 \sim 95mm^2$ 的绝缘厚度为 11mm，截面积 $120 \sim 300mm^2$ 的绝缘厚度则为 9mm。

对于电压等级较低的电缆，其绝缘层厚度则随着导体截面积加大而增厚，这主要是考虑机械强度的配合关系。例如 1kV 油浸纸绝缘多芯电缆，导体截面积为 $120 \sim 150mm^2$ 的芯绝缘厚度为 0.85mm，导体截面积为 $185 \sim 240mm^2$ 的芯绝缘厚度则为 0.95mm。

1.7 电缆的护层

1.7.1 电缆护层的材料和结构

电缆护层的作用是保护绝缘在敷设、运行过程中，免受机械损伤和各种环境因素如水、日光、生物、火灾等引起的破坏，以保证电缆长期稳定的电气性能，所以作为电缆三大组成部分的护层直接影响到电缆的使用寿命。

护层的结构和材料，依照不同的电缆使用场合、不同的电压等级、不同的绝缘材料而不同，在此只能对共同的一些结构及材料作介绍。

护层包括护套及外护层，对油浸纸电缆这两部分比较容易区分，而挤出型电缆却不能明显区分。特别是无铠装的挤出型电缆，在金属屏蔽层外很难分清哪个是护套哪个是对外护层。

（1）护套

护套的作用是保护绝缘层不受水、湿气及其他有害物质的入侵，保证绝缘层的性能不变。护套分为金属护套、橡塑护套及组合护套。

① 金属护套　常用来作为金属护套的材料有铅、铝和钢。按其加工方式不同，可以分热压金属和焊接金属套两种，此外还有采用成型金属管作为电缆金属护套的，如钢管电缆的护套等。用于护套的铅、铝、钢的主要物理性能列于表 1-6。

表 1-6　铅、铝、钢的主要物理性能

特性	项　目	铅	铝	钢
物理特性	密度/(10^3 kg/m^3)	11.34	2.7	7.86
	熔点/℃	327	658	1530
	比热容(20℃)/[J/(kg·℃)]	129.7	924	462
	线胀系数(20℃)/(10^{-6}/℃)	29.1	23.7	11.7
	热导率/[W/(℃·m)]	34.8	211	74.8
力学特性	抗拉强度/MPa	180～200	85	330
	伸长率/%	45	33	42.5
	弹性模量/MPa	$1.8×10^4$	$7.2×10^4$	$18.0×10^4$
	硬度(HB)	4	20	65
电气特性	电阻率/Ω·m	$0.22×10^{-6}$	$0.028×10^{-6}$	$0.18×10^{-6}$
	电导率/(S/m)	$4.8×10^6$	$36×10^6$	$9.5×10^6$
电化学特性	电化当量/(mg/C)	1.0737	0.0932	0.2894
	每 1 安年的电解量/kg	33.9	2.9	9.1
挤压特性	挤压温度/℃	260	500	—
	挤压压力/MPa	200	500	—
资源	占地壳质量/%	0.0016	8.13	5.0

a. 铅是质地柔软、熔点较低的重金属，由于铅冶炼方便、容易加工成型、化学稳定性好等优点，因此最早在 1830 年英国人就

采用冷拔铅管来制作电缆的密封护套了。1879 年瑞士人发明了直接在电缆绝缘芯上采用熔融铅挤出成型的方法，铅包电缆得到广泛应用，直到今天仍占重要地位。

根据国家标准，电缆用铅材料应不低于五号铅，即含铅量在 99.9% 以上。纯铅耐腐蚀性较好，但力学强度差且有很大的蠕变性和疲劳龟裂性，在受到振动的地方，如沿桥梁、沿公路敷设时，甚至在远距离运送电缆的过程中的振动都会引起龟裂现象，因此纯铅套几乎不再使用。为了提高铅护套的性能，从 1882 年第一次在铅中加入 3% 的锡制成铅合金作为电缆的护套起，一个多世纪以来，电缆铅合金护套无论从配方还是加工工艺上都取得了较大进展，使铅护套的性能有了较大提高。目前国内外用作电缆铅护套的铅合金材料成分见表 1-7。

表 1-7　电缆铅护套用铅合金材料成分

名　称		添加成分[①]/%						
		锑	锡	镉	铜	砷	铋	碲
固溶体型	铅锑铜合金	0.4~0.8	—	—	0.08以下			
	铅锑锡合金(E)	0.2	0.4	—	—	—	—	—
	铅锑合金(B)	0.85	—	—	—	—	—	—
	铅锑镉合金(D)	0.5	—	0.25	—	—	—	—
弥散强化型	碲合金(Te)	—	0.13~0.14	—	—	0.18~0.20	0.06	0.07~0.10
	铅碲合金	—	0.10~0.15	—	—	0.10~0.20		0.05~0.10
	铅砷合金(F-3)	—	0.05~0.15	—	—	0.10~0.20	0.05~0.15	
	铅碲砷合金	—	0.10~0.18	—	—	0.12~0.20	0.06~0.14	0.04~0.10

① 其余含量为铅。

在我国，目前用作电缆护套的铅合金主要是铅锑铜合金，它是一种固熔体型的合金。由于在铅中加入锑和微量的铜，使铅的晶粒细化和再结晶温度提高，因此，强度和耐振性能有所改善。试验表明，在相同应力作用下，铅锑铜合金的耐振动疲劳次数约比纯铅大 2.7 倍左右。1973 年我国研制成功了铅碲砷合金（相当于国外的碲合金），其耐振动疲劳寿命差不多比铅锑铜合金提高了 2 倍。铅砷合金是一种弥散强化型合金，已在我国的超高压自容式充油电缆中作为密封护套使用。但是，即使是铅合金，作为电缆密封护套，其自身的强度仍太低，特别是铅的资源短缺，更难满足现代电缆工业发展的需要。因此，尽管电缆护套已经具有一个多世纪的制造和使用经验，人们还是必须寻求新的金属材料来代替它，目前就是以铝代铅。

　　b. 铝的密度还不到铅的 1/4，但强度却几乎是铅的 5 倍，在导电、导热、屏蔽性能等方面都比铅好，特别是铝的资源十分丰富，因此用铝制作电缆的密封护套，早就引起人们的注意。不过，由于铝的熔点比铅高，约为铅的 2 倍，因此，如果像压铅那样，把铝熔融挤出来制作护套是不可能的，因为这不仅可能烧坏绝缘层，而且由于熔融铝的变形阻力大，且易与铁反应而侵蚀挤出机内部的零件。这个难题直到 20 世纪 50 年代才得到解决，人们用预热铝坯直接挤出制造电缆铝护套的压铝机研究成功，不仅使铝包电缆的大量生产成为可能，而且使铝护套一跃成为世界公认的电缆金属护套的技术发展方向。

　　根据我国标准规定，作为电缆铝护套的铝材应选用一号铝以上，实际上为了满足压铝机对铝坯的高可塑性要求，通常采用的是更高纯度的铝，如特一号铝。

　　与铅护套比较，铝护套的性能比较全面。首先是它的蠕变性和疲劳龟裂性比铅或铅合金要小得多，力学强度要高得多，敷设在振动场所也不需要防振装置；在落差较大或过载的情况下，铅包电缆常会发生护套胀破、漏油等故障，铝包电缆则可避免；在自容式充油、充气电缆等场合，铝护套可以在承受 1.5MPa（15 个大气压）的内压力下正常运行，而铅护套则非用黄铜带等加固不可；在地下直接埋设的情况下，铝护套无需像铅护套那样，要用钢带铠装，因而其外护层的结构可大大简化，材料也有较大的节省；铝的电导率约比铅高 7 倍，因此，不仅有良好的屏蔽性和防雷性，而且在有些场合，可以直接作为接地保护的第四芯；铝护套所需厚度比铅薄且密度小，因此铝包电缆的质量一般只有铅包电缆的 $30\%\sim70\%$，既方便运输和施工，价格也比较便宜。铝护套的缺点是没有铅护套那样柔软。不过，实践表明，直径在 40mm 以下的铝包电缆，在施工敷设过程中，并没有碰到困难，而直径在 40mm 以上的铝包电缆，其柔软性可通过轧纹来提高。其次是铝比铅活泼，铝护套的耐蚀性一般认为比铅低，但是，在大气中，铝护套的表面由于氧化而迅速形成一层附着性良好和致密的保护性氧化铝膜，从而使它的耐蚀性有很大提高。实践表明，裸铝包电缆在架空敷设的条件下其耐蚀性可以与裸铅包电缆相媲美。铝护套的腐蚀只是在氧化铝膜受到破坏而又得不到恢复的情况下发生，例如在某些强酸（如盐酸）和碱性介质中，铝的腐蚀破坏就比较迅速，而硝酸、重铬酸盐等强氧化剂对铝则无腐蚀作用。同样，铅的耐蚀性也不是在所有环境中都高，例如稀硫酸和盐酸对铅几乎不起腐蚀作用，而硝酸、醋酸、有机质及强碱性介质对铅的腐蚀就很强烈。应当注意，如果把铝护套与铅护套连接起来，那么受腐蚀的是铝而不是铅。电缆的使用环境很复杂，为确保铝包电缆的安全运行，在土壤、管道和水下敷设的场合，必须选用防水性能良好的高聚物外护层来保护它。最后一点，就是铝护套采用封焊时，必须设法除去铝护套表面的氧化铝膜才能进行，致使铝焊接工艺比较复杂。

c. 除了铅和铝之外，也有采用带材纵包熔焊的方法来制造电缆的密封护套，并用轧纹的方法降低其刚性，这就是所谓焊接皱纹金属护套。焊接皱纹金属护套的特点是选材不受限制，如铝、铜、钢、不锈钢等金属都可加工，这就不仅为设计各种不同使用要求的电缆护套层提供了可能性，而且由于采用带材厚度均匀，不存在热压金属套容易发生的偏心问题。特别值得注意的是，焊接金属护套的制造设备比较简单，因此，也是一个值得注意的发展方向。

焊接金属护套主要指焊接皱纹钢护套（俗称皱纹钢管），在某些铅、铝缺乏的国家，电缆护套就采用它。用作皱纹钢管的钢材，主要是冷轧钢（低碳钢）或合金钢。皱纹钢带的力学性能和化学成分见表1-8。

表 1-8　皱纹钢带的力学性能和化学成分

力学性能		化学成分/%				
抗拉强度/Pa	伸长率/%	C	Si	Mn	P	S
35×10^4	42	≤0.05	≤0.01	≤0.32	≤0.009	≤0.013

皱纹钢护套具有良好的耐压缩、耐冲击、耐振动等性能，可以用于地下及振动场合。由于钢铁不耐腐蚀，因此无论在什么样的敷设方式下，皱纹钢护套的外面均要采用防水性能好的外护层。由于它防腐蚀问题尚未彻底解决，目前采用还是比较少，尤其不宜用于直埋电缆。

② 非金属护套　挤出型电缆常用的护套，可以挤包，也可以绕包，多为挤包。它的结构比较简单，对于一些柔软度要求高的电缆，如船用电缆，经常只有护套，无铠装及外被，这时的非金属护套也就是整个护层了。

作为非金属护套用的材料，塑料类主要是聚乙烯和聚氯乙烯。聚氯乙烯在低压应用比较普遍，取它价格低廉、加工方便的优点。聚乙烯常用于防水性要求高的电缆。由于它们的机械强度及弹性和柔软性比橡胶差，所以固定敷设的电缆用得较多。用作橡胶类的材料就比较多，特别是船用、矿用、油矿用的电缆护套使用橡胶护套较多。所用到的橡胶材料主要如下。

a. 氯丁橡胶：由于含有氯原子，所以具有不延燃性、耐大气老化、耐臭氧性都十分优良，耐油性仅仅次于丁腈橡胶。此外当它冷冻和拉伸时会产生结晶，故称为自补强材料，相应力学强度也较高，常用作船用、矿用及户外用电线电缆护套材料。

b. 氯磺化聚乙烯：它是聚乙烯的衍生物，聚乙烯经过氯化和磺化处理后的生成物。与聚乙烯结构相比，结构上的规整性被破坏、变化了具有橡胶特性的弹性体，它的绝缘、不延燃性、耐臭氧、耐大气老化、耐热老化、耐化学药品等性能都很好，具有优于氯丁橡胶的特性，而且它耐辐照，所以在电缆工业中获得广泛应用。船用电缆、矿用电缆、核电站用电缆的护套都可采用，此外还可作为低压电线及高压点火线的绝缘。

c. 丁腈橡胶：具有优异的耐油和耐溶剂性，较好的耐热、耐水等性能，而耐寒、耐臭氧性比较差，工艺性能不好，若将它与其他橡胶及塑料混合并用，可以改善性能。丁腈橡胶常用于与油类接触较多的电线电缆护套，如油矿电缆等。

d. 热塑弹性体（热塑橡胶）：这是一类新型高分子材料。它有橡胶特性又有热塑特性，它不经硫化就具有较好的机械强度。它不是热固性物质，加热成型后可以再次软化，废品的边角料可以重新成型加工。其优点是低温下有坚韧性，它的脆化温度可低到−70℃，耐候性、耐应力开裂、热合性、抗臭氧都优于聚乙烯，它与填料的掺和性也好。缺点是熔点低，通常作为户外用电缆，以及石油勘探电缆的护套料。

③ 组合护套（护层） 组合护层也叫综合护层，或简易金属护层。它在塑料通信电缆中得到广泛的应用，近年来在塑料电力电缆中亦颇受重视。

组合护层，一般都由薄铝带和聚乙烯护套组合构成。因此，它既保留有塑料电缆柔软轻便的特点，又由于引进了铝带起隔潮作用，使它的透水性比单一塑料护层大为减小。若以铝-聚乙烯粘接组合护层为例，其透水性至少可比聚乙烯护层低50倍以上。

组合护层按结构的不同可分为铝-聚乙烯、铝-钢-聚乙烯和铝-聚乙烯粘接三类。

a. 铝-聚乙烯组合护层：它是在缆芯上纵包预轧环形皱纹铝带。铝带厚度一般为0.2mm，带边重叠，然后涂以防蚀涂料（如沥青复合物），再挤包添加炭黑2%～3%的低密度聚乙烯护套。为提高防潮性能，有时也在铝带下面先挤包一层聚乙烯内护套如图1-8(a)所示。

但是由于铝-聚乙烯组合护层中的铝带存在一条并不密闭的直缝，因此，这种结构的防湿效果比聚乙烯护套并无多大提高，目前以铝-聚乙烯粘接组合护层所替换。

b. 铝-钢-聚乙烯组合护层：铝-钢-聚乙烯组合护层一般由预轧有环形皱纹的铝带和钢带以及聚乙烯护套组合构成。

铝-钢-聚乙烯组合护层是在绝缘线芯上纵包以环形皱纹铝屏蔽带（厚度 0.2mm，一般带边不重叠而留有间隙），再纵包以镀铅或镀锡的环形皱纹钢带（厚度 0.6mm，低碳钢，含碳量 0.08% 以下），钢带边重叠并用软焊料钎焊密封，涂以防蚀涂料（沥青复合物）后挤上聚乙烯护套而成如图 1-8(b) 所示。

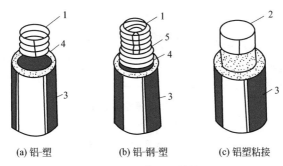

(a) 铝-塑　　　　(b) 铝-钢-塑　　　　(c) 铝塑粘接

图 1-8　组合护层结构

1—环形皱纹铝带；2—复合铝带；3—聚乙烯护套；

4—防蚀涂料；5—环形皱纹钢带（钎焊）

为了提高护层结构的性能，有时在上述结构中再增加一层聚乙烯内护套，位于铝带下面或铝带与钢带之间。聚乙烯内护套的厚度一般比外护套小，约为 1.2～2.0mm，外护套的厚度为 2.0～2.6mm。

铝-钢-聚乙烯组合护层是组合护层中机械强度最高、屏蔽性能和密封性能较好的一种，但工艺设备比较复杂，而且钎焊缝的强度和密封的可靠性不如焊接皱纹钢护套，因此其发展受到一定限制。

c. 铝-聚乙烯粘接组合护层：在铝-聚乙烯组合护层中，纵包铝带的搭接处存在一条没有密封的缝，所以防潮性能不高。铝-聚乙烯粘接组合护层是在绝缘线芯上，纵包以复合铝带（一般厚度约为0.15～0.20mm），带边重叠，然后依靠挤出聚乙烯外护套时的较高的温度和压力，使聚乙烯护套与复合铝带以及使复合铝带的搭缝紧密，借黏结剂粘接而形成一体以提高它的防潮性能如图1-8(c)所示。为了提高铝带搭缝的密封性，也有采取裙边焊接（或称唇焊）薄铝护套的新工艺，铝带厚度为0.1mm和0.2mm，如图1-9所示。它利用修剪裙边所提供的一个无氧化铝膜的切面，用钍钨电极进行氩弧焊，并依靠一层挤出共聚物使焊接薄铝护套与聚乙烯外护套紧密粘接来加强，实现了完全密封的组合护层。

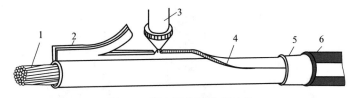

图1-9　裙边焊薄铝护套示意
1—缆芯；2—薄铝带；3—熔焊；4—卷裙边；
5—共聚物；6—聚乙烯护套

（2）电缆的外护层

电缆的外护层包括内衬层、铠装层及外被层。

① 内衬层　内衬层的作用应是保护护套不受铠甲所伤。按传统的油纸绝缘电缆，内衬层是介于金属护套与铠甲之间的同心圆层。它由沥青、塑料带（老式电缆用浸渍纸）、无纺布或无纺麻等绕包或挤包聚乙烯套而成，具体结构见相关国家标准。随着塑料电缆的发展，内衬层应作为一个广义的词来理解。例如35kV以下塑料电缆，一般在缆芯上应有一内衬层，它们与填料接触，材料视电缆结构不同而不同，如可为非吸湿性材料，也可能要求为半导电材料，当金属屏蔽外有铠装时金属屏蔽上应挤包不透水的内衬层，又称它为隔离套。材料可以是聚氯乙烯套或聚乙烯套。在高压交联聚乙烯电缆中在金属屏蔽与绝缘屏蔽之间包了一层水膨胀密封层，这也可算是内衬层。内衬层的厚度，随包内衬前的电缆直径有关。直径越大，厚度越厚，一般在0.4~2mm之间，可查有关国家标准。

② 铠装层　在电缆受到压力、拉力等使用场合，为了增加电缆的机械强度（抗拉、抗压），电缆都应有铠装层。铠装层是电缆护套外（金属屏蔽外）的同心圆层。它所用的材料有钢带、钢丝。对于高压充油电缆不宜用磁性材料，故用铜带或不锈钢带作为加固层也起到铠装作用。钢带铠装适用于受压力的场合如土地中直埋，而钢丝铠装适合于受拉力大的场合，如过江、过海峡等高落差水下敷设情况下使用。为了防止渔具及鱼类对电缆的损伤，也可采用钢带和钢丝联合构成铠装层（联锁铠装）。

常用的钢带和钢丝的材料都是由低碳钢冷轧制成。为防腐蚀，规定铠装钢带必须有防蚀措施，即采用涂防锈漆或镀锌处理。钢丝则采用镀锌、涂塑、挤塑等措施，总之在钢带或钢丝外加一层保护覆盖层。充油电缆的加固采用黄铜带，含铜量在 $60\%\sim70\%$，余量为锌。常用铠装材料的性能见表 1-9。

表 1-9　常用铠装材料的性能

材　料　名　称	抗拉强度(不小于)/Pa	伸长率(不小于)/%
钢带	30×10^{7}	20
钢丝	$(35\sim50)\times10^{7}$	$8\sim12$
黄铜带	$(60\sim70)\times10^{7}$	$4\sim15$

③ 外被层　为了保证铠装层不被腐蚀而加外被层，在电缆工作的环境下，电缆金属层的腐蚀一般属于电化学腐蚀。而电化学腐蚀的必要条件是，电解液与金属直接接触。电解液实际上是含有电解物质的水，所以关键是防水。常用作外被的材料是聚氯乙烯、聚乙烯。

（3）橡塑护套厚度

橡塑护套厚度主要取决于力学性能要求，同一电缆的护套厚度随包覆护套前半成品外径的增大而分级加厚。

按护套随机械力（外力和应力）的能力可分为三种。选用护套厚度时除考虑力学性能外，还应同时考虑其他性能，如透湿性、长期老化等。三种护套类型的适用范围大致如下。

① 轻型 用于一般防护和要求特别柔软的电线电缆，如绝缘软线和轻型橡套电缆。不允许有冲、割、拉力等机械外力。要求外径小的品种，可采用厚度为 0.12～0.25mm 尼龙护套。

② 中型 能随一定的机械外力和应力，有足够的柔软性。适用范围广，如船用、机车车辆控制信号和中型橡套电缆。

③ 重型 能承受冲击、割裂、撕裂、挤压等机械外力和应力，有一定的可弯曲性，用于有严重机械操作而又经常移动的使用场合，如采掘用电缆（矿用电缆）、重型橡套电缆。

1.7.2 单芯交流电缆的护层

当电缆导体通过电流时，在其周围便产生磁力线，磁力线的多少与通过导体的电流大小成正比。在三芯统包型电缆中，当三相电流平衡时，即三相合成电流为零时，则在电缆护层铅（铝）包、铠装中无磁力线通过。在单芯电缆中，即使系统中三相电流平衡，但由于三芯分别有护层，因此，在护层中均有磁力线通过，护层中通过磁力线的数目与其磁导率成正比，而钢带属于铁磁性材料，其磁导率很高，所以会在其中通过较多的磁力线。采用钢带铠装的单芯电缆，当导体中通过电流时，高磁导率的钢带中通过较多的磁力线，由于电流是 50Hz 的交变电流，所以在其中感应出了电压，其大小与磁力线变化的速度成正比，并与磁导率大小成正比。当钢带在电缆线路两端接地面形成一闭合回路时，便在其中产生一感应电流，其大小实际上与负荷电流成正比，其数值相当大。由于这感应电流而发热，所以必须要降低电缆载流量，才能使电缆安全运行。为了避免这种情况，因此单芯交流电缆的护层不采用钢带铠装，而采用非磁性材料黄铜带。水底电缆则采用铝合金丝铠装或铁丝间隔铜丝的铠装，在护层中不形成铁磁闭合回路。

1.8 屏蔽层

电缆线芯一般由多根导线绞合而成，线芯表面和绝缘层间易形成间隙，另外表面的不光滑会造成电场集中，这些因素将使电缆电性能降低，如局部放电特性、树枝放电特性等下降。因此在线芯表面加一层半导屏蔽层，它能与绝缘良好接触，半导电层与线芯等电位，它们之间存在的间隙，由于周围等电位则无电场作用，避免了局部放电。另外，在绝缘表面与护套接触处也可能存在间隙，电缆弯曲时绝缘表面也易造成裂纹（油纸绝缘），这些都是引起局部放电的因素，所以在电压等级稍高时绝缘表面上也需要屏蔽。

1.8.1　屏蔽层的作用

电气装备用电缆有许多品种具有屏蔽层。屏蔽层的作用可分为电场屏蔽、磁场屏蔽和电磁场屏蔽三种。实际上前两种均是电磁场屏蔽的特殊情况，但在屏蔽层的结构考虑上各有侧重。电缆中，单纯的磁场屏蔽是很少的。

（1）电场屏蔽

电场屏蔽是将电缆工作时产生的强电场限制在屏蔽层之内。由于金属屏蔽层接地，外部不存在电缆产生的强电场，不会对周围的弱电线路或仪表产生强电干扰，或危及人身安全。同时，屏蔽层也可防止周围强电场对电线电缆内传输电流的干扰。一般，工作电压在 6kV 及以上的电缆均须有电场屏蔽的结构，如矿用电缆，直流高压电缆等。

电场屏蔽大多用于高压静电场、直流高压和工频高压的情况下。

在高压电缆的导线表面、绝缘表面与金属屏蔽层或护层之间，各有一层软性半导电层。其作用是使导线表面的电场分布均匀、改善绝缘层与金属护层间的接触、防止分层间隙放电、吸附少量游离气体。这种半导体层也归属于电场屏蔽的结构。

（2）电磁场屏蔽

电磁场屏蔽的作用是防止或减少外界电磁场对电线电缆的干扰，以及防止或减小电线电缆产生的电磁场对外界的影响，大多数品种在设计屏蔽结构时主要考虑前者。

屏蔽层对来自电缆外部的干扰电磁波和内部产生的电磁波均起

着吸收能量（涡流损耗）、反射能量（电磁波在屏蔽层上的界面反射）和抵消能量（电磁感应在屏蔽层上产生反向电磁场，可抵消部分干扰电磁波）的作用，从而起到减弱干扰的动能。

　　屏蔽层的上述三种功能与干扰电磁波的频率有关。频率愈高，能量的吸收和反射的功能愈大，抵消的功能愈小；反之，在低频（3000Hz及以下），特别是工频的情况下，主要是抵消功能在起作用，另两项则很小，一般可以忽略。

1.8.2　屏蔽材料

　　电缆常用的屏蔽材料有三类。

　　（1）高导电材料

　　如铜、铝、铅、金属化纸或金属化塑料薄膜。要求有良好的电导率和耐蚀性。电场屏蔽和低频电磁场屏蔽（主要是抵消作用）都采用高导电材料。

　　（2）半导电材料

　　如半导电的橡胶、塑料、涂层、纸、布等。要求能与绝缘材料很好地黏合而又易于整体剥离，没有析出物或迁移物影响绝缘材料的性能，并有适当而稳定的电阻系数。用于要求均匀表面电场和电场屏蔽的电缆中。

　　（3）高导磁材料

　　如低碳钢。要求材料磁化系数大，矫顽磁力小。用于电磁场屏蔽（主要起能量吸收作用）。

1.8.3　屏蔽结构

　　屏蔽结构取决于产品的使用要求。电力电缆主要采用软结构，下面介绍几种常用的屏蔽结构。

　　（1）铜丝编织布

　　铜丝纺织是最常用的屏蔽结构，是在绝缘或成缆后的缆芯表面将镀锡铜丝交叉编织而成。铜丝直径在0.1～0.4mm之间（视产品外径和使用要求而定）。纺织的覆盖率（即屏蔽层遮盖内表面的面积的百分率）在50%～90%之间。

　　纺织结构稳定，防干扰效果好，能满足多数产品的需要，因此被广泛采用。但生产速度慢，材料较费。有些品种为了增加防护性能，纺织层外挤有薄的橡塑保护层。

某些多芯电缆，为了防止各线芯间相互干扰，可将各线芯或某几根线芯单独屏蔽，成缆后再进行总的屏蔽。少数品种采用镀锌铜丝编织，主要起铠装层的作用，但也具有屏蔽效能。

（2）绕包结构

将细钢丝、金属化纸或薄膜绕包作为屏蔽层，是一种新的结构形式。细钢丝（直径小于 0.1mm）或扁钢丝用以绕包外径较小的特软电线，而金属化纸薄膜用于绕包直径较大的品种，绕包一般采用双层，外层细钢丝可用疏绕。

绕包结构的覆盖率大（可达 100%），屏蔽效果好，柔软，节省材料，屏蔽层薄，生产速度高。绕包屏蔽层外一般需挤包护套或用加固薄膜，保证结构稳定。

对于薄绝缘层的微小型电线还可在绝缘层表面镀铜作为屏蔽层。

（3）起监视作用的屏蔽结构

矿用屏蔽电缆的屏蔽结构是三根相线绝缘层外有一层低电阻率的半导电橡胶，地线全用半导电橡胶挤包。

当电缆的绝缘受外力破坏（如冲、砸、挤）后引起短路、漏电时，与继电保护系统相连接的半导电层使继电保护装置发出信号，自动切断电源，避免事故扩大。

半导电橡胶层的优点是柔软，与绝缘能紧密接触并一起变形，因此接通继电保护系统的效能比钢丝纺织更为有效。

（4）半导电层与钢丝编织的综合结构

这种结构主要用于直流高压软电缆。以 X 射线机电缆为例，两根阴极加热用的线芯分别包上低压绝缘层，再挤包半导电橡胶，栅极控制线芯亦用半导电橡胶挤包。三芯成缆后先挤包一层半导电橡胶，再挤包高压绝缘层，然后又挤包一层半导电橡胶，并加镀锡钢丝编织层。所有半导电橡胶的电阻系数均为 $10^2 \sim 10^5 \Omega \cdot m$。

在上述综合屏蔽结构中，中间与外面的半导电橡胶起均匀电场和改善分层间隙电场的作用，铜丝编织起着电场屏蔽和防止外界强电干扰的作用。

1.8.4 塑料和油浸渍纸绝缘电缆的屏蔽层材料

（1）塑料电缆的屏蔽层和金属屏蔽层材料

塑料电缆线芯表面及绝缘表面一般要求有屏蔽层，在绝缘屏蔽层外，一般还应有金属屏蔽层。屏蔽层为半导电材料，是以相应绝缘材料（聚氯乙烯、聚乙烯、可交联聚乙烯料）加入炭黑、防老剂、乙烯-醋酸乙烯酯共聚物等配合剂混合而成。对于绝缘表面的屏蔽层 10kV 以下要求可剥离型，其目的是在安装和接头时剥出方便。

屏蔽层的厚度没有严格规定，线芯屏蔽层取 0.5～1.0mm，电压等级较高者取厚一些。绝缘屏蔽层的厚度约为 0.8～1.5mm，一般采用挤出的方法包覆。

采用屏蔽层如前所述，能改善线芯表面的光滑程度，减少气隙的局部放电，确实对提高电缆的击穿强度起到了积极作用。但是半导电层的加入又会给电缆老化性能带来影响，关键是作为半导电层的材料中要求加入的炭黑粒子应均匀地分布在聚合物中，不应有炭粒结团与分散不良等现象。与绝缘接触良好不应出现空隙，不应有尖凸、杂质，这样可减少界面效应、电导效应和机械应力效应，提高抗树枝化、耐局部放电的能力。对于挤出型电缆一般没有金属护套（中低压更普遍），因此可在塑料绝缘层外加一层金属屏蔽层。它的作用是，正常情况下流过电容电流，短路时作为短路电流的通道，同时也起到了屏蔽电场作用，在三相四线制中作为线路中心线。

金属屏蔽层，最初用铜带绕包而成，后因发现铜带绕包形式在运行后往往在搭盖间接触面产生氧化以及在弯曲及冷热后变形，使接触电阻增加，限制了短路容量的大小，并且电流不是沿轴向流动，而是绕轴心成螺旋流动，引起电感，导致感应电动势增加。近年来逐渐采用铜丝疏绕结构，或铜带、铜丝共同使用。铜丝疏绕时，最好是有两层相互反向绕包的铜丝，以防止感应电动势过大，同时也使它受热膨胀时不滑动。金属屏蔽层也可与电缆的防水层、热胀缓冲层结合作为综合护层。

（2）油浸渍纸绝缘电缆的屏蔽层材料

这类电缆的屏蔽层，主要是用半导电纸绕包而成，半导电纸是由普通的电缆纸中，加入胶体炭黑粒子（粒子直径约 $20\sim300\mu m$）。为了使半导电纸层与绝缘层接触良好，在它们之间往往采用双色半导电纸，它是一面为普通电缆纸，另一面为半导电纸。采用屏蔽后，线芯表面电场强度降低 3%左右，工频击穿电压可提高 30%～40%左右，脉冲击穿电压也可提高百分之几，这是半导电纸有吸收离子的作用，对油中的离子、油中析出的气体都吸收，因此改善了油浸纸绝缘的介质损耗角正切（$\tan\delta$）与温度的关系。用半导电纸后发现 $\tan\delta$ 与 E（电场强度）曲线上升剧烈，但利用双色半导电纸与之配合后有所改善。

1.9　电缆的性能试验

1.9.1　性能试验项目

电气装备用电线电缆的使用范围极广，使用环境与条件差异很大，因此对各种电缆的性能要求各不相同。除导线和橡塑绝缘材料的电气、力学及热老化等基本性能外，各系列的专用品种均有一些特殊的性能要求，如耐高温、严寒、强烈日照，耐燃烧，不延燃，能经受矿石的冲、挤，深水密封以及耐表面放电、耐辐射等。

1.9.2　绝缘电阻

绝缘电阻是判断电线电缆电性能的基本参数，它取决于所选用的绝缘材料和电缆结构。而工艺水平和环境条件（特别是温度、湿度）的影响也很大。

产品出厂时测试绝缘电阻的目的，主要是控制产品的材料质量与工艺水平。在研制新产品、采用新材料以及研究产品的绝缘特性时。需对绝缘电阻进行研究性试验，如它与温度关系、在浸水（淡水或海水）条件下绝缘电阻变化等。绝缘电阻也作为其他研究的考核指标，如热老化过程中绝缘电阻的变化等。

绝缘电阻的测试方法有三种：兆欧表法、高阻计法、直流比较法电桥。出厂试验或鉴定试验一般用兆欧表法和高阻计法，研究性试验或仲裁试验用直流比较法电桥测试。

（1）绝缘电阻指标

绝缘电阻值与产品的长度成反比，为此均以 1km 的产品长度作为计量基础。

电线电缆产品标准中的绝缘电阻指标，有两种表达方式。

① 规定绝缘电阻值 对每一品种，不论结构尺寸的大小，规定一个绝缘电阻最低值，作为产品是否合格的指标。这种规定适用于产品实际绝缘电阻裕度很大或对绝缘电阻要求不太高，以及产品的规格变化不大的品种。

② 规定绝缘电阻系数 规定绝缘电阻系数而按不同结构尺寸计算电阻值比较合理，但实用较麻烦。对于绝缘电阻裕度较小或要求较高、产品规格范围大的产品，常采用此种规定。对于某些品种，还须规定最高允许工作温度时的绝缘电阻系数值。

（2）对绝缘电阻的影响因素

影响绝缘电阻的因素很多，除材料配方及工艺外，最主要是温度与浸水。

① 温度的影响 绝缘电阻值一般随温度的上升而按指数规律下降。最高工作温度的确定与绝缘电阻的下降情况有关。

② 浸水的影响 电线电缆经常在潮湿环境下工作，有的品种浸在水中使用，因此应研究浸水情况下绝缘电阻的变化规律。绝缘电阻一般随浸水时间而降低，逐步趋向稳定。如果下降快，幅度大，且不易趋向稳定，则表明产品的质量不符合要求。有的品种在浸水的初期，绝缘电阻因材料配方中的水溶物析出反而略有上升，然后再缓慢下降。

1.9.3　耐电压性能

（1）试验目的与方法

电线电缆的耐电压性能试验有两种方式：一种是耐电压试验，考核电线电缆能否在一定时间下承受规定的电压值；另一种是击穿试验，采用不同的施加电压方式，测定试品的击穿电压值。测试电压按使用要求可采用交流、直流或脉冲电压。加压方式分为连续升压、逐级升压和长期升压等。

出厂耐压试验的目的是判断电线电缆的材料和工艺中可能产生的缺陷，是否在允许范围之内，以保证产品安全运行。研究耐压性试验和击穿试验的目的是了解产品的安全裕度和电气强度特性，作为选定结构、材料和工艺条件的依据。

电气装备用电线电缆耐电压试验的方法有三种：火花耐压试验、浸水试验和产品上直接加压试验。

（2）耐压试验指标

出厂耐压试验指标的确定原则是既利于发现产品的杂质或缺陷，又不致对绝缘造成损害，影响长期运行。

① 火花耐压试验　试验电压根据等效的原则按不同绝缘厚度规定，绝缘层中每一点施加电压时间不少于 0.2s。

② 浸水和产品上直接加压　对于 1000V 及以下产品的交流耐压试验电压，一般按下式确定：

$$U = 2U_0 + 1000 \quad (V)$$

式中，U 和 U_0 分别为试验电压和产品额定工作电压。

加压时间一般为 1min 或 5min，个别产品规定为 15min。

工作电压高于 1000V 的产品，其试验电压视使用要求而定。如长期连续在交流下工作的产品，一般为工作电压的 2 倍以上，而脉动直流电压下工作的产品，试验电压仅为工作电压的 1.3～1.4 倍。

1.9.4　弯曲性能试验

在制造、安装、使用过程中，电线电缆产品必然会遇到不同程度的弯曲，弯曲程度可用弯曲次数、弯曲方式（固定方向还是任意方向、弯曲度大小、有否扭曲）和弯曲半径等作为技术参数。固定敷用的电线电缆弯曲次数少，一般不会扭曲，弯曲度小于 180°、弯曲半径也易于控制。而移动式使用的电线电缆随着使用要求的不同，弯曲的程度差异很大，如电动工具、电梯等自由悬垂、频繁弯曲移动的产品，其受到的机械应力极为复杂。

产品的弯曲性能与产品各个结构部件的柔软性和机械强度以及环境温度等有关。而各个结构部件的柔软性和机械强度则取决于所选材料的物理机械性能（如弹性、抗拉强度与伸缩率等）和结构的组成（如导线中单线的直径与根数、绞合方式、节距等），又受到各个结构部件之间的紧密程度及相对移滑性等的影响。

1.9.5　冲击、挤压和冲割试验

电气装备用电线电缆中有许多性能试验项目是根据特殊使用条件而提出的，例如采掘用电缆（矿用电缆）的冲击、挤压和冲割试验。

矿用电缆在采区工作时，经常会受到矿石、岩石坠落的冲击、冲割，也会由于矿石、岩石、矿车等重物的挤压。造成对电缆护套、绝缘的损坏而引起短路事故；还会发生导线断裂等。在矿用电缆的事故中，这一类外力破坏事故率最大。因此，在研制产品的过程中，必须模拟实际运行情况进行各种研究试验，这些试验在产品出厂时或正常生产中也应定期试验。

产品的研究试验和长期运行经验表明，目前矿用电缆的结构，具有良好的耐冲击、挤压和冲割性能。

1.9.6　老化性能试验

电线电缆在正常使用环境中性能缓慢地变坏直至丧失其工作能力的过程称为老化。促使老化的因素很多，例如构成绝缘、屏蔽及护层的高分子材料因热、氧、臭氧、日光辐射等作用而裂解或聚合，配合材料组分的迁移、挥发或相互作用，油或溶剂对材料的溶胀或侵蚀，以及低温下开裂、机械磨耗和内应力开裂等。模拟不同的使用条件，进行有关的老化试验，测定并研究电线电缆的使用寿命是一项重要的基础工作。

在各种老化因素中，对于电线电缆所大量采用的高分子材料来

说，在含氧气氛中的热老化是最主要、最普遍的。为此在选择或改进材料配方、判断产品的长期可靠性以及研究材料分子结构与老化的关系等规律时，均需进行各种热老化试验。此外，对于其他老化因素，按不同产品的使用环境或条件，可以进行单项老化因素的试验（如日光老化、长期耐油等）或同时模拟几项老化因素的综合性老化试验。

1.9.7　电缆的载流量

电气装备用电线电缆的产品中，大部分品种的导电线芯传输着较大的工作电流，如输配电系统中二次线路的电缆、照明及大型电机电器的电源线用电缆等。对于这些产品，允许工作温度和载流量是极为重要的性能和使用参数。另外有一些品种，如用于信号、控制、检测、点火等系统的电缆，其导电线芯通过的工作电流较小，载流量一般不作考虑。

（1）长期连续负荷的载流量

几种常见的代表性品种的长期连续负荷下的载流量见表 2-24～表 2-33，有关换算系数见表 2-21、表 2-23。其他品种可按产品结构、材料参考确定。

（2）周期负荷时的载流量

在电缆中通过的工作电流，按一定的时间规律时通时断、或时大时小的情况，可称周期负荷。这种工作方式在电气装备用电缆中是经常出现的。由于产品发热与散热有一个过渡过程，因此在导线最高允许温度不变的情况下，周期负荷是允许通过的电流可比长期连续负荷时的电流大得多。在一个时通时断（即"接通-断开"）的周期中，通电的时间比例（称为负载率）愈小，允许通过的电流愈大。

周期负荷下的允许载流量可按发热、散热的过程进行计算，但实际中通常是将计算和使用验证后的数据绘制出曲线进行查阅。

（3）短时过载和短路状态下的允许电流

① 短时和短路允许温度　电线电缆在特殊情况下，可能会通过比长期连续负荷大数倍或数十倍的短时过载电流。由于时间短

（2h 以下），可不必考虑产品老化的因素，因此可确定较高的短时允许温度。对于短路的这种事故状态，时间更短，也可确定相应的短路允许温度。确保短时或短路允许温度应以绝缘材料不被裂解、软化、熔化、燃烧或导线连接头的脱落等短时损坏因素为主，通过试验求得。

② 短时过载允许电流计算 过载电流为长期连续负荷电流的 10 倍及以下时，可按相关公式近似计算。

实用中一般是已知过载电流，求允许过载时间，或决定了过载时间确定允许过载电流。为便于查用，可先绘制有关产品过载时间与允许过载电流的关系曲线或表格。

③ 短路允许电流 一般用估算公式对短路电流进行估算，以考核产品的适用性。短时过载电流大于 10 倍长期负荷下载流量时，可作为短路电流计算。

第2章 电缆的选型

2.1 电缆的型号与应用范围

2.1.1 电缆型号的编制原则

（1）用汉语拼音第一个字母的大写表示绝缘种类、导体材料、内护层材料和结构特点。如用 Z 代表纸，L 代表铝，Q 代表铅，F 代表分相。电缆型号组成及其代表意义见表 2-1。

表 2-1 电缆型号组成及其代表意义

分类及用途代号	绝缘代号	导体代号	内护层代号	派生代号	铠装层	外护层代号	特征产品代号
电力电缆不表示，控制电缆为 K	Z—纸绝缘 V—聚氯乙烯绝缘 Y—聚乙烯绝缘 YJ—交联聚乙烯绝缘 X—橡胶绝缘	L—铝 T—铜（不标注）	L—铝 Q—铅 V—聚氯乙烯 Y—聚乙烯 YJ—交联聚乙烯 H—橡套 HF—非燃性橡套	P—干绝缘 F—分相 D—不滴流 C—交联聚乙烯 Z—橡套	0—无 2—双钢带 3—细圆钢丝 4—粗圆钢丝	0—无 1—纤维绕包（麻被） 2—聚氯乙烯护套 3—聚乙烯护套	TH—湿热带 TA—干热带

（2）用数字表示外护层构成，有两位数字。无数字代表无铠装层，无外被层。第一位数表示铠装，第二位数表示外被，例如，粗钢丝铠装纤维外被表示为 41。

（3）电缆型号按电缆结构的排列一般依下列次序

$$\boxed{绝缘材料}\quad\boxed{导体材料}\quad\boxed{内护层}\quad\boxed{外护层}$$

（4）电缆产品用型号、额定电压和规格表示。其方法是在型号后再加上说明额定电压、芯数和标称截面积的阿拉伯数字。

① 黏性电缆

a. ZL_{03}-0.6/1-3×185 表示铜芯、黏性油浸纸绝缘、铝套聚乙烯护套、额定电压 0.6/1kV、三芯、标称截面 185mm^2 的电力电缆。

b. ZLL_{03}-0.6/1-3×185 表示铝芯、黏性油浸纸绝缘、铝套聚乙烯护套、额定电压为 0.6/1kV、三芯、标称截面 185mm^2 的电力电缆。

② 不滴流电缆

a. $ZQFD_{22}$-21/35-3×185 表示铜芯、不滴流油浸纸绝缘、分相铅套、钢带铠装聚乙烯护套、额定电压为 21/35kV、三芯、标称截面 185mm^2 的电力电缆。

b. $ZLQFD_{22}$-21/35-3×185 表示铝芯、不滴流油浸纸绝缘、分相铅套、钢带铠装、聚氯乙烯护套、额定电压为 21/35kV、三芯、标称截面 185mm^2 的电力电缆。

③ 橡胶绝缘电缆

a. XV-0.6/1-3×150＋70 表示铜芯、橡胶绝缘、聚氯乙烯护套、额定电压为 0.6/1kV、三个主线芯、标称截面 150mm^2、中性线芯标称截面 70mm^2 的电力电缆。

b. XLV-0.6/1-3×150＋70 表示铝芯、橡胶绝缘、聚氯乙烯护套、额定电压为 0.6/1kV、三个主线芯、标称截面 150mm^2、中性线芯标称截面 70mm^2 的电力电缆。

④ 聚氯乙烯绝缘电缆

a. VV_{23}-0.6/1-3×240 表示铜芯、聚氯乙烯绝缘、钢带铠装、聚氯乙烯护套、额定电压为 0.6/1kV、三芯、标称截面 240mm^2 的电力电缆。

b. VLV_{23}-0.6/1-3×240 表示铝芯、聚氯乙烯绝缘、钢带铠装、聚氯乙烯护套、额定电压为 0.6/1kV、三芯、标称截面 240mm^2 的电力电缆。

⑤ 交联聚乙烯绝缘电缆

a. YJV_{23}-21/35-3×185 表示铜芯、交联聚乙烯绝缘、钢带铠装、聚氯乙烯护套、额定电压为 21/35kV、三芯、标称截面 185mm² 的电力电缆。

b. YJLV₂₃-21/35-3×185 表示铝芯、交联聚乙烯绝缘、钢带铠装、聚氯乙烯护套、额定电压为 21/35kV、三芯、标称截面 185mm² 的电力电缆。

2.1.2　典型电力电缆的结构和性能

（1）聚氯乙烯绝缘电力电缆

① 用途　该产品适用于交流额定电压（U_0/U）0.6/1kV、3.6/6kV 的线路中，供输配电能使用。

② 型号、名称及使用条件　聚氯乙烯绝缘电力电缆的型号、名称、敷设场合见表 2-2。

表 2-2　聚氯乙烯绝缘电力电缆型号、名称、敷设场合

型号		名称	敷设场合
铜芯	铝芯		
VV	VLV	聚氯乙烯绝缘聚氯乙烯护套电力电缆	可敷设在室内、隧道、电缆沟、管道、易燃及严重腐蚀地方,不能承受机械外力作用
VY	VLY	聚氯乙烯绝缘聚乙烯护套电力电缆	可敷设在室内、管道、电缆沟及严重腐蚀地方,不能承受机械外力作用
VV22	VLV22	聚氯乙烯绝缘钢带铠装聚氯乙烯护套电力电缆	可敷设在室内、隧道、电缆沟、地下、易燃及严重腐蚀地方,不能承受拉力作用
VV23	VLV23	聚氯乙烯绝缘钢带铠装聚乙烯护套电力电缆	可敷设在室内、电缆沟、地下及严重腐蚀地方,不能承受拉力作用
VV32	VLV32	聚氯乙烯绝缘细钢丝铠装聚氯乙烯护套电力电缆	可敷设在地下、竖井、水中及易燃及严重腐蚀地方,不能承受大拉力作用
VV33	VLV33	聚氯乙烯绝缘细钢丝铠装聚乙烯护套电力电缆	可敷设在地下、竖井、水中及严重腐蚀地方,不能承受大拉力作用
VV42	VLV42	聚氯乙烯绝缘粗钢丝铠装聚氯乙烯护套电力电缆	可敷设在竖井、易燃及严重腐蚀地方,能承受大拉力作用
VV43	VLV43	聚氯乙烯绝缘粗钢丝铠装聚乙烯护套电力电缆	可敷设在竖井及严重腐蚀地方,能承受大拉力作用

③ 使用条件及规格 导电线芯长期工作温度不能超过 70℃，短路温度不能超过 160℃（最长待续时间 5s）。电缆敷设时，温度不能低于 0℃，弯曲半径应不小于电缆外径的 10 倍，电缆敷设不受落差限制。聚氯乙烯绝缘电力电缆规格见表 2-3。

表 2-3　聚氯乙烯绝缘电力电缆规格

型号		芯数	标称截面/mm²	
铜芯	铝芯		0.6/1kV	3.6/6kV
VV VY		1	1.5～800	10～1000
	VLV VLY		2.5～800	10～1000
VV22 VV23	VLV22 VLV23		10～1000	10～1000
VV VY		2	1.5～185	
	VLV VLY		2.5～185	
VV22 VY23	VLV22 VLV23	2	4～185	
VV VY	VLV VLY	3+1	4～300	
VV22 VY23	VLV22 VLV23			
VV32	VLV32			
VV42	VLV42			
VV VY	VLV VLY	4	4～185	
VV22 VY23	VLV22 VLV23			
VV32	VLV32			
VV42	VLV42			

续表

型号		芯数	标称截面/mm^2	
铜芯	铝芯		0.6/1kV	3.6/6kV
VV VY		3	1.5～300	10～300
	VLV VLY		2.5～300	10～300
VV22 VY23	VLV22 VLV23		4～300	10～300
VV32 VV33	VLV32 VLV33		4～300	16～300
VV42 VV43	VLV42 VLV43		4～300	16～300
VV VV22	VLV VLV22	3+2	4～185	
VV VV22	VLV VLV22	4+1		
VV VV22	VLV VLV22	5		

④ 结构　1kV VV22、VLV221 芯、2 芯、3 芯、4 芯电缆结构如图 2-1～图 2-4 所示。

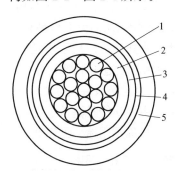 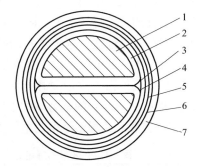

图 2-1　1kV VV22、VLV22
1 芯电缆结构
1—铜或铝导电线芯（圆形）；2—聚氯乙烯绝缘；3—聚氯乙烯挤包或绕包衬垫；4—钢带铠装；5—聚氯乙烯外护套

图 2-2　1kV VV22、VLV22
2 芯电缆结构
1—铜或铝导电线芯（半圆形）；2—聚氯乙烯绝缘；3—非吸湿性材料填充物；4—聚氯乙烯包带；5—聚氯乙烯挤包或绕包衬垫；6—钢带铠装；7—聚氯乙烯外护套

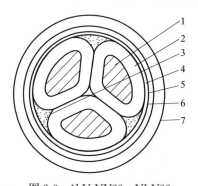
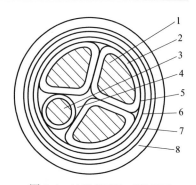

图 2-3　1kV VV22、VLV22
3 芯电缆结构

1—铜或铝导电线芯（扇形）；2—聚氯
乙烯绝缘；3—非吸湿性材料填充物；
4—聚氯乙烯包带；5—聚氯乙烯挤包
或绕包衬垫；6—钢带铠装；
7—聚氯乙烯外护套

图 2-4　1kV VV22、VLV22
4 芯电缆结构

1—铜或铝导电线芯（扇形）；2—聚氯
乙烯绝缘；3—中性线芯（圆形）；4—非
吸湿性材料填充物；5—聚氯乙烯包带；
6—聚氯乙烯挤包或绕包衬垫；7—钢
带铠装；8—聚氯乙烯外护套

（2）交联聚乙烯绝缘电力电缆

① 用途　交联聚乙烯绝缘电缆是利用化学方法或物理方法，使电缆绝缘聚乙烯分子由线性分子结构转变为主体网状分子结构，即热塑性的聚乙烯转变为热固性的交联聚乙烯，从而大大提高它的耐热性和力学性能，减少了它的收缩性，使其受热以后不再熔化，并保持了优良的电气性能。交联聚乙烯绝缘电缆适用于配电网、工业装置或其他需要大容量用电领域，用于固定敷设在交流 50Hz、额定电压 6～35kV 的电力输配电线路上，主要功能是输送电能。

② 交联聚乙烯绝缘电力电缆的型号、名称及用途　见表 2-4。

表 2-4　交联聚乙烯绝缘电力电缆型号、名称及用途

型号		名称	用途
铜芯	铝芯		
YJV	YJLV	交联聚乙烯绝缘聚氯乙烯护套电力电缆	架空、室内、隧道、电缆沟及地下
YJY	YJLY	交联聚乙烯绝缘聚乙烯护套电力电缆	

续表

型号		名称	用途
铜芯	铝芯		
YJV22	YJLV22	交联聚乙烯绝缘钢带铠装聚氯乙烯护套电力电缆	室内、隧道、电缆沟及地下
YJV23	YJLV23	交联聚乙烯绝缘钢带铠装聚乙烯护套电力电缆	
YJV32	YJLV32	交联聚乙烯绝缘细钢丝铠装聚氯乙烯护套电力电缆	高落差、竖井及水下
YJV33	YJLV33	交联聚乙烯绝缘细钢丝铠装聚乙烯护套电力电缆	
YJV42	YJLV42	交联聚乙烯绝缘粗钢丝铠装聚氯乙烯护套电力电缆	需承受拉力的竖井及海底
YJV43	YJLV43	交联聚乙烯绝缘粗钢丝铠装聚乙烯护套电力电缆	

注：1 根或 2 根单芯电缆不允许敷设于磁性材料管道中。

③ 使用条件及规格

使用条件如下：

a. 在 1~10kV 电压范围内，交联聚乙烯绝缘电力电缆可以代替纸绝缘和充油电缆，与纸绝缘电缆和充油电缆相比，有以下优点：

- 工作温度高，载流量大；
- 可以高落差或垂直敷设；
- 安装敷设容易，终端和连接头处理简单，维护方便。

b. 导体最高工作温度 90℃，短时过载温度 130℃，短路温度 250℃。

c. 接地故障持续时间：电压等级标志 U_0/U 0.6/1kV、3.6/6kV、6/10kV、21/35kV、36/63kV、64/110kV 电缆适用于每次接地故障持续时间不超过 1min 的三相系统，1/1kV、6/6kV、8.7/10kV、26/35kV、48/63kV 电缆适用于每次接地故障持续时间一般不超过 2h，最长不超过 8h 的三相系统。

d. 电缆敷设温度应不低于 0℃，弯曲半径对于单芯电缆大于 15 倍电缆外径，对于三芯电缆大于 10 倍电缆外径。

常用交联聚乙烯绝缘电力电缆规格见表 2-5，常用交联聚乙烯绝缘电力电缆的结构见图 2-5～图 2-10。

表 2-5 交联聚乙烯绝缘电力电缆规格

型号	芯数	额定电压 $U_0/U/\text{kV}$		
		3.6/6 6/6	6/10 8.7/10	8.7/15 12/20
		导电线芯标称截面/mm^2		
YJLV YJV YJLY YJY	1	25～500	25～500	35～500
YJLV32 YJV32 YJLV33 YJY33		25～500	25～500	35～500
YJLV42 YJV42 YJLY42 YJY43		25～500	25～500	35～500
YJLV YJV YJLY YJY	3	25～300	25～300	35～300
YJLV22 YJV22 YJLV33 YJV23		25～300	25～300	35～300
YJLV32 YJV32 YJLV33 YJV33		25～185	25～150	35～50
YJLV42 YJV42 YJLV43 YJV43		25～300	25～300	35～150

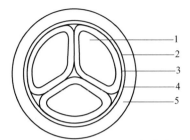

图 2-5　0.6/1kV　3 芯交联聚
乙烯绝缘电力电缆

1—导线；2—交联聚乙烯绝缘；3—分
色带；4—包带；5—聚氯乙烯护套

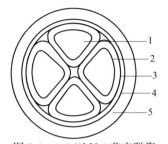

图 2-6　0.6/1kV　4 芯交联聚
乙烯绝缘电力电缆

1—导线；2—交联聚乙烯绝缘；3—分
色带；4—包带；5—聚氯乙烯护套

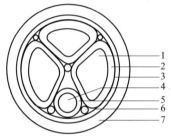

图 2-7　0.6/1kV 3+1 芯交
联聚乙烯绝缘电力电缆

1—导线；2—交联聚乙烯绝缘；3—分
色带；4—导线；5—交联聚乙烯绝缘；
6—包带；7—聚氯乙烯护套

图 2-8　0.6/1kV 3 芯交联聚
乙烯绝缘钢丝铠装电力电缆

1—导线；2—交联聚乙烯绝缘；3—分
色带；4—包带；5—聚氯乙烯内护套；
6—镀锌钢丝铠装；7—聚氯乙烯外护套

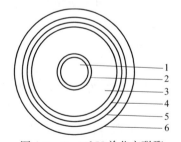

图 2-9　6～35kV 单芯交联聚
乙烯绝缘电力电缆

1—导线；2—内半导电屏蔽；3—交联聚
乙烯绝缘；4—外半导电屏蔽；5—铜带
或铜丝屏蔽；6—聚氯乙烯护套

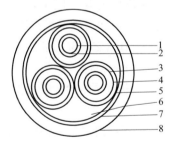

图 2-10　6～35kV　3 芯交联聚
乙烯绝缘电力电缆

1—导线；2—内半导电屏蔽；3—交联
聚乙烯绝缘；4—外半导电屏蔽；5—铜
带分相屏蔽；6—填充；7—包带；
8—聚氯乙烯护套

（3）阻燃电缆

阻燃电缆是指在规定试验条件下，试样被燃烧，在撤去试验火源后，火焰的蔓延仅在限定范围内，残焰或残灼在限定时间内能自行熄灭的电缆。其根本特性是在火灾情况下有可能被烧坏而不能运行，但可阻止火势的蔓延。通俗地讲，电线万一失火，能够把燃烧限制在局部范围内，不产生蔓延，保住其他的各种设备，避免造成更大的损失。电缆的燃烧是由于外部加热而产生了易燃气体，要达到阻燃的目的，必须抑制引起燃烧的三要素，即：可燃气体、热量和氧气。因此，阻燃电线电缆一般采用的方法就是在护套材料中添加含有卤素的卤化物和金属氧化物，利用卤素的阻燃效应起到阻燃效果。但是，由于这些材料中含有卤化物，在燃烧时释放大量的烟雾和卤化氢气体，所以，火灾时的能见度低，给人员的安全疏散和消防带来很大的妨碍，而且有毒气体容易造成人员窒息致死。此外，卤化氢气体与空气中的水一旦反应后，即生成"卤化氢酸"，严重腐蚀仪器设备、建筑物造成次生灾害。目前，随着科技水平的不断提高，阻燃问题已由过去的卤素阻燃化，进一步发展到低卤、无卤的阻燃化。

阻燃电力电缆系列包括阻燃交联聚乙烯绝缘电力电缆、阻燃聚氯乙烯绝缘电力电缆、阻燃通用橡套电力电缆、阻燃船用电力电缆、阻燃矿用电力电缆等几大类产品。本文介绍阻燃交联聚乙烯绝缘电力电缆和阻燃聚氯乙烯绝缘电力电缆。

① 阻燃交联聚乙烯绝缘电力电缆

a. 使用特性

• 电缆导体的长期最高工作温度：化学交联为 90℃，辐照交联为 105℃和 125℃。

• 短路时（最长持续时间不超过 5s）电缆导体的最高温度不超过 250℃。

• 敷设电缆时的环境温度不低于 0℃。

b. 阻燃交联聚乙烯绝缘电力电缆型号、名称及主要特性见表 2-6、表 2-7。

表 2-6 阻燃交联聚乙烯绝缘聚氯乙烯护套电力电缆

型号		名称	主要特性及说明
铜芯	铝芯		
ZR-YJV	ZR-YJLV	阻燃交联聚乙烯绝缘聚氯乙烯护套电力电缆	辐照交联在型号上加"F"以示与化学交联的区别。敷设于室内、隧道、电缆沟及管道中
ZR-FYJV	ZR-FYJLV	阻燃辐照交联聚乙烯绝缘聚氯乙烯护套电力电缆	
ZR-YJV22	ZR-YJLV22	阻燃交联聚乙烯绝缘聚氯乙烯护套钢带铠装电力电缆	能承受径向机械外力,但不能承受大的拉力
ZR-FYJV22	ZR-FYJLV22	阻燃辐照交联聚乙烯绝缘聚氯乙烯护套钢带铠装电力电缆	
ZR-YJV32	ZR-YJLV32	阻燃交联聚乙烯绝缘聚氯乙烯护套细钢丝铠装电力电缆	敷设于竖井及具有落差条件下,能承受机械外力作用及相当的拉力
ZR-FYJV32	ZR-FYJLV32	阻燃辐照交联聚乙烯绝缘聚氯乙烯扩套细钢丝铠装电力电缆	
ZR-YJV42	ZR-YJLV42	阻燃交联聚乙烯绝缘聚氯乙烯护套粗钢丝铠装电力电缆	

表 2-7 低烟、无卤阻燃交联聚乙烯绝缘聚烯烃护套电力电缆

型号		名称	主要特性及说明
铜芯	铝芯		
WZR-YJE	WZR-YJLE	低烟、无卤阻燃交联聚乙烯绝缘聚烯烃护套电力电缆	"W"无卤;"F"辐照;"E"聚烯烃。适合于高层建筑、地下公共设施及人流密集场所等特殊场合
WZR-FYJE	WZR-FYJLE	低烟、无卤阻燃辐照交联聚乙烯绝缘聚烯烃护套电力电缆	
WZR-YJE23	WZR-YJLE23	低烟、无卤阻燃交联聚乙烯绝缘聚烯烃护套钢带铠装电力电缆	能承受径向机械外力,但不能承受大的拉力
WZR-FYJE23	WZR-FYJLE23	低烟、无卤阻燃辐射交联聚乙烯绝缘聚烯烃护套钢带铠装电力电缆	
WZR-YJE33	WZR-YJLE33	低烟、无卤阻燃交联聚乙烯绝缘聚烯烃护套细钢丝铠装电力电缆	能承受机械外力作用及相当的拉力
WZR-FYLE33	WZR-FYJLE33	低烟、无卤阻燃辐照交联聚乙烯绝缘聚烯烃护套细钢丝铠装电力电缆	

c. 交联阻燃电缆的结构如图 2-11、图 2-12 所示。

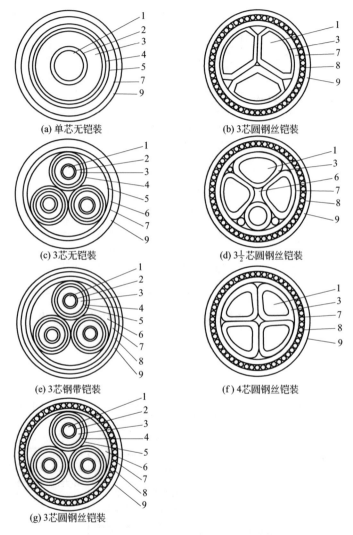

图 2-11　交联聚乙烯绝缘电力电缆结构

1—导体；2—导体屏蔽；3—交联聚乙烯绝缘；4—绝缘屏蔽；5—金属屏蔽；

6—填充（阻燃材料）；7—隔离套（内护层，分高阻燃、普通阻燃）；

8—铠装；9—阻燃聚氯乙烯外护套

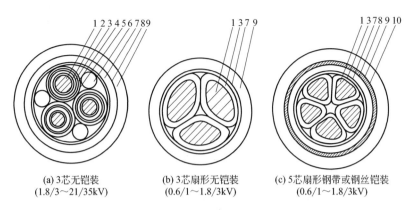

(a) 3芯无铠装
(1.8/3~21/35kV)

(b) 3芯扇形无铠装
(0.6/1~1.8/3kV)

(c) 5芯扇形钢带或钢丝铠装
(0.6/1~1.8/3kV)

图 2-12　低烟、无卤阻燃交联聚乙烯绝缘电力电缆结构

1—铜（铝）导体；2—导体屏蔽；3—交联聚乙烯绝缘；4—绝缘屏蔽；5—金属屏蔽；
6—阻燃填充绳；7—阻燃绕包层；8—高阻燃无卤内护套；9—阻燃聚烯烃外护套；
10—钢带或钢丝铠装

② 阻燃聚氯乙烯绝缘电力电缆

a. 使用特性

- 电缆导体的长期最高温度为 70℃。

- 短路时（最长持续时间不超过 5s）电缆导体的最高温度不超过 160℃。

- 敷设电缆时的环境温度应不低于 0℃。

b. 阻燃聚氯乙烯绝缘电力电缆的型号、名称及主要特性见表 2-8。

表 2-8　阻燃聚氯乙烯绝缘聚氯乙烯护套电力电缆型号、

名称及主要特性

型号		名称	主要特性及说明
铜芯	铝芯		
DZR-YE	DZR-VLE	低烟、低卤阻燃聚氯乙烯绝缘聚烯烃护套电力电缆	"D"低卤，"E"聚烯烃。氯化氢气体逸出量小于 50mg/g。适用于高层建筑、地下公共设施及人流密集场所等特殊场合

续表

型号		名称	主要特性及说明
铜芯	铝芯		
DZR-VE23	DZR-VLE23	低烟、低卤阻燃聚氯乙烯绝缘聚烯烃护套钢带铠装电力电缆	能承受径向机械外力,但不能承受大的拉力
DZR-VE33	DZR-VLE33	低烟、低卤阻燃聚氯乙烯绝缘聚烯烃护套细钢丝铠装电力电缆	能承受机械外力作用及相当的拉力
DDZR-VV	DDZR-VLV	低烟、低卤阻燃聚氯乙烯绝缘聚氯乙烯护套电力电缆	敷设在室内、隧道内及管道中,电缆不能承受机械外力作用
DDZR-VV22	DDZR-VLV22	低烟、低卤阻燃聚氯乙烯绝缘聚氯乙烯护套钢带铠装电力电缆	敷设在室内、隧道内及管道中,电缆能承受较大的机械力作用
DDZR-VV32	DDZR-VLV32	低烟、低卤阻燃聚氯乙烯绝缘聚氯乙烯护套钢丝铠装电力电缆	敷设在大型游乐场、高层建筑等抗拉强度高的场合中,电缆能承受较大机械外力作用

c. 阻燃聚氯乙烯绝缘电力电缆结构见图 2-13。

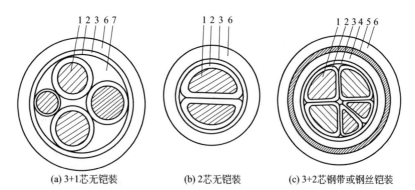

图 2-13　低烟、低卤阻燃聚氯乙烯绝缘电力电缆结构

1—铜（铝）导体；2—低烟、低卤聚氯乙烯绝缘；3—无卤阻燃绕包层；4—无卤阻燃内衬层；5—钢带或钢丝铠装层；6—聚烯烃外护套；7—阻燃填充绳

（4）耐火电力电缆

耐火电缆是指在火焰燃烧情况下能够保持一定时间安全运行的电缆。我国国家标准 GB 12666.6（等同 IEC331）将耐火试验分 A、B 两种级别，A 级火焰温度 950～1000℃，持续供火时间 90min，B 级火焰温度 750～800℃，持续供火时间 90min，整个试验期间，试样应承受产品规定的额定电压值。耐火电缆广泛应用于高层建筑、地下铁道、地下街、大型电站及重要的工矿企业等与防火安全和消防救生有关的地方，例如，消防设备及紧急向导灯等应急设施的供电线路和控制线路。

① 耐火电缆阻燃电缆的区别　　耐火电缆和阻燃电缆的概念很容易混淆，虽然阻燃电缆有许多较适用于化工企业的优点，如低卤、低烟阻燃等，但在一般情况下，耐火电缆可以取代阻燃电缆，而阻燃电缆不能取代耐火电缆。它们的区别主要有两点。

a. 原理的区别　　耐火电缆与阻燃电缆的原理不同。含卤电缆阻燃原理是靠卤素的阻燃效应，无卤电缆阻燃原理是靠析出水降低温度来熄灭火焰，耐火电缆是靠耐火层中云母材料的耐火、耐热的特性，保证电缆在火灾时也工作正常。

b. 结构和材料的区别　　耐火电缆的结构和材料与阻燃电缆也不相同。阻燃电缆的基本结构是绝缘层采用阻燃材料，护套及外护层采用阻燃材料，包带和填充采用阻燃材料。

而耐火电缆通常是在导体与绝缘层之间再加 1 个耐火层，耐火层通常采用多层云母带直接绕包在导线上，它可耐长时间的燃烧，即使施加火焰处的高聚物被烧毁，也能够保证线路正常运行。

② 耐火聚氯乙烯绝缘电缆

a. 使用特性及型号、名称、规格、使用范围　　耐火电缆长期使用，最高工作温度不得超过 70℃，5s 短路不超过 160℃。电缆敷设时不受落差限制，环境温度不低于 0℃，电缆的弯曲半径是电缆外径的 10 倍。耐火聚氯乙烯绝缘电缆型号、名称及使用范围见表 2-9。

表 2-9 耐火聚氯乙烯绝缘电缆型号、名称及使用范围

型 号	名 称	规 格	使用范围
NH-VV	铜芯聚氯乙烯绝缘、聚氯乙烯护套耐火电力电缆	1,2,3,4,5(芯) 3+1,3+2,4+1(芯) 1.5～630mm²	适用于有特殊要求的场合,如大容量电厂、核电站、地下铁道、高层建筑等
NH-VV22 NH-VV32	铜芯聚氯乙烯绝缘、聚氯乙烯护套、钢带钢丝铠装耐火电力电缆	1,2,3,4,5(芯) 3+1,3+2,4+1(芯) 1.5～630mm²	

b. 电缆结构 NH-VV 系列电缆及 NH-VV22 系列电缆结构如图 2-14 和图 2-15 所示。

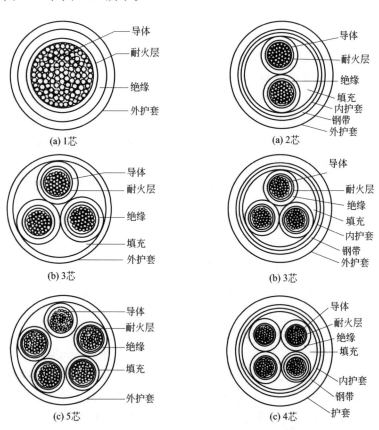

图 2-14 NH-VV 系列电缆结构   图 2-15 NH-VV22 系列电缆结构

③ 耐火交联聚乙烯绝缘、聚氯乙烯护套电力电缆　该产品用于交流 50Hz，额定电压 (U_0/U) 0.6/1kV 及以下有耐火要求的电力线路中使用，如高层建筑、核电站、石油化工、矿山、机场、飞机、船舶等要求防火安全较好的场合，是应急电源、消防泵、电梯、通信系统的必备元件。

a. 使用特性及型号、名称、规格、使用范围

• 电缆导体的最高额定温度为 90℃。

• 短路时（最长持续时间不超过 5s）电缆导体最高温度不超过 250℃。

• 敷设电缆的环境温度应不低于 0℃，其最小弯曲半径应不小于电缆外径的 15 倍。

耐火交联聚乙烯绝缘、聚氯乙烯护套电力电缆型号、名称见表 2-10。

表 2-10　耐火交联聚乙烯绝缘、聚氯乙烯护套电力电缆型号、名称

型　号	名　称
NHYJV-A	A 类铜芯耐火交联聚乙烯绝缘、聚氯乙烯护套电力电缆
NHYJV-B	B 类铜芯耐火交联聚乙烯绝缘、聚氯乙烯护套电力电缆
NHYJV22-A	A 类铜芯耐火交联聚乙烯绝缘、钢带铠装聚氯乙烯护套电力电缆
NHYJV22-B	B 类铜芯耐火交联聚乙烯绝缘、钢带铠装聚氯乙烯护套电力电缆

b. 电缆结构　耐火交联聚乙烯绝缘、聚氯乙烯护套电力电缆结构如图 2-16 所示。

（5）架空电力电缆

架空绝缘电缆主要用于城市、农村配电网中。它结构简单，安全可靠，具有很好的力学性能和电气性能，与裸架空电线相比，敷设间隙小，节约空间，线路电压降减少，尤其是减少供电事故的发生，确保人身安全。

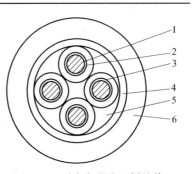

图 2-16　耐火交联聚乙烯绝缘、
聚氯乙烯护套电力电缆结构

1—导体；2—耐火层；3—绝缘；
4—包带；5—填充；6—护套

该产品是在铜、铝导体外挤包耐候型聚氯乙烯（PVC）或耐候型黑色高密度聚乙烯（HDPE）或交联聚乙烯（XIPE）或半导电屏蔽层和交联聚乙烯（XLPE）等绝缘材料和屏蔽材料。

① 额定电压 0.6/1kV 及以下架空绝缘电缆

a. 产品使用特性

• 额定电压 U_0/U 为 0.6/1kV。

• 电缆导体的长期允许工作温度：聚氯乙烯、聚乙烯绝缘应不超过 70℃；交联聚乙烯绝缘应不超过 90℃。

• 短路时（5s 内）电缆的短时最高工作温度：聚氯乙烯绝缘为 160℃；聚乙烯绝缘为 130℃；交联聚乙烯绝缘为 250℃。

• 电缆的敷设温度应不低于−20℃。

• 电缆的允许弯曲半径：电缆外径 D 小于 25mm 者，应不小于 4D；电缆外径 D 等于或大于 25mm 者，应不小于 6D。

• 当电缆使用于交流系统时，电缆的额定电压至少应等于该系统的额定电压；当使用于直流系统时，该系统的额定电压应不大于电缆额定电压的 1.5 倍。

b. 产品代号的含义及表示方法见表 2-11。

表 2-11　产品代号的含义

类别	系列代号	导体			绝缘		
代号	JK	T(略)	L	LH	V	Y	YJ
含义	架空	铜	铝	铝合金	聚氯乙烯 （PVC）	高密度聚乙烯 （HDPE）	交联聚乙烯 （XLPE）

表示方法示例：

• 额定电压 0.6/1kV 铜芯聚氯乙烯绝缘架空电缆，单芯，标称截面为 70mm^2，表示为：JKV-0.6/1-1×70。

• 额定电压 0.6/1kV 铝合金芯交联聚乙烯绝缘架空电缆，4 芯，标称截面为 16mm^2，表示为：JKLHYJ-0.6/1-4×16。

• 额定电压 0.6/1kV 铝芯聚乙烯绝缘架空电缆，4 芯，其中主线芯为 3 芯，标称截面为 35mm^2；承载中性导体为铝合金，其

标称截面为 $50mm^2$，表示为：JKLY-0.6/1-3×35+1×50。

c. 电缆结构　0.6/1kV 架空绝缘电缆结构如图 2-17 所示。

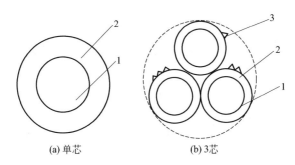

(a) 单芯　　　　　　　　(b) 3芯

图 2-17　0.6/1kV 架空绝缘电缆结构

1—导体；2—绝缘层；3—分相标志

② 额定电压 10kV 架空绝缘电缆

a. 产品使用特性

• 额定电压为 10kV。

• 电缆导体的长期允许工作温度：交联聚乙烯绝缘应不超过 90℃；高密度聚乙烯绝缘应不超过 75℃。

• 短路时（5s 内）电缆的短时最高工作温度：交联聚乙烯绝缘为 250℃；高密度聚乙烯绝缘为 150℃。

• 电缆的敷设温度应不低于−20℃。

• 电缆的允许弯曲半径：单芯电缆为 $20(D+d)\pm5\%$ mm，多芯电缆为 $25(D+d)\pm5\%mm$，其中 D 为电缆的实际外径，d 为电缆导体的实际外径。

b. 产品代号的含义及表示方法见表 2-12。

表 2-12　产品代号的含义

类别	系列代号	导体					绝缘		其他		
代号	JK	T(略)	TR	L	LH	LC	Y	YJ	略	/B	/Q
含义	架空	铜	软铜	铝	铝合金	钢芯绞线	高密度聚乙烯（HDPE）	交联聚乙烯（XLPE）	普通绝缘	本色绝缘	轻型薄绝缘

电缆表示方法示例：

• 铝芯交联聚乙烯轻型薄绝缘架空电缆，额定电压 10kV，单芯，标称截面 120mm^2，表示为：JKLYJ/Q-10-1×120。

• 铝芯本色交联聚乙烯绝缘架空电缆，额定电压 10kV，4芯，其中主线芯为 3 芯，标称截面 240mm^2，承载绞线为镀锌钢绞线，标称截面为 95mm^2，表示为：JKLYJ/B-10-3×240＋95。

• 钢芯铝绞线芯交联聚乙烯绝缘架空电缆，额定电压 10kV，单芯，铝/钢标称截面 120/25mm^2，表示为：JKLCYJ-10-1×120/25。

c. 电缆结构　10kV 架空绝缘电缆结构如图 2-18 所示。

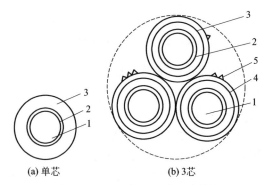

(a) 单芯　　　　　　　(b) 3芯

图 2-18　10kV 架空绝缘电缆结构

1—导体；2—内屏蔽层；3—绝缘层；4—外屏蔽层；5—分相标志

2.2　电缆的选用

2.2.1　电缆类型的选择

（1）导体材料选择

电缆一般采用铝线芯。濒临海边及有严重盐雾地区的架空线路，可采用防腐型钢芯铝绞线。下列场合应采用铜芯电缆。

① 需要确保长期运行中连接可靠的回路，如重要电源、重要的操作回路及二次回路、电机的励磁、移动设备的线路及剧烈振动场合的线路。

② 对铝有严重腐蚀而对铜腐蚀轻微的场合。

③ 爆炸危险环境或火灾危险环境有特殊要求者。

④ 特别重要的公共建筑物。

⑤ 高温设备旁。

⑥ 应急系统，包括消防设施的线路。

此外经全面技术经济分析确认宜用铜芯电缆的，有高层建筑、大中型计算机房的建筑、重要的公共建筑等以及国外工程和外资工程等适应国外要求者。

（2）电缆芯数选择

① 电压 1kV 及以下的三相四线制低压配电系统，若第四芯为 PEN 线时，应采用四芯型电缆而不得采用三芯电缆加单芯电缆组合成一回路的方式；当 PE 线作为专用而与带电导体 N 线分开时，则应用五芯型电缆。若无五芯型电缆时可用四芯电缆加单芯电缆电线捆扎组合的方式，PE 线也可利用电缆的护套、屏蔽层、铠装等金属外护层；分支单相回路带 PE 线时应采用三芯电缆。如果是三相三线制系统，则采用四芯电缆，第四芯为 PE 线。

② 3～35kV 交流系统应采用三芯电缆。

③ 在水下或重要的较长线路中，为避免或减少中间接头，或单芯电缆比多芯电缆有较好的综合技术经济性时，可选用单芯电缆，但应注意用于交流系统的单芯电缆不得采用钢带铠装，应采用经隔磁处理的钢丝铠装电缆。

（3）电缆绝缘水平选择

电缆绝缘水平的选择见表 2-13。正确地选择电缆的额定电压 U_0 值是确保长期安全运行的关键之一。

表 2-13　电缆绝缘水平选择　　　　　　　　kV

系统标称电压 U_0		0.22/0.38	3		6		10		35	
电缆的额定电压 U_0/U	U_0（第Ⅰ类）	0.6/1 (0.3/0.5) (0.45/0.75)	1.8/3		3/6		6/10	8.7/10	21/35	
	U_0（第Ⅱ类）			3/3		6/6				26/35

续表

缆芯之间的工频 最高电压 U_{max}	3.6	7.2		12		42	
缆芯对地的雷电 冲击耐受电压的 峰值 U_{pi}		60	75	75	95	200	250

① 电缆设计用缆芯对地（与绝缘屏蔽层或金属护套之间）的额定电压 U_0，应满足所在电力系统中性点接地方式及其运行要求的水平。中性点非有效接地（包括中性点不接地和经消弧线圈接地）系统中的单相接地故障持续时间在 1min 到 2h 之间，必须选用第Ⅱ类的 U_0。仅当系统中的单相接地故障能很快切除，在任何情况下故障持续时间不超过 1min 时，才可选用第Ⅰ类的 U_0。一般情况下，220/380V 系统只选用第Ⅰ类的 U_0，3～35kV 系统应选用第Ⅱ类的 U_0。

② 电缆设计用缆芯之间的额定电压 U 应按等于或大于系统标称电压 U_n 选择。

③ 电缆设计用缆芯之间的工频最高电压 U_{max} 应按等于或大于系统的最高工作电压选择。

④ 电缆设计用缆芯的雷电冲击耐受电压峰值 U_{pi} 应按表 2-3 选取。

（4）绝缘材料及护套的选择

① 黏性浸渍纸绝缘电力电缆　它的优点是允许运行温度较高、介质损耗低、耐电压强度高、使用寿命长，其缺点是绝缘材料弯曲性能差、不能在低温时敷设，否则易损伤绝缘。按浸渍方式分有：普通油浸纸绝缘、滴干型油浸纸绝缘和不滴流浸渍纸绝缘三种。由于绝缘层内油的淌流，普通油浸纸绝缘电缆敷设的水平高差仅允许 5～20m；滴干绝缘电缆可允许水平高差 100～300m，不滴流电缆则无高差限制。

油浸纸绝缘电力电缆有铅、铝两种护套。铅护套质软，韧性好，不影响电缆的弯曲性能；化学性能稳定，熔点低，便于加工制造。但它价贵重量重，且线胀系数小于浸渍纸，线芯发热时电缆内部产生的应力可能使铅包变形。

由于铅包的抗疲劳特性较差，故在有振动的场合，如公路、铁路桥上使用或与变压器直接连接的电缆，采用铅包电缆时需使用弹性橡胶、沙枕类衬垫来支持电缆。铝包护套重量轻，成本低，但加工困难，目前已停产。

② 橡胶绝缘电力电缆　它的弯曲性能较好，能够在严寒气候下敷设，特别适用于敷设线路水平高差大或垂直敷设的场合。它不仅适用于固定敷设的线路，也可用于定期移动的固定敷设线路。移动式电气设备的供电回路应采用橡胶绝缘橡胶护套软电缆（简称橡套软电缆）；有屏蔽要求的回路，如煤矿采掘工作面供电电缆应具有分相屏蔽。普通橡胶遇到油类及其化合物时，很快就被损坏，因此在可能经常被油浸泡的场所，宜使用耐油型橡胶护套电缆。普通橡胶耐热性能差，允许运行温度较低，故对于高温环境又有柔软性要求的回路，宜选用乙丙橡胶绝缘电缆。

乙丙橡胶绝缘电缆在我国尚未广泛应用，但在国外特别是欧洲早已大量应用。它具有较优异的电气、力学性能，即使在潮湿环境下也具有良好的耐高温性能，线芯长期允许工作温度可达 90℃。采用氯磺化氯乙烯护套的乙丙橡胶绝缘电缆，可适用于要求阻燃的场所。

③ 聚氯乙烯绝缘及护套电力电缆（简称全塑电缆或塑料电缆）有 1kV 及 6kV 两级。主要优点是制造工艺简便，没有敷设高差限制，重量轻，弯曲性能好，接头制作简便，耐油、耐酸碱腐蚀，不延燃，具有内铠装结构，使钢带或钢丝免受腐蚀，价格便宜。因此可以在很大范围内代替油浸纸绝缘电缆、滴干绝缘和不滴流浸渍纸绝缘电缆。尤其在线路高差较大或敷设在桥架、槽盒内以及在含有酸、碱等化学性腐蚀土质中直埋时，宜选用塑料电缆。缺点是绝缘电阻较油浸纸绝缘电缆低，介质损耗较高，因此 6kV 重要回路电缆，不宜用聚氯乙烯绝缘型电力电缆。

由于普通聚氯乙烯在燃烧时散放有毒烟气，故对于需满足在一且着火燃烧时的低烟、低毒要求的场合，如地下客运设施、地下商业区、高层建筑和特殊重要公共设施等人流较密集场所，或者重要的厂房，不宜采用普通型聚氯乙烯绝缘或护套型电力电缆，而应采用低烟、低卤或无卤的难燃电缆。普通型聚氯乙烯绝缘电缆的适用温度范围为 $-15\sim60\text{℃}$。在低温 -15℃ 以下环境，可采用耐寒型聚氯乙烯电力电缆。

聚氯乙烯电力电缆不适用在含有苯及苯胺类、酮类、吡啶、甲醇、乙醇、乙醛等化学剂的土质中，在含有三氯乙烯、三氯甲烷、四氯化碳、二硫化碳、醋酸酐、冰醋酸的环境中也不宜采用。近年我国聚氯乙烯电力电缆的线芯长期允许工作温度从 65℃ 提高到 70℃，载流量也相应提高，而制造电缆用的 70℃ 绝缘料不同于 65℃ 绝缘料，选用电缆时应注意。

由于电缆着火延燃酿成重大灾害，国内外屡有发生，损失惨重，阻燃电线电缆主要特点是不易着火或着火后延燃仅局限在一定范围内，它适用于有高阻燃要求场所，如高层建筑、油田、煤矿、核电站或重要的公共建筑等。阻燃型聚氯乙烯电缆其性能符合 IEC 332-1～3 标准，而其规格、结构尺寸、载流量及重量均同普通型同类产品，仅在型号前冠以"ZR-"，表示阻燃。耐火电缆适用于高层建筑、核电站、化工、矿山等防火安全条件高的环境，如应急电源系统、消防系统、电梯线路等。耐火电缆型号是在普通塑料电缆型号前冠以"NH-"表示。

④ 交联聚乙烯绝缘聚氯乙烯护套电力电缆　性能优良，结构简单，制造方便，外径小，重量轻，载流量大，敷设方便，除不受高差限制外，其终端和接头方便，完全可以代替纸绝缘电缆。对于 1kV 电压级及 6～35kV 电压级的非重要回路电缆可采用"非干式交联"工艺制作的电缆，如四川电缆厂用温水交联工艺使生产成本大大降低，且由于聚乙烯料重量轻，故而 1kV 级的电缆价格与聚氯乙烯塑料电缆相差有限，可推广应用。对于 6～35kV 重要回路应选用干式交联工艺制作的电缆，电气性能更优异。交联聚乙烯绝缘聚氯乙烯护套电缆还可敷设于水下，但应选用具有防水层

构造。

⑤ 金属护套矿物绝缘电缆　耐高温，外护层为铜或铝，绝缘为氧化镁，适用于钢铁工业、发电厂、油库、高层建筑、核电站、采油平台、冷库等的交流额定电压 500V（直流电压 1000V）及以下的高温、高湿、易燃、易爆环境。它的长期工作环境温度可达 250～400℃，是理想的耐高温电缆，但此电缆价格十分昂贵，限制了它的广泛使用。

（5）铠装选择

电缆外护层及铠装的适用敷设场所见表 2-14。

表 2-14　各种电缆外护层及铠装的适用敷设场所

护套或外护层	铠装	代号	敷设方式								环境条件					备注
			室内	电缆沟	电缆桥架	隧道	管道	竖井	埋地	水下	火灾危险	移动	多砾石	一般腐蚀	严重腐蚀	
裸铅护套（铅包）	无	Q	√	√	√	√	√				√					
一般橡套	无		√	√	√	√						√		√		
不延燃橡套	无	F	√	√	√	√					√	√		√		耐油
聚氯乙烯护套	无	V	√	√	√	√		√			√	√		√	√	
聚乙烯护套	无	Y	√	√	√	√		√				√		√	√	
聚乙烯护套	裸钢带	20	√	√	√						√					
聚乙烯护套	钢带	2	√	√	√	○		√	√							
普通外护层	裸细钢丝	30						√			√					
（仅用于铅护套）	细钢丝	3					○	√	√	○			√			
（仅用于铅护套）	裸粗钢丝	50						√								
（仅用于铅护套）	粗钢丝	5					○	√	√	○			√			
（仅用于铅护套）	裸钢带	120	√	√	√						√			√		
（仅用于铅护套）	钢带	12	√	√	√	○			√					√	√	

护套或外护层	铠装	代号	敷设方式								环境条件					备注
			室内	电缆沟	电缆桥架	隧道	管道	竖井	埋地	水下	火灾危险	移动	多砾石	一般腐蚀	严重腐蚀	
一级防腐外护层	裸细钢丝	130						√			√			√		
	细钢丝	13						○	√	√	○		√	√		
	裸粗钢丝	150						√			√			√		
	粗钢丝	15						○	√	√	○		√	√		
	钢带	22							√				√		√	
二级防腐外护层	细钢丝	23						√	√	√					√	
	粗钢丝	25						○	√	√					√	
内铠装塑料	钢带	22 29	√	√			√									
（全塑电缆）	细钢丝	39						√	√	√					√	
	粗钢丝	59						√	√	√					√	

注："√"表示适用，"○"表示外被层为玻璃纤维时适用，无标志不推荐使用。

① **直埋地敷设** 在土壤可能发生位移的地段，如流砂、回填土及大型建筑物、构筑物附近应选用能承受机械张力的钢丝铠装电缆，或采取预留长度、用板桩或排桩加固土壤等措施，以减少或消除因土壤位移而作用在电缆上的应力。

塑料电缆直埋地敷设时，当使用中可能承受较大压力或存在机械损伤危险时，应选用钢带铠装；若无上述情况时，可不需要带有铠装。

电缆金属套或铠装外面应具有塑料防腐蚀外套，当位于盐碱、沼泽或在含有腐蚀性的矿渣回填土中时，应具有增强防护性的外护套。

② **水下敷设** 敷设于通航河道、激流河道或被冲刷河岸、海湾处宜采用钢丝铠装；在河滩宽度小于 100m、不通航的小河或沟渠底部，且河床或沟底稳定的场合可采用钢带铠装。但钢丝、钢带外面均需具有耐腐蚀的塑料或纤维外被层。

③ 导管或排管中敷设宜选用塑料外护套或加强型铅包护套。

④ 空气中敷设 在支持档距大于 400mm 时，可能承受机械损伤或防鼠害、蚁害要求较高的场所，如地下铁道等应采用铠装电缆，敷设于托盘、梯架、槽盒。目前也有工厂生产防白蚁型聚氯乙烯护套电线、电缆，它的规格、电气性能、力学物理性能与普通型同类产品相同。无防鼠、蚁害要求时，可不需铠装。在含有腐蚀性气体环境中，铠装外应包有挤出外护套；在有放射线作用的场所，应有氯丁橡胶或其他耐辐射的外护套；高温场所应有硅橡胶类耐高温外护套。

在有防火要求场所，应选用耐火型电缆，或在电缆外层涂覆防火涂料、缠绕防火包带或敷设在耐火槽盒中。涂覆涂料和缠绕包带后，电缆载流量仅下降 1%～3%，可忽略不计。除架空绝缘电缆外，非户外型电缆用于户外时，宜有遮阳措施，如加罩、盖或穿管等。

2.2.2 电缆截面的选择

2.2.2.1 电缆截面选择原则

电缆截面选择应满足允许温升、电压损失、机械强度等要求。对于电缆线路还应校验其热稳定，较长距离的大电流回路或 35kV 及以上的输电线路应校验经济电流密度，以达到安全运行、降低能耗、减少运行费用的目的。

同一供电回路需多根电缆并联时，宜选用相同缆芯截面。

高压电缆要校验热稳定，低压电缆要校验与保护电器的配合。

（1）按温升选择截面

为保证电缆的实际工作温度不超过允许值，电缆按发热条件的允许长期工作电流（以下简称载流量），不应小于线路的工作电流。电缆通过不同散热条件地段，其对应的缆芯工作温度会有差异，除重要回路或水下电缆外，一般可按 5m 长最恶劣散热条件地段来选择截面。

敷设在空气中和土壤中的电缆允许载流量按下式计算：

$$KI \geqslant I_g \tag{2-1}$$

式中 I——电缆在标准敷设条件下的额定载流量，A；

I_g——计算工作电流，A；

K——不同敷设条件下的综合校正系数。

（2）按经济电流密度选择

当最大负荷利用小时大于 5000h 且线路长度超过 20m 时，应按经济电流密度选择电缆截面：

$$S = \frac{I_g}{j} \tag{2-2}$$

式中 I_g——计算工作电流，A；

j——经济电流密度，A/mm²。

（3）按电压损失校验

① 按电压损失校验截面，应使各种用电设备的电压降符合如下要求：

a. 高压电机≤5%；

b. 低压电机≤5%（一般），≤10%（个别特别远的电机），≤15%～30%（启动时端电压降）；

c. 电焊机回路≤10%；

d. 起重机回路≤15%（交流），≤20%（直流）。

② 计算公式

a. 三相交流

$$\Delta U\% = \frac{173}{U} I_g L (r\cos\varphi + x\sin\varphi) \tag{2-3}$$

b. 单相交流

$$\Delta U\% = \frac{200}{U} I_g L (r\cos\varphi + x\sin\varphi) \tag{2-4}$$

c. 直流线路

$$\Delta U\% = \frac{200}{U} I_g L r \tag{2-5}$$

式中 U——线路工作电压，三相为线电压，单相为相电压，V；

I_g——计算工作电流，A；

L——线路长度，km；

r——电阻，Ω/km；

x——电缆单位长度的电抗，Ω/km；

$\cos\varphi$——功率因数。

（4）中性线、保护线、保护中性线的选择

① 在三相四线制配电系统中，中性线（N 线）的允许载流量不应小于线路中最大不平衡负荷电流，同时应考虑谐波电流影响。以气体放电灯为主要负荷的照明供电线路，N 线截面应不小于相线截面。

② 保护线（PE 线）或保护中性线（PEN 线）的截面按热稳定要求必须不小于下式计算值：

$$S_p \geqslant \frac{I}{K}\sqrt{t} \tag{2-6}$$

式中　S_p——PE 线或 PEN 线的截面，mm²；

　　　I——流过保护装置的接地故障电流（用于 IT 系统时为两相短路电流）均方根值，A；

　　　t——开断电器动作时间，s（适用于 $t \leqslant 5s$）；

　　　K——计算系数，其值见表 2-15。

表 2-15　计算系数 K 值

导线材质	作为电缆中的一根芯线 当芯线绝缘为				绝缘电线，当绝缘为			裸　导　线		
	聚氯乙烯	普通橡胶	乙丙橡胶	油浸纸	聚氯乙烯	普通橡胶	乙丙橡胶	看得见的并在限定的范围内	正常条件	火灾危险
铜芯	114	131	142	107	143	166	176	228	159	138
铝芯	76	87	95	71	95	110	116	125	105	91
钢					52	60	64	82	58	50

PE 线或 PEN 线的截面按热稳定要求不小于表 2-16 所列数值，一般不需再按式（2-6）校验。

表 2-16 PE 线或 PEN 线按热稳定要求的最小截面

相线截面 S/mm^2	PE 线或 PEN 线按热稳定要求的最小截面/mm^2
$S\leqslant16$	S
$16<S\leqslant35$	16
$S>35$	$\geqslant S/2^{①}$

① 当相线截面很大时宜按式(2-6)计算。

③ 配电干线中 PEN 线的截面按机械强度要求，当用同心中性线型电缆的同心中性线芯时，最小为 4mm^2，无此种电缆时也可采用多芯电缆的芯线，最小也为 4mm^2，若采用单芯导线时铜线不应小于 10mm^2，铝线不应小于 16mm^2。

④ PE 线若是用配电电缆或电缆金属外护层时，按机械强度要求，截面不受限制。PE 线若是用绝缘导线或裸导线而不是配电电缆或电缆外护层时，按机械强度要求，截面不应小于下列数值：有机械保护（敷设在套管、线槽等外护物内）时为 2.5mm^2，无机械保护（敷设在绝缘子、瓷夹上）时为 4mm^2。

（5）按力学强度校验截面

按力学强度导线允许的最小截面见表 2-17。

表 2-17 按力学强度导线允许的最小截面 mm^2

用　　途			铝	铜	铜芯软线
裸导线敷设于绝缘子上(低压架空线路)			16	10	
绝缘导线敷设于绝缘子上,支点距离 L/m	室内	$L\leqslant2$	2.5	1.0	
	室外	$L\leqslant2$	2.5	1.5	
		$2<L\leqslant6$	4	2.5	
		$6<L\leqslant15$	6	4	
		$15<L\leqslant25$	10	6	
固定敷设护套线,轧头直敷			2.5	1.0	
移动式用电设备用导线	生产用				1.0
	生活用				0.2
照明灯头引下线	工业建筑	屋内	2.5	0.8	0.5
		屋外	2.5	1.0	1.0
	民用建筑、室内		1.5	0.5	0.4

续表

用　　途	导线最小允许截面		
	铝	铜	铜芯软线
绝缘导线穿管	2.5	1.0	1.0
绝缘导线槽板敷设	2.5	1.0	
绝缘导线线槽敷设	2.5	1.0	

（6）爆炸及火灾危险环境

不同爆炸及火灾危险区导线截面选择见表 2-18。

表 2-18　不同爆炸及火灾危险区导线截面选择　　　mm^2

区域	电缆明敷或沟内敷设及穿管线			移动电缆	高压配线
	电力	照明	控制		
1 区	铜≥2.5	铜≥2.5	铜≥2.5	重型	钢芯电缆
2 区	铜≥1.5 铝≥4	铜≥1.5 铝≥2.5	铜≥1.5	中型	铜芯电缆
10 区	铜≥2.5	铜≥2.5	铜≥2.5	重型	铜芯电缆
11 区		铜≥1.5 铝≥2.5		中型	铜芯或 铝芯电缆
21 区 22 区 23 区	铜、铝芯不延燃导 线穿管或电缆			轻型	

2.2.2.2　交联聚乙烯电力电缆线芯数和截面选择

（1）电力电缆芯数选择

① 3～35kV 三相供电回路的电缆线芯数的选择

a. 工作电流较大的回路或电缆敷设于水下时，每回可选用 3 根单芯电缆。3 根单芯电缆虽然比普通三芯电缆投资大些，但它具有以下优点：

ⓐ 电缆与柜盘内终端连接时，由于可减免交叉，使电气安全距离较宽裕，改善了安装作业条件；

ⓑ 对长线路工程，可减少电缆接头，增加运行可靠性；

ⓒ 其载流量较高，约增大 10%，可使截面选择降低一挡；

ⓓ 一旦发生接地短路，不易发展成相间短路；

ⓔ 允许弯曲半径减小，有利于大截面电缆的敷设。

b. 除上述情况外，应选用三芯电缆。三芯电缆可选用普通绕包型，也可选用 3 根单芯电缆绞合构造型。对于绞合型结构，国外如日本、法国早已采用。其构造特点是把 3 根单芯电缆沿纵向全长采用钢带按恰当螺距以螺旋方式环绕（日本）或按适当间距以间隔或捆扎（法国）形成 1 根整体，不像绕包三芯电缆各缆芯之间需有填充料。

绞合式三芯型电缆除具有单芯电缆的上述优点外，还具有普通绕包三电缆敷设简单的特点，且造价也相近。在 XLPE 电缆如今趋向采用预制式附件以及环网柜等使用情况，尤显示其优越性。

② 110kV 和 110kV 以上三相供电回路　110kV 三相供电回路，除敷设于湖、海水下等场所，且电缆截面不大时，可选用三芯型外，每回可选用 3 根单芯电缆。110kV 以上三相供电回路，每回应选用 3 根单芯电缆。

③ 电气化铁路等高压单相供电回路　电气化铁路等高压单相供电回路应选用两芯电缆或每回选用 2 根单芯电缆。

（2）电力电缆线芯截面选择方法和原则

① 最大工作电流作用下的电缆线芯温度不得超过规定允许值。对于持续工作电流的回路，电缆线芯工作温度不得超过 90℃。

② 最大短路电流作用时产生的热效应，不应影响电缆继续使用。对于非熔断器保护的回路，短路电流作用下线芯温度不得超过 250℃。

③ 当连接回路很长，要求限制电压降时，电压降不宜超过允许值。

④ 对于较长距离的大电流回路或 10kV 及以下电力电缆截面，除应符合上述 3 项的要求外，宜按电缆的初始投资与使用寿命期间的运行费用从经济方面综合考虑选择。

随着我国经济持续高速增长，发供电随着用电需求虽在不断发展，但是一些地区仍有电力不足现象。过去一般只按载流量紧凑地选择电缆截面，导致线损较大，这一影响不可忽视。要降低损耗，就需要考虑电缆的经济截面。经济截面比按允许载流量选择的截面增大后，降低年损耗的同时会引起初始投资的增加，但从我国宏观经济条件来看，目前已能适应。但是，由于经济电流密度受电缆成本、贴现率、电价、电缆使用寿命以及最大负荷利用小时数等多种因素的影响，很难给出一个合适的经济电流密度数值，可参照 GB 50217—2007《电力工程电缆设计规范》中推荐的计算方法。在此简要介绍如下。

电流经济密度的计算公式

$$J = \sqrt{\frac{A}{F\rho_{20}B[1+\alpha_{20}(\theta_m-20)]\times1000}}$$

$$S_j = I_{max}/J$$

式中　A——电缆成本的可变部分，与截面有关（由电缆设计部门提供），元/(m·mm^2)；

　　　F——计算电缆总成本的辅助量（由电缆设计部门提供），元/kW；

　　　θ_m——允许的最高温度，℃；

　　I_{max}——最大负荷电流，A；

　　　J——经济电流密度，A/mm^2；

　　　S_j——经济电缆截面，mm^2；

　　　B——系数，B 一般取平均值 1.0014；

　　ρ_{20}——20℃时电缆导体的电阻率（Ω·mm^2/m），铜芯为 18.4×10^{-9} 和 31×10^{-9}，计算时可分别取 18.4 和 31。

　　α_{20}——20℃时电缆导体的电阻温度系数（1/℃），铜芯为 0.00393，铝芯为 0.00403。

在选用截面时宜注意下列要求：

a. 适宜选用按照工程条件、电价、电缆成本、贴现率等计算出来的经济电流密度值。

b. 对于备用回路的电缆，如备用电动机回路等，宜按正常使用运行小时数的 1/2 选择电缆截面。对于一些长期不使用的回路，不宜按经济电流密度选择截面。

c. 经济电流截面比按热稳定、容许电压降或持续载流量等选择的截面要大。当电缆经济电流截面介于电流标称截面之间,可按接近程度选择,接近程度相差不大时宜偏小选取。

(3) 交联聚乙烯电力电缆金属屏蔽层截面选择

根据 DL 401—1991《高压电缆选用导则》规定,为了使系统发生单相接地或不同地点两相接地时流过金属屏蔽层的故障电流不致将它烧损,也就是在短路电流作用下温升值不超过短路允许最高温度平均值。该屏蔽层最小截面应满足表 2-19 的要求。

表 2-19　电缆金属屏蔽层最小截面推荐值

U/kV	6,10	35	66	110	220	330	500
S/mm^2	25	35	50	75	95	120	150

对于 110kV 及以上电压等级的交联聚乙烯电力电缆,为了减少流经金属屏蔽层的接地故障电流,可加装接地的回流线,但该回流线截面应通过热稳定计算来确定。

交联聚乙烯电力电缆金属屏蔽层的作用:一方面是弥补半导体屏蔽的不足;另一方面则是作为事故电流的通路。国内的 10kV 和 35kV 系统大多为中性点非直接接地系统,在发生单相接地故障时,电容电流均限制在 20A 之内,否则必须安装消弧线圈补偿。从理论上说,屏蔽层不需考虑事故时的回路电流,但运行经验表明上述情况有必要进一步讨论。因为电缆线路往往分布在由架空线和变电站许多电力设备所组成的电力系统中,因此相间故障不一定发生在同一地点。例如大风季节,树枝碰及架空线,瞬间接地产生过电压;雷雨天气,雷击塔顶及附近避雷线导致绝缘子串闪络。电力设备中的绝缘薄弱环节往往在过电压时被击穿,造成不同地点的相间短路。当电缆和其他电气设备形成相间短路时,电缆的金属屏蔽层就成了短路电流的通道(如图 2-19 所示)如果不计电力设备的阻抗,接地电阻假定为 10Ω,35kV 系统相间短路电流约为 2kA,此时屏蔽层的电流可达 1kA,已足够烧损热容量不足的屏蔽层和通道不良的接触件。

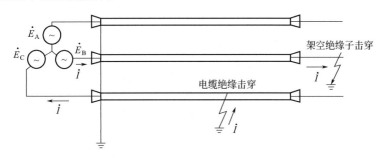

图 2-19　相间短路电流回路

例如，35kV、240mm^2 的电缆，当铜屏蔽层通过 2.3kA 电流持续 2s 后，温度可达 150℃；3s 后可达 200℃。这显然对电缆绝缘和外护套都会带来危害。

如果金属屏蔽层不直接接地，即经过电容接地，则正常时会产生感应电压，故障时感应电压更高，也会带来一系列问题。因此只有从结构上重视和加强金属屏蔽层，使它满足事故电流热容量，才是比较安全可靠的措施。

2.3　电缆的载流量

2.3.1　载流量表的说明

① 空气中敷设载流量表是以环境温度 30℃ 为基准，埋地敷设载流量表是以环境温度 25℃、土壤热阻系数为 1.2℃·m/W 为基准。在不同敷设条件下，电缆允许的载流量尚应乘以相应的校正系数。为使用方便，编入了不同环境温度下的载流量数据。在空气中敷设（明敷）的有 25℃、30℃、35℃ 及 40℃ 四种，乙丙电缆有 50℃、55℃、60℃ 及 65℃ 四种，在土壤中直埋地敷设的有 20℃、25℃ 及 30℃ 三种。

当敷设处的环境温度不同于上述数据时，载流量应乘以校正系数 K_t，见表 2-20、表 2-21。其计算公式为：

$$K_t = \sqrt{\frac{\theta_n - \theta_a}{\theta_n - \theta_c}} \qquad (2\text{-}7)$$

式中 θ_n——电缆线芯允许长期工作温度,℃,见表 2-22;

θ_a——敷设处的环境温度,℃;

θ_c——已知载流量数据的对应温度,℃。

表 2-20   空气中敷设不同环境温度时载流量的校正系数 K_t 值

线芯长期工作温度/℃	空 气 温 度/℃					
	20	25	30	35	40	45
90	1.08	1.04	1.00	0.96	0.91	0.87
80	1.10	1.05	1.00	0.95	0.89	0.84
70	1.12	1.06	1.00	0.94	0.87	0.79
65	1.13	1.07	1.00	0.93	0.85	0.76
60	1.15	1.08	1.00	0.91	0.82	0.71
50	1.22	1.12	1.00	0.87	0.71	0.50

表 2-21   直埋地敷设不同环境温度时载流量的校正系数 K_t 值

线芯长期工作温度/℃	土 壤 温 度/℃				
	15	20	25	30	35
90	1.07	1.04	1.00	0.96	0.92
80	1.09	1.04	1.00	0.95	0.90
70	1.10	1.05	1.00	0.94	0.88
65	1.12	1.06	1.00	0.93	0.87
60	1.13	1.07	1.00	0.92	0.85
50	1.18	1.09	1.00	0.89	0.77

② 电缆"在空气中敷设"是指室内外普通支架单根电缆明敷,包括槽盒或托盘、梯架内、地沟或隧道中敷设。当多根并列明敷时应乘以表 2-23 的校正系数 K_{1k}。

电缆"直埋地敷设"是指电缆在土壤中直埋,埋深≥0.7m,并非地下穿管道敷设。土壤热阻系数按 1.2℃•m/W。

电缆埋地敷设时,由于周围的土壤含一定的水分,因此当电缆线芯温度大于 70℃,在一定的温度梯度下,水分向外迁移,即土壤水分迁移,致使电缆周围的土壤变得干燥,土壤热阻系数增大。

表 2-22　电缆线芯允许长期工作温度

电缆种类		线芯允许长期工作温度/℃	电线、电缆种类			线芯允许长期工作温度/℃
橡胶绝缘电线 500V		65	通用橡套软电缆	500V		65
塑料绝缘电线 500V		70	橡胶绝缘电力电缆	500V		65
黏性油浸纸绝缘电力电缆	1~3kV	80	不滴流油浸纸绝缘电力电缆	单芯及分相铅包	1~6kV	80
	6kV	65			10kV	70
	10kV	60		带绝缘	35kV	80
	35kV	50			6kV	65
交联聚乙烯绝缘电力电缆	1~10kV	90			10kV	65
	35kV	80	裸铝、铜母线或裸铝、铜绞线			70
聚氯乙烯绝缘电力电缆 1~6kV		70	乙丙橡胶绝缘电缆			90

表 2-23　电缆在空气中多根并列敷设时载流量的校正系数 K_{1k} 值

根数		1	2	3	4	6	4	6
排列		○	∞	∞∞	∞∞∞	∞∞∞∞	88	888
电缆中心距离	d	1.00	0.90	0.85	0.82	0.80	0.80	0.15
	$2d$	1.00	1.00	0.98	0.95	0.90	0.90	0.90
	$3d$	1.00	1.00	1.00	0.98	0.96	1.00	0.96

电缆线芯温升越高，则土壤水分迁移就越厉害，并且反过来使土壤的热阻系数增大，可达 3.0℃·m/W 以上。土壤的水分迁移与电缆的表面温度、敷设处原始土壤的含水量及类型等因素有关。除直埋于水泥或沥青路面下或其他具有保水覆盖层的情况外，一般应考虑土壤水分迁移的影响。抑制土壤水分迁移的有效方法是降低电缆的表面温度，将黄沙与水泥以适当的比例混合拌匀作为回填土，能使土壤的热阻系数维持在 1.2℃·m/W 左右。若不按上述换土处理，也可按土壤的热阻系数为 2.0~2.5℃·m/W 来选择电缆截

面，以降低电缆表面温度。

③ 所列载流量表中，θ_n 表示线芯允许长期工作温度，θ_a 表示敷设处环境温度。载流量表中各栏中数据为 20℃、25℃、35℃、40℃、50℃、55℃、60℃、65℃，未注明 θ_n 或 θ_a 者，也表示敷设处环境温度。

2.3.2 不同绝缘电缆的载流量

（1）黏性油浸纸绝缘电力电缆的载流量

① 在空气中敷设（表 2-24）

② 直埋地敷设（表 2-25）

（2）不滴流油浸纸绝缘电力电缆的载流量

① 在空气中敷设（表 2-26）

② 直埋地敷设（表 2-27）

（3）聚氯乙烯绝缘电力电缆的载流量

① 在空气中（表 2-28）

② 直埋地敷设（表 2-29）

（4）交联聚乙烯绝缘电力电缆的载流量

① 在空气中（表 2-30）

② 直埋地敷设（表 2-31）

（5）橡胶绝缘电力电缆的载流量（表 2-32）

（6）铜芯乙丙橡胶绝缘电力电缆在空气中成束敷设的载流量（表 2-33）

2.3.3 导体的直流电阻计算

（1）导体温度在 20℃时的直流电阻标准值

$$\gamma_{do}=\frac{\rho}{A}K_{01}K_{02}K_{03}\times10^3 \tag{2-8}$$

（2）导体温度在 20℃时的直流电阻最大值

$$\gamma_{dmax}=\gamma_{do}K_{04} \tag{2-9}$$

（3）导体温度在 t（℃）时的直流电阻最大值

$$r_{dt}=r_{dmax}[1+a(t-20)] \tag{2-10}$$

表 2-24　黏性油浸纸绝缘电力电缆在空气中敷设的载流量

单位：A

截面/mm²	0.6/1~3/3kV θn=80℃ 3芯 25℃	30℃	35℃	40℃	单芯 θa=30℃ ∞∞	∞	6/6kV θn=65℃ 3芯 25℃	30℃	35℃	40℃	单芯 θa=30℃ ∞∞	∞	8.7/10kV θn=60℃ 3芯 25℃	30℃	35℃	40℃	单芯 θa=30℃ ∞∞	∞	26/35kV 3芯 θn=50℃ 30℃	单芯 θa=30℃ θn=50℃ ∞∞	∞
2.5	30	28	27	25																	
4	40	38	36	34																	
6	52	49	47	44																	
10	70	66	63	59			60	56	51	47											
16	95	90	85	81			80	74	69	63			75	69	63	56					
25	121	115	109	102			103	96	89	82			96	89	81	73					
35	147	140	133	125			123	115	107	98			119	110	100	90					
50	179	170	162	151			150	140	130	119			140	130	118	107			120	160	175
70	226	215	204	191	285	250	193	180	167	153	235	210	178	165	150	135	215	195		190	210
95	278	265	252	236	350	300	235	220	205	187	280	255	216	200	182	164	260	235		225	245
120	326	310	295	276	400	350	273	255	237	217	325	295	254	235	214	193	305	275		255	285
150	373	355	337	316	460	405	316	295	274	251	380	335	292	270	246	221	350	310		285	320
185	431	410	390	365	520	460	364	340	316	289	425	390	335	310	282	254	395	360		320	380
240	515	490	466	436	605	520	428	400	372	340	500	450	394	365	332	299	465	390		380	425
300	572	545	518	485	685	545	476	445	414	378	560	525	443	410	373	336	520	455		425	475
400					815	755					655	625					605	540		475	535
500					900	855					730	705					675	610		535	600
630					1000	960					805	790					745	685		600	

铜芯

续表

铝芯

截面/mm²	0.6/1~3/3kV θn=80℃						6/6kV θn=65℃						8.7/10kV θn=60℃						26/35kV θn=50℃		
	3芯				单芯 θa=30℃		3芯				单芯 θa=30℃		3芯				单芯 θa=30℃		3芯	单芯 θa=30℃	
	25℃	30℃	35℃	40℃	○○○	○○	25℃	30℃	35℃	40℃	○○○	○○	25℃	30℃	35℃	40℃	○○○	○○	30℃	○○○	○○
2.5	24	22	21	20																	
4	32	30	28	27																	
6	40	38	36	34																	
10	55	52	49	46																	
16	70	66	63	59			48	44	41	37			60	55	50	45					
25	93	89	85	79			60	56	51	47			75	69	63	57					
35	116	110	105	98			79	74	69	63			91	84	76	69					
50	137	130	124	116			97	91	85	77			108	100	91	82			94		
70	179	170	162	151	220	200	118	110	102	94	185	165	140	130	118	107	175	150	115	140	125
95	215	205	195	182	265	240	150	140	130	119	225	200	167	155	141	127	210	185	140	170	150
120	252	240	228	214	310	275	182	170	158	145	255	235	194	180	164	148	240	215	160	195	175
150	294	280	266	249	355	320	214	200	186	170	300	260	227	210	191	172	275	240	185	225	200
185	336	320	304	285	410	365	263	230	214	196	335	305	259	240	218	197	310	280	210	255	230
240	399	380	361	338	475	430	284	265	246	225	395	360	308	285	259	234	365	335	250	295	270
300	452	430	409	383	550	500	337	315	293	268	450	410	346	320	291	262	415	380	310	340	310
400					660	600	375	350	326	298	540	495					500	460		405	375
500					750	690					610	565					565	525		460	435
630					840	780					685	650					630	600		515	490

表 2-25　黏性油浸纸绝缘电力电缆直埋敷设的载流量　($\rho_t = 1.2$℃ · m/W)　A

铜芯

截面/mm²	0.6/1~3/3kV					6/6kV					8.7/10kV					26/35kV		
	3芯 $\theta_n=80$℃			单芯 $\theta_a=25$℃		3芯 $\theta_n=65$℃			单芯 $\theta_a=25$℃		3芯 $\theta_n=60$℃			单芯 $\theta_n=60$℃ $\theta_a=25$℃		3芯 $\theta_n=50$℃	单芯 $\theta_a=25$℃	
	25℃	30℃	35℃	○○○	○	25℃	30℃	35℃	○○○	○	25℃	30℃	35℃	○○○	○	25℃	○○○	○
2.5	38	37	35															
4	48	47	44															
6	62	60	57															
10	83	80	76			74	70	65										
16	109	105	100			95	90	84			90	85	78					
25	125	120	114			106	100	93			102	95	87					
35	151	145	138			133	125	116			123	115	106					
50	177	170	162			154	145	135			144	135	124					
70	224	215	204	260	235	191	180	167	215	205	182	170	156	205	195		170	160
95	270	260	247	310	288	233	220	205	260	245	219	205	187	245	225		205	195
120	307	295	280	355	325	265	250	233	295	275	251	235	216	275	260		235	215
150	343	330	314	400	365	302	285	265	335	315	284	265	244	320	295	125	265	250
185	390	375	356	445	400	339	320	298	375	355	321	300	276	355	330	150	300	280
240	452	435	413	510	475	392	370	344	430	405	375	350	322	400	375	180	340	320
300	499	480	456	560	530	440	415	386	470	450	412	385	354	435	425	205	375	360
400				630	610				535	530				500	490	230	425	420
500				685	675				575	575				540	540	260	455	455
630				740	745				625	645				585	605	300	495	505

续表

截面/mm²	0.6/1~3/3kV θₙ=80℃ 3芯 25℃	3芯 30℃	3芯 35℃	单芯 θₐ=25℃ 888	单芯 8	6/6kV θₙ=65℃ 3芯 25℃	3芯 30℃	3芯 35℃	单芯 θₐ=25℃ 888	单芯 8	8.7/10kV θₙ=60℃ 3芯 25℃	3芯 30℃	3芯 35℃	单芯 θₐ=25℃ 888	单芯 8	26/35kV θₙ=50℃ 3芯 25℃	单芯 θₐ=25℃ 888	单芯 8
2.5	29	28	26															
4	38	37	35															
6	47	46	43															
10	62	60	57			58	55	51										
16	83	80	76			74	70	65										
25	97	93	88			84	79	73			69	65	60					
35	119	110	105			101	95	88			79	74	68					
50	140	135	128			122	115	107			95	89	82			96		
70	172	165	157	205	185	148	140	130	170	155	112	105	97	160	145	115	140	125
95	208	200	190	240	220	180	170	158	205	190	139	130	120	195	180	140	160	150
120	239	230	219	275	250	207	195	181	235	215	171	160	147	220	205	160	185	170
150	270	260	247	315	285	233	220	205	260	250	193	180	166	250	230	180	205	195
185	302	290	276	350	320	265	250	233	295	275	219	205	189	275	250	205	235	215
240	354	340	323	405	370	307	290	270	335	320	251	235	216	315	295	240	265	250
300	395	380	361	445	415	345	325	302	375	355	289	270	248	355	330		300	275
400				515	485				435	420	326	305	281	410	390		345	330
500				565	540				485	470				455	435		380	370
630				620	610				525	525				490	490		420	415

铝芯

表 2-26　不滴流油浸纸绝缘电力电缆在空气中敷设的载流量　A

截面/mm²		0.6/1kV、6/6kV θ_n=80℃						8.7/10kV						26/35kV 3芯 θ_n=65℃ θ_a=25℃
		3芯				单芯 θ_a=30℃		3芯 θ_n=65℃				单芯 θ_n=70℃ θ_a=25℃		
		25℃	30℃	35℃	40℃	⊙⊙⊙	⊛	25℃	30℃	35℃	40℃	⊙⊙⊙	⊛	
铜芯	25	121	115	109	102			103	96	89	82			
	35	147	140	133	125			123	115	107	98			
	50	179	170	162	151			150	140	130	119			160
	70	226	215	204	191	280	250	193	180	167	153	250	225	200
	95	273	260	247	231	335	300	235	220	205	187	300	270	240
	120	320	305	290	271	390	350	273	255	237	217	350	315	275
	150	368	350	333	311	455	400	310	290	270	247	405	360	315
	185	425	405	385	360	508	465	358	335	312	285	455	415	360
	240	504	480	456	427	600	535	423	395	367	336	535	480	420
	300	562	535	508	476	670	625	471	440	409	374	600	560	
	400					785	750					700	670	
	500					870	845					780	755	
	630					960	945					860	845	
铝芯	25	93	89	85	79			80	75	70	64			
	35	116	110	105	98			97	91	85	77			
	50	137	130	124	116			118	110	102	94			125
	70	173	165	157	147	225	195	150	140	130	119	200	175	155
	95	215	205	195	182	270	240	182	170	158	145	240	215	190
	120	252	240	228	214	310	280	214	200	186	170	275	250	215
	150	289	275	261	245	360	315	241	225	209	191	320	280	245
	185	331	315	299	280	400	365	278	260	242	221	360	325	280
	240	394	375	356	334	470	430	332	310	288	264	420	385	330
	300	441	420	399	374	535	490	375	350	326	298	480	440	
	400					645	590					575	530	
	500					725	675					650	605	
	630					815	775					730	695	

表 2-27 不滴流油浸纸绝缘电力电缆直埋地
敷设的载流量（$\rho_t = 1.2℃·m/W$）　　A

截面 /mm²		0.6/1kV、6/6kV $\theta_n=80℃$					8.7/10kV					26/35kV 3芯 $\theta_n=65℃$ $\theta_a=25℃$
		3芯			单芯 $\theta_a=30℃$		3芯 $\theta_n=65℃$			单芯 $\theta_n=70℃$ $\theta_a=25℃$		
		25℃	30℃	35℃	000	8	25℃	30℃	35℃	000	8	
铜芯	25	120	115	109			106	100	93			
	35	146	140	133			127	120	112			
	50	177	170	162			154	145	135			150
	70	218	210	200	260	240	191	180	167	230	215	185
	95	260	250	238	305	285	228	215	200	275	260	220
	120	302	290	276	350	320	265	250	233	315	295	250
	150	338	325	309	395	370	297	280	260	360	330	285
	185	385	370	352	440	415	339	320	298	400	375	325
	240	447	430	409	500	475	392	370	344	460	430	375
	300	494	475	451	550	530	435	410	381	495	480	
	400				625	615				565	555	
	500				675	675				610	610	
	630				735	750				665	680	
铝芯	25	94	90	86			83	78	73			
	35	114	110	105			100	94	87			
	50	135	130	124			122	115	107			120
	70	166	160	152	190	185	148	140	130	185	165	145
	95	203	195	185	225	220	180	170	158	215	200	175
	120	234	225	214	275	225	201	190	177	250	225	200
	150	260	250	238	310	290	233	220	205	280	260	220
	185	302	290	276	350	320	265	250	233	315	295	250
	240	348	335	318	395	375	307	290	270	360	335	295
	300	390	375	356	445	415	345	325	302	400	395	
	400				510	490				465	445	
	500				570	550				515	500	
	630				615	615				555	555	

表 2-28　聚氯乙烯绝缘电力电缆在空气中敷设的载流量（$\theta_n=70℃$）

A

主线芯截面/mm²	中性线截面/mm²	1~3kV 2芯				1~3kV 3芯				单芯 $\theta_a=30℃$		6kV 3芯			
		25℃	30℃	35℃	40℃	25℃	30℃	35℃	40℃	000	♧	25℃	30℃	35℃	40℃
铝芯 2.5		22	21	20	18	19	18	17	16						
4	2.5	30	28	26	24	25	24	23	21						
6	4	38	36	34	31	33	31	29	27						
10	6	54	51	48	44	47	44	41	38			50	47	44	41
16	10	74	70	66	61	64	60	56	52			67	63	59	55
25	10	98	92	86	80	84	79	74	69			87	82	77	71
35	16	117	110	103	96	101	95	89	83			105	99	93	86
50	25	148	140	132	122	127	120	113	104			133	125	118	109
70	35	180	170	160	148	159	150	141	131	185	170	159	150	141	131
95	50	223	210	197	183	191	180	169	157	215	205	196	185	174	161
120	70	260	245	230	213	223	210	197	183	250	235	228	215	202	187
150	70	297	280	263	244	260	245	230	213	285	275	260	245	230	213
185	95					302	285	268	248	320	310	302	285	268	248
240	120					360	340	320	296	370	365	360	340	320	296
300	150					403	380	357	331	420	425	398	375	352	326
400										485	500				
500										545	565				
630										620	645				
铜芯 1.5		21	20	19	17	18	17	16	15						
2.5		29	27	25	23	24	23	22	20						
4	2.5	39	37	35	32	33	31	29	27						
6	4	50	47	44	41	42	40	38	35						
10	6	71	67	63	58	60	57	54	50			65	61	57	53
16	10	95	90	85	78	82	77	72	67			86	81	76	70
25	10	127	120	113	104	106	100	94	87			111	105	99	91
35	16	148	140	132	122	127	120	113	104			138	130	122	113
50	25	191	180	169	157	164	155	146	135			170	160	150	139
70	35	233	220	207	191	201	190	179	165	230	215	207	195	183	170
95	50	286	270	254	235	249	235	221	204	275	260	254	240	226	209
120	70	334	315	296	274	286	270	254	235	310	300	292	275	259	239
150	70	387	365	343	318	339	320	301	278	355	345	339	320		278
185	95					387	365	343	318	395	390	387	365	301	318
240	120					461	435	409	378	455	455	456	430	343	374
300	150					514	485	456	422	505	525	509	480	404	418
400										575	615			451	
500										640	700				
630										710	795				

表 2-29　聚氯乙烯绝缘电力电缆直埋地敷设的载流量（$\rho_t=1.2℃·m/W$、$\theta_n=70℃$）　　A

主线芯截面 /mm²	中性线截面 /mm²	1~3kV								6kV 3芯		
		2芯			3芯			单芯 $\theta_a=25℃$				
		20℃	25℃	30℃	20℃	25℃	30℃	○○○	⊗	20℃	25℃	30℃
铝芯 4	2.5	37	35	33	30	29	27					
6	4	45	43	40	39	37	35					
10	6	62	59	55	53	50	47			50	48	45
16	10	83	79	74	68	65	61			68	65	61
25	10	105	100	94	87	83	78			87	83	78
35	16	131	125	118	116	110	103			105	100	94
50	25	158	150	141	131	125	118			131	125	118
70	35	189	180	169	152	145	136	180	165	158	150	141
95	50	231	220	207	184	175	165	205	195	189	180	169
120	70	257	245	230	210	200	188	230	225	210	200	188
150	70	294	280	263	242	230	216	250	255	242	230	216
185	95				273	260	244	275	285	273	260	244
240	120				320	305	287	315	330	320	305	287
300	150				357	340	320	350	375	347	330	310
400								395	435			
500								430	495			
630								480	530			
铜芯 4	2.5	46	44	41	39	37	35					
6	4	58	55	52	49	47	44					
10	6	79	75	66	68	65	61			67	64	60
16	10	105	100	94	89	85	80			88	84	79
25	10	137	130	122	116	110	103			110	105	99
35	16	168	160	150	142	135	127			137	130	122
50	25	205	195	183	173	165	155			168	160	150
70	35	247	235	221	205	195	183	230	210	200	190	179
95	50	294	280	263	247	235	221	260	255	242	230	216
120	70	336	320	301	278	265	249	290	285	273	260	244
150	70	378	360	338	320	305	287	320	325	310	295	277
185	95				357	340	320	350	365	352	335	315
240	120				420	400	376	395	415	404	385	362
300	150				462	440	414	430	465	446	425	400
400								480	530			
500								520	580			
630								570	640			

表 2-30　交联聚乙烯绝缘电力电缆在空气中敷设的载流量　　A

截面/mm²		0.6/1kV $\theta_n=90°C$						6/6kV、8.7/kV $\theta_n=90°C$						26/35kV $\theta_n=80°C$		
		4 芯				单芯 $\theta_a=25°C$		3 芯				单芯 $\theta_a=25°C$		3 芯	单芯 $\theta_a=25°C$	
		25℃	30℃	35℃	40℃	∞∞∞	品	25℃	30℃	35℃	40℃	∞∞∞	品	30℃	∞∞∞	品
铝芯	4	31	30	28	27											
	6	42	40	38	36											
	10	52	50	47	45											
	16	67	65	62	58											
	25	94	90	85	81			109	105	101	96					
	35	114	110	104	99			130	125	120	114					
	50	135	130	123	117			161	155	149	141			150		
	70	177	170	161	153			198	190	182	173	245	225	186		
	95	213	205	195	184			239	230	221	209	300	270	222		
	120	250	240	228	216			281	270	259	246	335	310	255		
	150	286	275	261	247			317	305	293	278	380	355	286		
	185	333	320	304	288			369	355	341	323	420	410			
	240	400	385	366	346			432	415	398	378	495	470			
	300							494	475	456	432	555	545			
	400											655	655			
	500											725	745			
	630											805	845			
铜芯	4	42	40	38	36											
	6	52	50	47	45											
	10	67	65	62	58											
	16	88	85	81	76											
	25	120	115	109	103			135	130	125	118					
	35	151	145	138	130			172	165	158	150					
	50	182	175	166	157			208	200	192	182					
	70	229	220	209	198			255	245	235	223	305	285	193		
	95	281	270	256	243			307	295	283	268	365	340	240		
	120	328	315	299	283			359	345	331	314	415	395	286		
	150	374	360	342	324			411	395	379	359	460	445	329		
	185	437	420	399	378			468	450	432	410	515	515	369		
	240	520	500	475	450			551	530	509	482	590	595			
	300							629	605	581	551	660	675			
	400											755	800			
	500											835	905			
	630											920	995			

表 2-31 交联聚乙烯绝缘电力电缆
直埋地敷设的载流量（$\rho_t=1.2℃\cdot m/W$） A

| | 截面/mm² | 0.6/1kV $\theta_n=90℃$ | | | | | 6/6kV、8.7/kV $\theta_n=90℃$ | | | | | 26/35kV $\theta_n=80℃$ | | |
| | | 4 芯 | | | 单芯 $\theta_a=25℃$ | | 3 芯 | | | 单芯 $\theta_a=25℃$ | | 3芯 | 单芯 $\theta_a=25℃$ | |
		20℃	25℃	30℃	∞∞	∞	20℃	25℃	30℃	∞∞	∞	25℃	∞∞	∞
铝芯	4	42	40	38										
	6	47	45	43										
	10	62	60	58										
	16	83	80	77										
	25	104	100	96			109	105	101					
	35	125	120	115			130	125	120					
	50	146	140	134			151	145	139			137		
	70	182	175	168			187	180	173	215	205	172		
	95	218	210	202			224	215	206	255	235	206		
	120	244	235	226			255	245	235	280	265	224		
	150	276	265	254			286	275	264	320	305	243		
	185	317	305	293			322	310	298	350	335			
	240	369	355	341			374	360	346	400	390			
	300						416	400	384	440	430			
	400									505	515			
	500									555	575			
	630									610	640			
铜芯	4	52	50	48										
	6	62	60	58										
	10	83	80	77										
	16	104	100	96										
	25	135	130	125			140	135	130					
	35	161	155	149			166	160	154					
	50	192	185	178			198	190	182					
	70	234	225	216			239	230	221	270	260	177		
	95	281	270	259			286	275	264	320	300	221		
	120	317	305	293			322	310	298	355	340	267		
	150	359	345	331			364	350	336	390	385	288		
	185	406	390	374			411	395	379	430	430	313		
	240	473	455	437			473	455	437	490	490			
	300						536	515	494	535	550			
	400									595	570			
	500									655	630			
	630									710	765			

表 2-32 橡胶绝缘电力电缆的载流量（$\theta_n = 65℃$）　　A

| 主线芯数×截面/mm² | 中性线截面/mm² | 空气中（$\theta_a = 30℃$） | | | | 直埋地（$\rho_t = 1.2℃·m/W$　$\theta_a = 25℃$） | | | |
| | | 铝芯 | | 铜芯 | | 铝芯 | | 铜芯 | |
		XLV	XLF XLHF XLQ XLQ₂₀	XV	XF XHF XQ XQ₂₀	XLV₂₂	XLQ₂	XV₂₂	XQ₂
3×1.5	1.5			17	18			22	23
3×2.5	1.5	18	20	22	23			29	30
3×4	2.5	23	25	30	32	30	31	37	39
3×6	4	30	33	37	41	37	39	47	49
3×10	6	42	45	53	56	50	52	64	67
3×16	6	55	60	71	76	65	68	84	89
3×25	10	74	79	94	100	83	87	106	111
3×35	10	91	97	116	122	99	105	128	133
3×50	16	116	124	148	159	123	130	157	165
3×70	25	140	151	179	192	148	155	187	197
3×95	35	172	184	219	235	176	185	224	235
3×120	35	198	212	251	270	194	205	246	259
3×150	50	229	246	291	315	221	232	280	294
3×185	50	266	283	336	363	249	258	314	331

表 2-33 铜芯乙丙橡胶绝缘电力电缆在空气中成束敷设的载流量

（$\theta_n = 90℃$）　　A

| 截面/mm² | 3 芯、4 芯 | | | | 单芯 | 2 芯 |
	50℃	55℃	60℃	65℃	50℃	50℃
1.5	13	12	11	10	19	16
2.5	19	17	16	14	26	23
4	25	23	21	19	36	30
6	32	30	27	24	45	39
10	44	41	37	33	63	54
16	59	55	50	45	85	72
25	79	73	66	60	113	96
35	96	89	81	72	136	116
50	118	110	100	89	169	144
70	149	137	125	112	212	180
95	181	168	152	137	259	220
120	211	195	177	159	301	258
150	241	228	202	182	343	
185					390	
240					461	
300					526	

式(2-8)～式(2-10)中

γ_{do}——导体温度在 20℃时的直流电阻标准值，Ω/km；

ρ——电阻系数，铜导体取 0.017241，铝导体取 0.028264；

A——导体截面，mm^2；

K_{01}——导体绞合率，绞合股线数 $N \leqslant 60$ 时取 1.02、$N \geqslant 61$ 时取 1.03，圆实心导体 200mm^2 以下取 1.02，250mm^2 以上取 1.03，中空导体 4 层以下取 1.02，5 层以上取 1.04；

K_{02}——3 芯电缆绞合率，一般橡胶、塑料、纸绝缘电缆取 1.02，分割导体取 1.01；

K_{03}——加工紧压成型硬化率，取 1.01；

K_{04}——导体最大电阻系数，紧压导体取 1.01，中空导体计算式为 $\left(\dfrac{d}{d-\sigma}\right)^2$，其中 d 为股线公称直径，σ 为股线公差；

r_{dmax}——导体在 20℃时的直流电阻最大值，Ω/km；

r_{dt}——导体在 $t(℃)$ 时的直流电阻最大值，Ω/km；

a——电阻温度系数，$1/℃$，铜导体取 0.00393，铝导体取 0.00403；

t——导体最高使用温度，℃，纸绝缘电缆为 70℃，交联电缆为 90℃，充油电缆为 80℃。

2.3.4 导体的交流电阻计算

（1）导体温度在 t（℃）时的交流电阻最大值

$$r_{at} = r_{dmax}[1 + a(t-20)]K_{05} \tag{2-11}$$
$$K_{05} = \lambda_S + \lambda_P \tag{2-12}$$

式中 r_{at}——导体在 t（℃）时的交流电阻最大值，Ω/km；

r_{dmax}——导体在 20℃时的直流电阻最大值，Ω/km；

K_{05}——交流电阻值与直流电阻值之比；

a——电阻温度系数，$1/℃$，铜导体取 0.00393，铝导体取 0.00403；

t——导体最高使用温度，℃，纸绝缘电缆为 70℃，交联电缆为 90℃，充油电缆为 80℃；

λ_S——集肤效应因数；

λ_P——邻近效应因数。

（2）集肤效应因数

$$\lambda_S = \frac{x^4}{192 + 0.8x^4} \qquad (2\text{-}13)$$

① 实心圆导体时

$$x = \sqrt{\frac{8\pi f K_{S1}}{r_{dt} \times 10^9}} \qquad (2\text{-}14)$$

② 中空导体时

$$x = \sqrt{\frac{8\pi f K_{S2}}{r_{dt} \times 10^9}} \qquad (2\text{-}15)$$

$$K_{S2} = \frac{d_1 - d_0}{d_1 + d_0}\left(\frac{d_1 + 2d_0}{d_1 + d_0}\right)^2 \qquad (2\text{-}16)$$

式(2-13)～式(2-16) 中

λ_S——集肤效应因数；

f——工频，Hz；

x——系数，实心导体按式(2-13) 计算，中空导体按式(2-15)
和式(2-16) 计算；

K_{S1}——实心导体的集肤效应系数，其中，非分割导体取 1.00，
4 分割导体取 0.44，6 分割导体取 0.39，7 分割导体取
0.37，各股线被覆绝缘取 0.2；

r_{dt}——导体在 t （℃） 时的直流电阻，Ω/km；

K_{S2}——中空导体的集肤效应系数；

d_1——导体外径，mm；

d_0——导体内径，mm。

（3）邻近效应因数

$$\lambda_P = \frac{(0.89x)^4}{192 + 0.8(0.89x)^4}\left(\frac{d_1}{S}\right)^2 \times$$

$$\left[0.312\left(\frac{d_1}{S}\right)^2 + \frac{1.18}{\dfrac{(0.89x)^4}{192 + 0.8(0.89x)^4} + 0.27}\right] \qquad (2\text{-}17)$$

式中　λ_P——邻近效应因数；

d_1——导体外径，mm；

S——导体中心距，mm。

2.3.5　电容量、电容电流、介质损耗计算

（1）电容量

① 单芯电缆

$$C=\frac{\varepsilon}{18\ln\dfrac{d_2}{d_1}} \qquad (2\text{-}18)$$

② 多芯电缆

$$C=\frac{n\varepsilon}{18G} \qquad (2\text{-}19)$$

（2）电容电流

$$I_C=2\pi fCn\frac{U}{\sqrt{3}}\times10^{-6} \qquad (2\text{-}20)$$

（3）介质损耗

$$W_d=2\pi fCn\frac{U^2}{3}\tan\delta\times10^{-6} \qquad (2\text{-}21)$$

式（2-18）～式（2-21）中

C——电容量，$\mu F/km$；

ε——介质系数，见表 2-34；

d_2——绝缘层外径，mm；

d_1——导体外径，mm；

n——导体数；

G——几何因数，见图 2-20；

f——工频，Hz；

U——线电压，kV；

$\tan\delta$——介质损耗角正切值，见表 2-34；

I_C——电容电流，A/km；

W_d——介质损耗，W/cm。

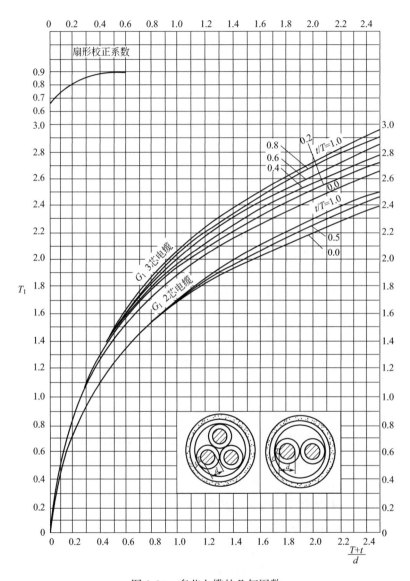

图 2-20　多芯电缆的几何因数

表 2-34 介质系数和介质损耗角正切值

分　类		ε	tanσ
纸绝缘电缆		3.7	0.01
充油电缆	普通纸绝缘	3.7	0.004
	低损耗纸绝缘	3.4	0.003
	纸塑复合绝缘	2.8	0.0008
交联绝缘电缆		2.3	0.001
丙烯橡胶绝缘电缆		4.0	0.03
硅橡胶绝缘电缆		4.0	0.03

2.3.6 电缆载流量计算

（1）基本计算式

① 直埋或排管敷设

$$I = \sqrt{\frac{T_1 - T_0 - T_d}{n r_{at} R_{th}}} \qquad (2\text{-}22)$$

② 空气中敷设（不受日照影响的隧道或电缆沟等）

$$I = \eta_0 \sqrt{\frac{T_1 - T_0 - T_d}{n r_{at} R_{th}}} \qquad (2\text{-}23)$$

③ 空气中敷设（受日照影响，架空敷设）

$$I = \sqrt{\frac{T_1 - T_0 - T_d - T_3}{n r_{at} R_{th}}} \qquad (2\text{-}24)$$

式（2-22）～式（2-24）中

I——电缆的载流量，A；

T_1——电缆持续运行允许最高温度，℃；纸绝缘电缆取 60℃，
交联电缆取 90℃，充油电缆取 85℃；

T_0——空气或土壤环境温度，℃；

T_d——由介质损耗引起的温升，℃；

T_3——由日照引起的温升，℃；

n——电缆芯数，单芯电缆取 1，3 芯电缆取 3；

r_{at}——导体交流电阻，Ω/km；

R_{th}——热阻总和，K·m/W；

η_0——空气中平行敷设多根电缆时的校正系数。

（2）电缆允许通过导体的短路电流计算

① 黏性油浸纸绝缘或交联电缆

$$I = \sqrt{\frac{Q_C A_C}{a r_1 t_s} \ln \frac{\frac{1}{a} - 20 + T_5}{\frac{1}{a} - 20 + T_4}} \qquad (2\text{-}25)$$

② 充油电缆

$$I = \sqrt{\frac{Q_C A_C + Q_0 A_0}{a r_1 t_s} \ln \frac{\frac{1}{a} - 20 + T_5}{\frac{1}{a} - 20 + T_4}} \qquad (2\text{-}26)$$

式(2-24)、式(2-25) 中

I——允许通过导体的短路电流，A；

Q_C——导体单位热容量，J/℃ • cm^3，见表 2-35；

Q_0——绝缘油单位热容量，J/℃ • cm^3，见表 2-35；

A_C——导体断面积，cm^2；

A_0——在导体内绝缘油断面积，cm^2；

a——导体在 20℃ 时的温度系数，铜取 0.00393，铝取 0.00403；

r_1——导体在 20℃时的交流电阻，Ω/cm；

T_4——短路前导体温度，℃；

T_5——短路时导体最高允许温度，℃，见表 2-36；

t_s——短路电流持续时间，s。

表 2-35　电缆结构材料热容量

材料	单位体积的热容量 /[J/(℃ • cm^3)]	材料	单位体积的热容量 /[J/(℃ • cm^3)]
铜	3.39	绝缘油	1.93
铝	2.47	交联聚乙烯	2.14
铅	1.42	水	4.19
油浸纸	2.26		

表 2-36 电缆导体最高允许温度

电缆类型		最高允许温度/℃		
		正常运行	过载运行	短路(T_5)
黏性油浸渍	10kV 以下	60	70	250
纸绝缘电缆	20～35kV	50	60	175
充油电缆		80	90	160
交联电缆		90	100	250

2.4 电压损失计算

2.4.1 导线阻抗计算

（1）导线电阻计算

① 导线直流电阻

$$R_\theta = \rho_\theta C_j \frac{L}{A} \qquad (2\text{-}27)$$

$$\rho_\theta = \rho_{20}[1 + \alpha(\theta - 20)]$$

式中　L——线路长度，m；

　　　A——导线截面，mm^2；

　　　C_j——绞入系数，单股导线为 1，多股导线为 1.02；

　　　ρ_{20}——导线温度为 20℃时的电阻率；

　　　ρ_θ——导线温度为 θ(℃) 时的电阻率；

　　　α——电阻温度系数。铜和铝都取 0.004。

② 导线交流电阻

$$R_j = K_{jf} K_{lj} R_\theta \qquad (2\text{-}28)$$

$$K_{jf} = \frac{r^2}{\delta(2r - \delta)}$$

$$\delta = 5030 \sqrt{\frac{\rho_\theta}{\mu f}}$$

式中　R_θ——导线温度为 θ (℃) 时的电阻，Ω·m；

　　　K_{jf}——集肤效应系数；

　　　K_{lj}——邻近效应系数；

　　　ρ_θ——导线温度为 θ (℃) 时的电阻率，Ω·m；

μ——相对磁导率；

δ——电流透入深度，cm；

f——频率，Hz；

r——线芯半径，cm。

（2）导线电抗计算

$$X' = 2\pi f L' \tag{2-29}$$

$$L' = \left(2\ln \frac{D_j}{r} + 0.5 \right) \times 10^{-4} = 4.6 \times 10^{-4} \lg \frac{D_j}{D_z}$$

式中　X'——每相单位长度的感抗，Ω/km；

L'——电缆每相单位长度的电感量，Ω/km；

f——频率，Hz；

D_j——几何均距，cm；

D_z——线芯自几何均距或等效半径，cm；

r——圆形线芯电缆主线芯的半径，cm。

2.4.2　电压损失计算

三相平衡负载线路电压损失计算如下。

① 计算公式

$$\Delta U\% = \frac{\sqrt{3}}{10U_n}(R'\cos\varphi + X'\sin\varphi)Il = \Delta U_a\% Il \tag{2-30}$$

$$\Delta U\% = \frac{\sqrt{3}}{10U_n}\sum[(R'\cos\varphi + X'\sin\varphi)Il] = \sum(\Delta U_a\% Il) \tag{2-31}$$

$$\Delta U\% = \frac{1}{10U_n^2}(R' + X'\tan\varphi)Pl = \Delta U_p\% Pl \tag{2-32}$$

$$\Delta U\% = \frac{1}{10U_n^2}\sum[(R' + X'\tan\varphi)Pl] = \sum(\Delta U_p\% Pl) \tag{2-33}$$

$$\Delta U\% = \frac{R'}{10U_n^2}\sum Pl = \frac{\sum Pl}{CS} \tag{2-34}$$

式中　$\Delta U\%$——线路电压损失百分数，%；

$\Delta U_p\%$——三相线路 1A·km 电压损失百分数，%/(A·km)；

$\Delta U_a\%$——三相线路 1kW·km 电压损失百分数，%/(kW·km)；

U_n——标称电压，kV；

I——负荷计算电流，A；

l——线路长度，km；

R', X'——三相线路单位长度的电阻和感抗，Ω/km；

P——有功负荷，kW；

$\cos\varphi$——功率因数；

C——功率因数为 1 时的计算系数；

S——线芯标称截面，mm^2。

② 负荷情况

a. 终端负荷用电流矩（A·km）表示。

b. 几个负荷用电流矩（A·km）表示。

c. 终端负荷用负荷矩（kW·km）表示。

d. 几个负荷用负荷矩（kW·km）表示。

e. 整条线路的导线截面、材料及敷设方式均相同且 $\cos\varphi=1$，几个负荷用负荷矩（kW·km）表示。

2.4.3　电缆线路的电压损失（表 2-37～表 2-42）

表 2-37　35kV 油浸纸绝缘电力电缆电压损失

芯数×截面/mm^2		电阻(55℃)/(Ω/km)	感抗/(Ω/km)	埋地 25℃时的允许负荷/MV·A		明敷35℃时的允许负荷/MV·A		电压损失/[%/(MW·km)]			电压损失/[%/(A·km)]		
				黏性	不滴流	黏性	不滴流	$\cos\varphi$			$\cos\varphi$		
								0.8	0.85	0.9	0.8	0.85	0.9
铝	3×50	0.656	0.137	5.82	7.275	4.958	6.593	0.062	0.06	0.059	0.003	0.003	0.003
	3×70	0.468	0.128	6.972	8.79	6.065	8.175	0.046	0.045	0.043	0.002	0.002	0.002
	3×95	0.344	0.121	8.487	10.609	7.384	10.021	0.035	0.034	0.033	0.002	0.002	0.002
	3×120	0.273	0.116	9.699	12.124	8.439	11.339	0.029	0.028	0.027	0.001	0.002	0.002
	3×150	0.219	0.112	10.912	13.337	9.757	12.922	0.025	0.024	0.022	0.001	0.001	0.001
	3×185	0.177	0.109	12.427	15.155	11.076	14.767	0.021	0.02	0.019	0.001	0.001	0.001
	3×240	0.136	0.104	14.549	17.883	13.185	17.405	0.017	0.016	0.015	0.001	0.001	0.001
铜	3×50	0.4	0.137	7.578	9.903	6.329	8.439	0.041	0.04	0.038	0.002	0.002	0.002
	3×70	0.286	0.128	9.093	11.215	7.911	10.548	0.031	0.03	0.028	0.002	0.002	0.002
	3×95	0.21	0.121	10.912	13.337	9.493	12.658	0.025	0.023	0.022	0.001	0.001	0.001
	3×120	0.166	0.116	12.427	15.155	11.076	14.504	0.021	0.019	0.018	0.001	0.001	0.001
	3×150	0.134	0.112	13.943	17.277	12.394	16.613	0.018	0.017	0.015	0.001	0.001	0.001
	3×195	0.108	0.109	15.762	19.702	14.24	18.987	0.015	0.014	0.013	0.001	0.001	0.001
	3×240	0.083	0.104	18.187	22.733	16.613	22.151	0.013	0.012	0.011	0.001	0.001	0.001

表 2-38 10kV油浸纸绝缘电力电缆电压损失

芯数×截面/mm²		电阻(55℃)/(Ω/km)	感抗/(Ω/km)	埋地25℃时的允许负荷/MV·A		明敷35℃时的允许负荷/MV·A		电压损失/[%/(MW·km)] cosφ			电压损失/[%/(A·km)] cosφ		
				黏性	不滴流	黏性	不滴流	0.8	0.85	0.9	0.8	0.85	0.9
铝	3×16	2.050	0.110					2.135	2.12	2.105	0.03	0.031	0.033
	3×25	1.311	0.098	1.282	1.351	1.091	1.212	1.385	1.372	1.359	0.019	0.020	0.021
	3×35	0.937	0.092	1.542	1.628	1.316	1.472	1.008	0.996	0.983	0.014	0.015	0.015
	3×50	0.656	0.087	1.819	1.992	1.576	1.767	0.724	0.712	0.700	0.010	0.011	0.011
	3×70	0.468	0.083	2.252	2.425	2.044	2.252	0.533	0.521	0.510	0.007	0.008	0.008
	3×95	0.344	0.080	2.771	2.944	2.442	2.737	0.406	0.395	0.384	0.006	0.006	0.006
	3×120	0.273	0.078	3.118	3.291	2.841	3.222	0.334	0.323	0.312	0.005	0.005	0.005
	3×150	0.219	0.077	3.551	3.811	3.308	3.620	0.278	0.268	0.257	0.004	0.004	0.004
	3×185	0.177	0.075	4.070	4.330	3.776	4.192	0.235	0.225	0.214	0.003	0.003	0.003
	3×240	0.136	0.073	4.677	5.023	4.486	4.988	0.192	0.183	0.172	0.003	0.003	0.003
铜	3×16	1.250	0.110					1.335	1.320	1.305	0.020	0.019	0.020
	3×25	0.800	0.098	1.645	1.732	1.403	1.542	0.874	0.861	0.848	0.012	0.013	0.013
	3×35	0.571	0.092	1.992	2.078	1.732	1.853	0.642	0.630	0.617	0.009	0.009	0.010
	3×50	0.400	0.087	2.338	2.511	2.044	2.252	0.468	0.456	0.444	0.007	0.007	0.007
	3×70	0.286	0.083	2.944	3.118	2.598	2.893	0.351	0.339	0.328	0.005	0.005	0.005
	3×95	0.210	0.080	3.551	3.724	3.152	3.551	0.272	0.261	0.25	0.004	0.004	0.003
	3×120	0.166	0.078	4.070	4.330	3.707	4.105	0.227	0.216	0.205	0.003	0.003	0.002
	3×150	0.134	0.077	4.590	4.850	4.261	4.677	0.193	0.183	0.172	0.003	0.002	0.002
	3×185	0.108	0.075	5.196	5.543	4.884	5.404	0.166	0.156	0.145	0.002	0.002	0.002
	3×240	0.083	0.073	6.062	6.409	5.750	6.357	0.139	0.130	0.119	0.002	0.002	0.002

表 2-39 1kV聚氯乙烯电力电缆用于380V系统的电压损失

截面/mm²		电阻/(Ω/km)	感抗/(Ω/km)	电压损失/[%/(A·km)] cosφ					
				0.5	0.6	0.7	0.8	0.9	1.0
铝	2.5	13.085	0.100	3.022	3.615	4.208	4.799	5.388	5.964
	4	8.178	0.093	1.901	2.27	2.640	3.008	3.373	3.728
	6	5.452	0.093	1.279	1.525	1.770	2.014	2.255	2.485
	10	3.313	0.087	0.789	0.938	1.085	1.232	1.376	1.510
	16	2.085	0.082	0.508	0.600	0.692	0.783	0.872	0.950
	25	1.334	0.075	0.334	0.392	0.450	0.507	0.562	0.608
	35	0.954	0.072	0.246	0.287	0.328	0.368	0.406	0.435
	50	0.668	0.022	0.181	0.209	0.237	0.263	0.288	0.305

截面/mm²		电阻/(Ω/km)	感抗/(Ω/km)	电压损失/[%/(A·km)]					
				cosφ					
				0.5	0.6	0.7	0.8	0.9	1.0
铝	70	0.476	0.069	0.136	0.155	0.175	0.192	0.209	0.217
	95	0.351	0.069	0.107	0.121	0.135	0.147	0.158	0.160
	120	0.278	0.069	0.091	0.101	0.111	0.120	0.128	0.127
	150	0.223	0.070	0.078	0.087	0.094	0.101	0.105	0.102
	185	0.180	0.070	0.069	0.075	0.080	0.085	0.088	0.082
	240	0.139	0.070	0.059	0.064	0.067	0.070	0.071	0.063
铜	2.5	7.981	0.100	1.858	2.219	2.579	2.938	3294	3.638
	4	4.988	0.093	1.174	1.398	1.622	1.844	2.065	2.274
	6	3.325	0.093	0.95	0.943	1.091	1.238	1.383	1.516
	10	2.035	0.087	0.498	0.588	0.678	0.766	0.852	0.928
	16	1.272	0.082	0.322	0.378	0.433	0.486	0.538	0.580
	25	0.814	0.075	0.215	0.250	0.284	0.317	0.349	0.371
	35	0.581	0.072	0.161	0.185	0.209	0.232	0.253	0.265
	50	0.407	0.072	0.121	0.138	0.153	0.168	0.181	0.186
	70	0.291	0.069	0.094	0.105	0.115	0.125	0.133	0.133
	95	0.214	0.069	0.076	0.084	0.091	0.097	0.102	0.098
	120	0.169	0.069	0.066	0.071	0.076	0.081	0.083	0.077
	150	0.136	0.070	0.059	0.063	0.066	0.069	0.070	0.062
	185	0.110	0.070	0.053	0.056	0.058	0.059	0.059	0.050
	240	0.085	0.070	0.047	0.049	0.050	0.050	0.049	0.039

表 2-40　10kV 交联聚乙烯电力电缆电压损失

截面/mm²		电阻(θ=80℃)/(Ω/km)	感抗/(Ω/km)	埋地25℃时的允许负荷/MV·A	明敷35℃时的允许负荷/MV·A	电压损失/[%/(MW·km)]			电压损失/[%/(A·km)]		
						cosφ			cosφ		
						0.8	0.85	0.9	0.8	0.85	0.9
铝	16	2.230	0.133			2.330	2.312	2.294	0.032	0.034	0.036
	25	1.426	0.120	1.819	1.749	1.516	1.5	1.484	0.021	0.022	0.023
	35	1.019	0.113	2.165	2.078	1.104	1.089	1.074	0.015	0.016	0.017
	50	0.713	0.107	2.511	2.581	0.793	0.779	0.765	0.011	0.012	0.012
	70	0.510	0.101	3.118	3.152	0.586	0.573	0.559	0.008	0.008	0.009
	95	0.376	0.096	3.724	3.828	0.448	0.436	0.423	0.006	0.006	0.007
	120	0.297	0.095	4.244	4.486	0.368	0.356	0.343	0.005	0.005	0.005
	150	0.238	0.093	4.763	5.075	0.308	0.296	0.283	0.004	0.004	0.004
	185	0.192	0.090	5.369	5.906	0.260	0.248	0.236	0.004	0.004	0.004
	240	0.148	0.087	6.235	6.894	0.213	0.202	0.190	0.003	0.003	0.003

续表

截面/mm²		电阻(θ=80℃)/(Ω/km)	感抗/(Ω/km)	埋地25℃时的允许负荷/MV·A	明敷35℃时的允许负荷/MV·A	电压损失/[%/(MW·km)] cosφ			电压损失/[%/(A·km)] cosφ		
						0.8	0.85	0.9	0.8	0.85	0.9
铜	16	1.359	0.133			1.459	1.441	1.423	0.020	0.021	0.022
	25	0.870	0.120	2.338	2.165	0.960	0.944	0.928	0.013	0.014	0.015
	35	0.622	0.113	2.771	2.737	0.707	0.692	0.677	0.010	0.010	0.011
	50	0.435	0.107	3.291	3.326	0.515	0.501	0.487	0.007	0.007	0.008
	70	0.310	0.101	3.984	4.070	0.386	0.373	0.359	0.005	0.006	0.006
	95	0.229	0.096	4.763	4.902	0.301	0.289	0.276	0.004	0.004	0.004
	120	0.181	0.095	5.369	5.733	0.252	0.240	0.227	0.004	0.004	0.004
	150	0.145	0.093	6.062	6.564	0.215	0.203	0.190	0.003	0.003	0.003
	185	0.118	0.090	6.842	7.482	0.186	0.174	0.162	0.003	0.003	0.003
	240	0.091	0.087	7.881	8.816	0.156	0.145	0.133	0.002	0.002	0.002

表 2-41　6kV 交联聚乙烯电力电缆电压损失

截面/mm²		电阻(θ=80℃)/(Ω/km)	感抗/(Ω/km)	埋地25℃时的允许负荷/MV·A	明敷35℃时的允许负荷/MV·A	电压损失/[%/(MW·km)] cosφ			电压损失/[%/(A·km)] cosφ		
						0.8	0.85	0.9	0.8	0.85	0.9
铝	16	2.230	0.124			6.453	6.408	6.361	0.054	0.050	0.060
	25	1.426	0.111	1.091	1.050	4.193	4.152	4.111	0.035	0.037	0.038
	35	1.019	0.105	1.299	1.247	3.049	3.011	2.972	0.025	0.027	0.028
	50	0.713	0.099	1.506	1.548	2.187	2.151	2.114	0.018	0.019	0.020
	70	0.510	0.093	1.871	1.891	1.611	1.577	1.542	0.013	0.014	0.014
	95	0.376	0.089	2.234	2.297	1.230	1.198	1.164	0.010	0.011	0.011
	120	0.297	0.087	2.546	2.692	1.006	0.975	0.942	0.008	0.009	0.009
	150	0.238	0.085	2.858	3.045	0.838	0.808	0.776	0.007	0.007	0.007
	185	0.192	0.082	3.222	3.544	0.704	0.674	0.644	0.006	0.006	0.006
	240	0.148	0.080	3.741	4.136	0.578	0.549	0.519	0.005	0.005	0.005
铜	16	1.359	0.124			4.033	3.988	3.942	0.034	0.035	0.037
	25	0.870	0.111	1.403	1.299	2.648	2.608	2.566	0.022	0.023	0.024
	35	0.622	0.105	1.663	1.642	1.947	1.909	1.869	0.016	0.017	0.018
	50	0.435	0.099	1.975	1.995	1.415	1.379	1.341	0.012	0.012	0.013
	70	0.310	0.093	2.390	2.442	1.055	1.021	0.986	0.009	0.009	0.009
	95	0.229	0.089	2.858	2.941	0.822	0.789	0.756	0.007	0.007	0.007
	120	0.181	0.087	3.222	3.440	0.684	0.653	0.620	0.006	0.006	0.006
	150	0.145	0.085	3.637	3.939	0.580	0.549	0.517	0.005	0.005	0.005
	185	0.118	0.082	4.105	4.489	0.499	0.469	0.438	0.004	0.004	0.004
	240	0.091	0.080	4.728	5.290	0.419	0.391	0.360	0.004	0.003	0.003

表 2-42　1kV 交联聚乙烯电力电缆用于 380V 系统的电压损失

截面/mm²		电阻(θ=80℃)/(Ω/km)	感抗/(Ω/km)	电压损失/[%/(A·km)]					
				cosφ					
				0.5	0.6	0.7	0.8	0.9	1.0
铝	4	8.742	0.097	2.031	2.426	2.821	3.214	3.605	3.985
	6	5.828	0.092	1.365	1.627	1.889	2.15	2.409	2.656
	10	3.541	0.085	0.841	0.999	1.157	1.314	1.469	1.614
	16	2.230	0.082	0.541	0.640	0.738	0.836	0.931	1.016
	25	1.426	0.082	0.357	0.420	0.482	0.542	0.601	0.650
	35	1.019	0.080	0.264	0.308	0.351	0.393	0.434	0.464
	50	0.713	0.079	0.194	0.224	0.253	0.282	0.308	0.325
	70	0.510	0.078	0.147	0.168	0.188	0.207	0.225	0.232
	95	0.376	0.077	0.116	0.131	0.145	0.158	0.170	0.171
	120	0.297	0.077	0.098	0.109	0.120	0.129	0.137	0.135
	150	0.238	0.077	0.085	0.093	0.101	0.108	0.113	0.108
	185	0.192	0.078	0.075	0.081	0.087	0.091	0.094	0.080
	240	0.148	0.077	0.064	0.069	0.072	0.075	0.076	0.067
铜	4	5.332	0.097	1.253	1.494	1.733	1.971	2.207	2.430
	6	3.554	0.092	0.846	1.006	1.164	1.221	1.476	1.620
	10	2.175	0.085	0.529	0.626	0.722	0.816	0.909	0.991
	16	1.359	0.082	0.342	0.402	0.46	0.518	0.574	0.619
	25	0.870	0.082	0.231	0.268	0.304	0.34	0.373	0.397
	35	0.622	0.080	0.173	0.199	0.224	0.249	0.271	0.284
	50	0.435	0.079	0.130	0.148	0.165	0.18	0.194	0.198
	70	0.310	0.078	0.101	0.113	0.124	0.134	0.143	0.141
	95	0.229	0.077	0.083	0.091	0.098	0.105	0.109	0.104
	120	0.181	0.077	0.072	0.078	0.083	0.087	0.090	0.083
	150	0.145	0.077	0.063	0.068	0.071	0.074	0.075	0.060
	185	0.118	0.078	0.058	0.061	0.063	0.064	0.064	0.054
	240	0.091	0.077	0.051	0.053	0.054	0.054	0.053	0.041

第3章 电缆敷设程序及施工质量标准

3.1 概述

3.1.1 电缆线路敷设安装的施工程序

电缆线路敷设安装工程是电气线路工程中的重要环节之一。施工前，施工单位与建设单位必须签订正式合同或协议，经主管部门批准后，进行必要的准备工作后进行施工。其一般施工程序分为下列几个阶段。

（1）施工准备阶段

承接工程的施工单位根据合同内容和要求，在接到建设单位提供的施工图纸及有关技术资料文件后，应从以下四个方面着手准备工作，为正式敷设安装创造条件：

① 技术工作方面的准备；

② 组织工作方面的准备；

③ 物料供应方面的准备；

④ 现场了解和施工场地的准备。

（2）电缆敷设安装作业阶段

这是工程的主要施工阶段，电缆的敷设方式方法、电缆终端的制作、各附件的制作安装、土建工程及预制件加工等均在这个阶段完成。

（3）电缆施工收尾、调整、检测阶段

这个阶段是电缆敷设安装施工接近完工收尾的阶段，此阶段必须做好以下几方面工作。

① 电缆线路与电气设备连接安装收尾和检测　当电缆线路敷

设完后，它的首端与电源设施的连接，终端与电气设备——用电户电气装置的连接，应构成一个完整的电气线路整体。对线路系统应进行检查、调整和测试，如绝缘电阻测量、保护装置的整定、动力装置的空载调试，发现问题，及时整改，以使工程一次合格，必要时应进行通电试运行，观察正常与否。

② 电缆敷设施工资料整理和竣工图绘制　负责工程的工程技术人员应抓紧时间，将施工图纸会审纪要、设计变更修改通知书、重要环节（如隐蔽工程）的验收证、监理单位的意见，自检、互检和测试的数据进行整理。施工过程图纸变更、修改的应按实际施工情况绘制竣工图。这些均须在交接中交给建设单位（用户）供其使用和日常维护保养或改扩建时提供依据，使用单位应归档保存。

③ 电缆敷设工程质量的检查和评定　电缆敷设工程质量的评定包括施工单位施工队的质量自检、互检及施工单位技术部门的检查，监理单位监理检查和评定。如各种检查和评定良好的为达标，凡检查中发现问题的应进行整改后再检查和评定，直至达标。

④ 试运行及完成竣工报告　当电缆敷设完后，电缆上口与进电装置、电缆下口与用电设备连接为一整体电气线路，则可在测试无问题下，进行通电检测和试运行，验证工程能否按期交付建设单位使用。当试运行一切正常时，承接施工单位应写出书面文字竣工报告，且打印成正式文件。

（4）竣工验收阶段

当电缆线路上述施工及收尾工作就绪后，经试运行又未发现问题，应进行工程的最后竣工验收工作。竣工验收由建设单位（用户）及其主管上级部门、电缆线路的设计单位、工程监理单位及施工单位几方派出代表，组成竣工交接验收工作组。验收时施工单位将准备齐全的资料交给建设单位，同时办理交接验收手续及验收证书有关事宜。

3.1.2　电缆敷设工程的图形符号及标注方法

（1）电气工程常用图形符号

① 电气线路（电线、电缆及附件）图形符号　见表 3-1。

表 3-1　电气工程中电线、电缆及附件图形符号

序号	图 形 符 号	说　　明
1	———————	导线、导线组、电线、电缆、电路、线路、母线一般符号注:用单线表示一组线
2	///（示意）	示例:三根导线
3	3（示意）	示例:三根导线更多数据表示方法
4	—— 110V $2\times120mm^2Al$	示例:直流电路、110V,两根铝导线截面为 $120mm^2$
5	3N 50Hz 380V $3\times120+1\times50$	示例:三相交流电路、50Hz、380V,三相导线截面为 $120mm^2$ 中性线截面为 $50mm^2$
6	（柔软导线符号）	柔软导线
7	（屏蔽导线符号）	屏蔽导线
8	形式 1	
9	形式 2	电缆中的导线 注:若几根导线组成一根电缆(或绞合在一起)但在图上代表它们的线条彼此不接近 示例:5 根导线中箭头所折两根导线在一根电缆中
10	形式 3	

序号	图形符号	说　明
11	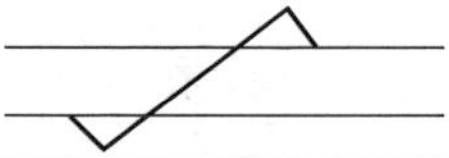	绞合导线(图示为两股)
12	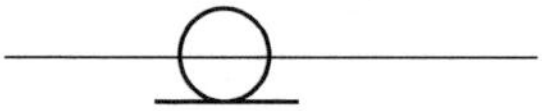	同轴对、同轴电缆,若只部分是同轴结构,切线仅画在同轴的这一边 示例:同轴对连接到端子
13	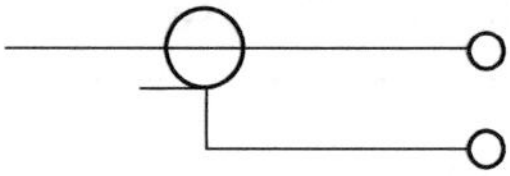	
14	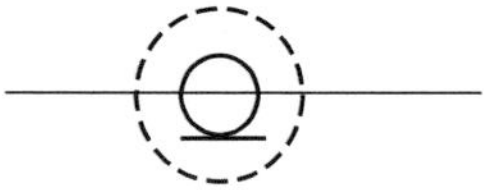	屏蔽同轴电缆,屏蔽同轴对
15	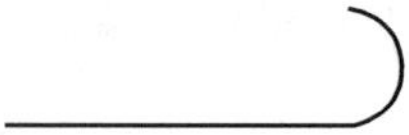	未连接的导线或电缆
16		未连接的特殊绝缘的导线或电缆
17	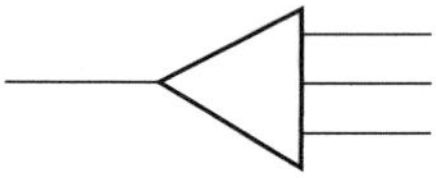	电缆密封终端 多线表示 图示为一根三芯电缆
18	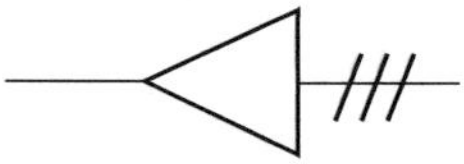	单线表示
19	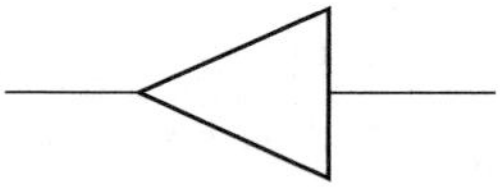	不需要示出电缆芯数的电缆终端
20	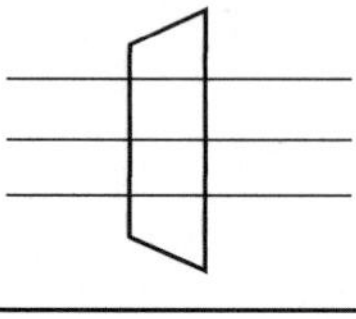	电缆密封终端 图示为三相单芯电缆

续表

序号	图 形 符 号	说　明
21	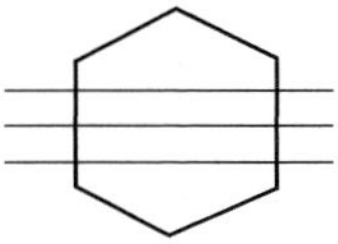	电缆直通接线盒 图示为三根导线
22	 3　　　　　3	单线表示 3—三根导线
23	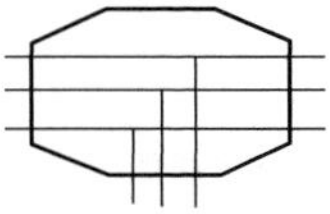	电缆连接盒、电缆分线盒　多线表示 单线表示 图示为三根导线 T 形连接 3—三根导线
24	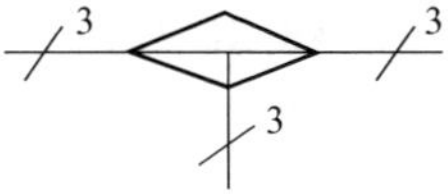 3　　　3 3	
25	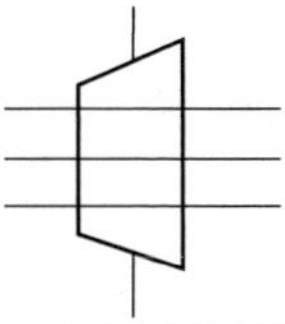	电缆气闭套管 图示为有三根电缆,梯形长边为高压边
26	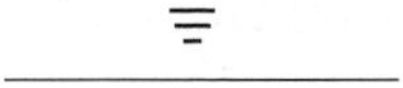	地下线路
27		水下(海底)线路
28	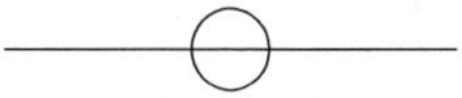	架空线路
29	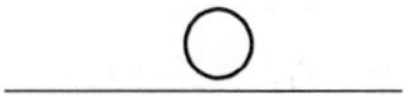	管道线路 注:管孔数量、截面尺寸或其他特性可标注 在管道线路上方 图示为 6 孔管道的线路
30	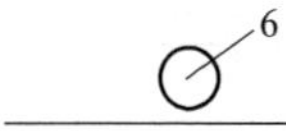 6	
31	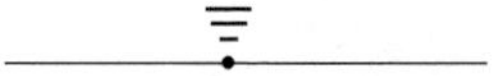	具有埋入地下连接点的线路
32	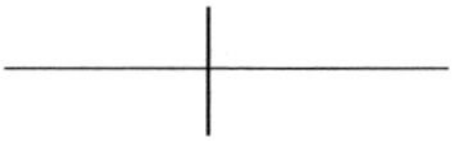	具有充气或注油堵头的线路

序号	图形符号	说　明
33		具有充气或注油截止阀的线路
34	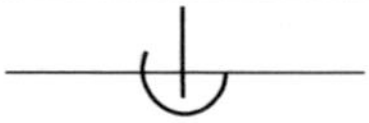	具有旁路的充气或注油堵头的线路
35		电信线路上的交流供电
36	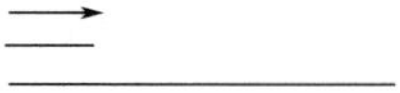	电信线路上的直流供电
37		沿建筑物明敷设通信线路
38	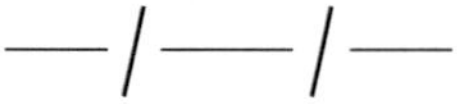	沿建筑物暗敷设通信线路
39		电气排流电缆
40	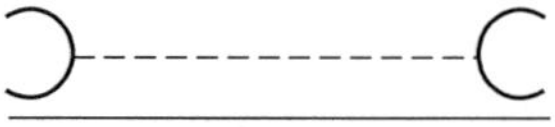	挂在钢索上的线路(电缆线路)
41		事故照明线
42		50V 及以下电力及照明线路
43		控制及信号线路(电力及照明用)
44		用单线表示的多种线路
45	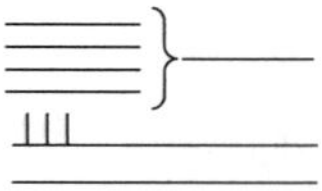	用单线表示的多回路线路(或电缆管束)
46	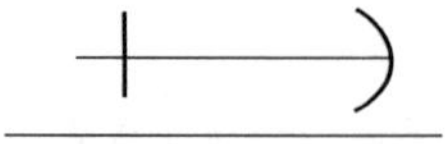	防电缆蠕动装置 注:该符号应标注在人孔蠕动一边 图示为防蠕动装置人孔
47	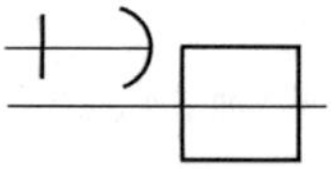	

续表

序号	图 形 符 号	说　　　明
48		保护阳极(阳电极) 注:阳极材料的类型可用其化学字母符号来加注
49		图示为镍保护阳极
50	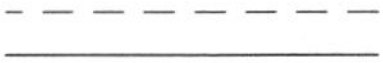	电缆铺砖保护
51	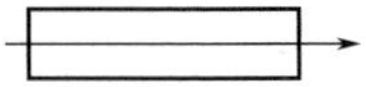	电缆穿管保护 注:可加注文字符号表示规格数量
52	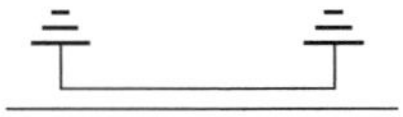	电缆上方敷设防雷排流线
53		电缆旁设置的防雷消弧线
54		电缆预留
55		电信电缆的蛇形敷设
56	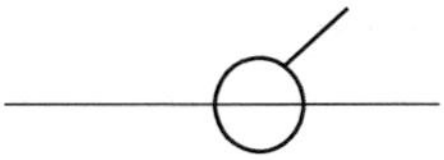	电缆充气点
57		母线伸缩接头
58		电缆中间接线盒
59	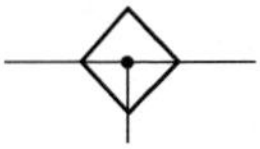	电缆分支接线盒
60	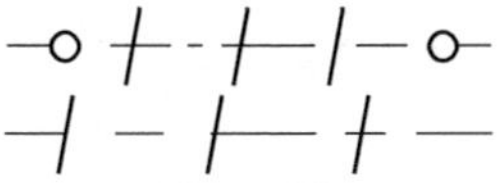	接地装置 (1)有接地极 (2)无接地极

续表

序号	图 形 符 号	说　　明
61	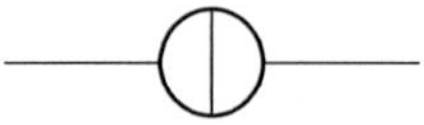	电缆气闭套管
62	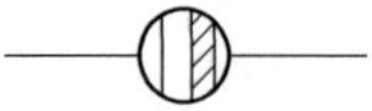	电缆气闭绝缘套管
63	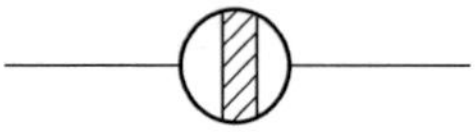	电缆绝缘套管
64	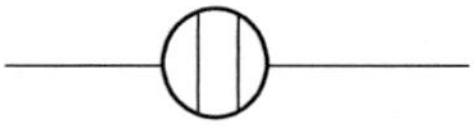	电缆平衡套管
65	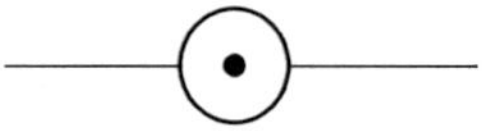	电缆直通套管
66	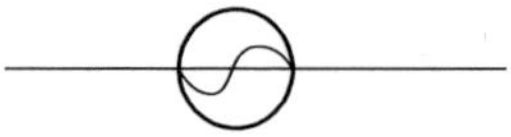	电缆交叉套管
67	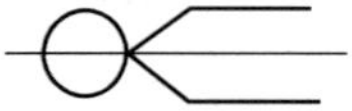	电缆分支套管
68	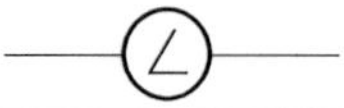	电缆加感套管
69	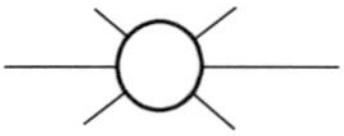	电缆绞合型接头套管
70	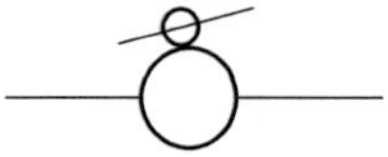	电缆监测套管
71	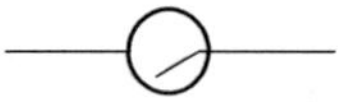	电缆气压报警信号器套管
72	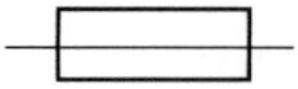	人孔一般符号 注:也可按实际形状绘
73	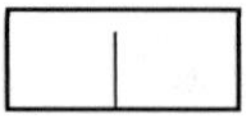	手孔的一般符号
74		信号电缆转接房

序号	图 形 符 号	说　　明
75	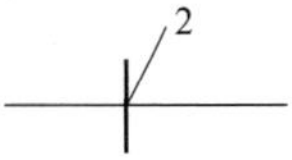	电力电缆与其他设施交叉点 　(1)电缆无保护 　(2)电缆有保护 注:2—交叉点编号
76	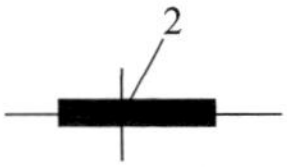	
77	∼	交流
78	——	直流
79	≂	交直流
80	N	中性(中性线)
81	M	中间线
82	＋	正极
83	－	负极
84		接地一般符号 注:也可加补充说明
85		无噪声接地(抗干扰接地)
86		保护接地
87	形式 1 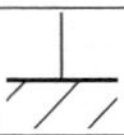 形式 2 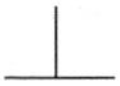	接机壳或接底板
88	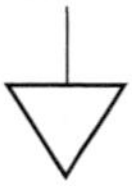	等电位

② 电缆工程常用电气元件图形符号　见表 3-2。

表 3-2　电缆工程常用电气元件图形符号

序号	图 形 符 号	说　　明
1	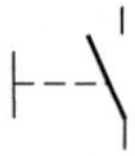	手动开关的一般符号
2		按钮开关(不闭锁)
3	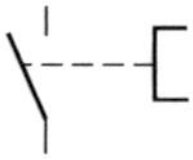	拉拔开关(不闭锁)
4	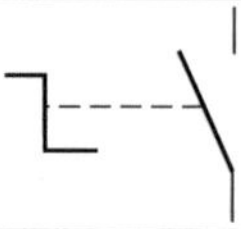	旋钮开关 旋转开关(闭锁)
5	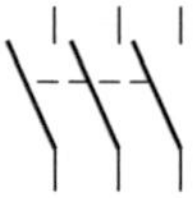	多极开关
6		接触器(在非动作位置触点断开)
7		具有自动释放的接触器
8		接触器(在非动作位置触点闭合)
9		负荷开关(负荷隔离开关)
10		断路器

续表

序号	图 形 符 号	说　　　明
11		隔离开关
12		具有中间断开位置的双向隔离开关
13		熔断器的一般符号
14		供电端由粗线表示的熔断器
15		具有报警触点的三端熔断器
16		具有独立报警电路的熔断器
17		信号灯
18		闪光型信号灯
19		按钮
20		避雷器
21		火花间隙

序号	图 形 符 号	说　　明
22		双火花间隙
23		灭火器

③ 电气工程常用电机及电器图形符号　电气安装及线路敷设中常用电机、变压器、电器具及其绕组图形符号见表 3-3。

表 3-3　电气工程常用电机、变压器等电气设备图形符号

序号	图 形 符 号	说　　明
1	 C	直流发电机
2	 M	直流电机
3	 G ~	交流发电机
4	 M ~	交流电机
5	 M 3~	三相笼型异步电机
6	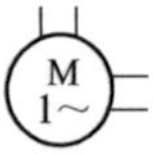 M 1~	单相笼型有分相端子异步电机
7	 M 3~	三相绕线转子异步电机
8	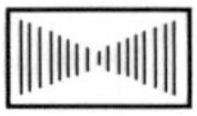	电机铁芯

序号	图 形 符 号	说　　明
9		变压器铁芯
10		带间隙的铁芯
11	形式 1 	双绕组变压器
12	形式 2 	
13	形式 1 	三绕组变压器
14	形式 2 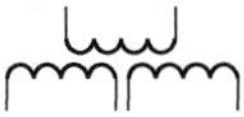	
15		电抗器、扼流圈
16	形式 1 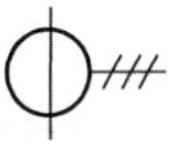	电流互感器
17	形式 2 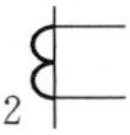	
18		电力变电站
19		直流变流器
20	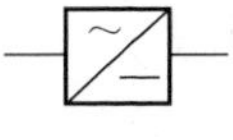	整流器

序号	图形符号	说　　明
21	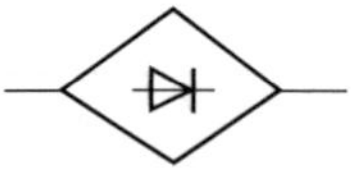	桥式全波整流器
22		逆变器
23	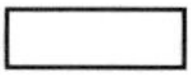	控制箱、控制屏
24		电力配电箱
25		多种电源配电箱(屏)

（2）电缆敷设工程中常用土建图形符号

电缆敷设等电气工程中常用土建施工中涉及门窗、柱墙、路面、沟、孔、坑槽、隧道、通道、房屋等建筑设施及施工机械设备，必须了解其图形符号才能看懂图纸和工艺文件，才能顺利完成施工任务，该类图形符号见表 3-4。

表 3-4　电气工程常用建筑结构及建筑材料图形符号

序号	图形符号	说　　明
1	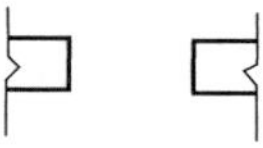	空门洞一般符号
2		单扇门一般符号
3	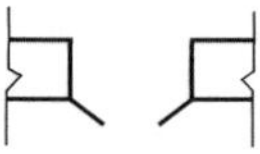	双扇门一般符号

序号	图 形 符 号	说　　明
4		对开折门
5		单扇推拉门
6		双扇推拉门
7		双扇推拉折叠门
8		入口单坡道
9		入口三坡道
10		单层窗一般符号
11		高窗一般符号
12		钢筋混凝土矩形柱

序号	图 形 符 号	说　　明
13	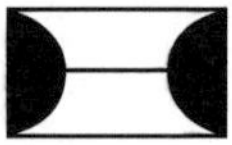	钢筋混凝土工字柱
14		平腹杆双肢柱
15	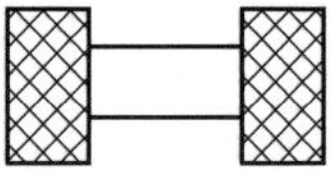	斜腹杆双肢柱
16	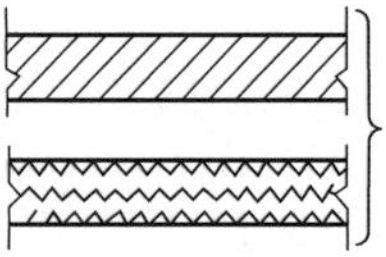	普通砖墙 注:在图中呈浅蓝色
17	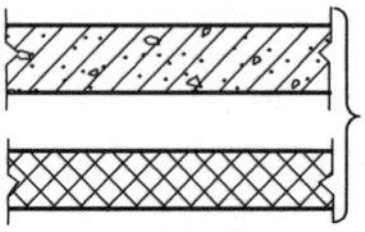	钢筋混凝土墙 注:在图中呈深蓝色
18		管柱
19	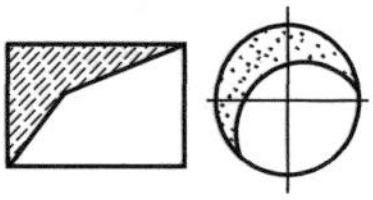	孔洞(左为方孔、右为圆孔)
20		地面检查孔
21		吊顶检查孔

序号	图 形 符 号	说　　明
22	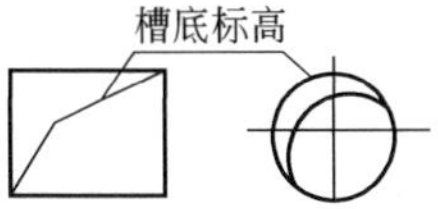 槽底标高	坑槽一般符号
23	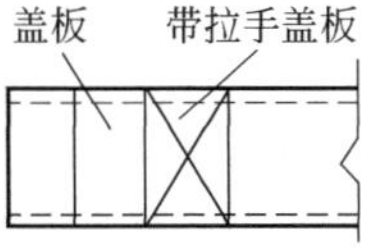 盖板　带拉手盖板	有盖板的地沟
24	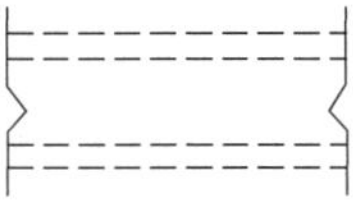	暗地沟
25	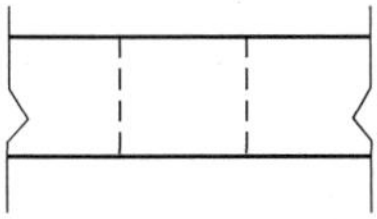	墙上预留洞口
26	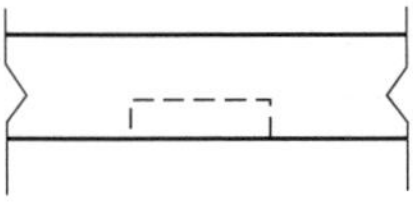	墙上预留槽
27	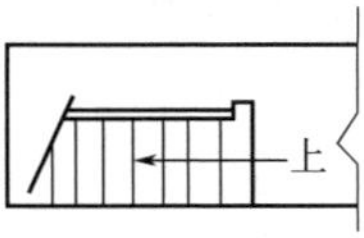 上	底层楼梯
28		人行道(通道)
29		吊车轨道
30	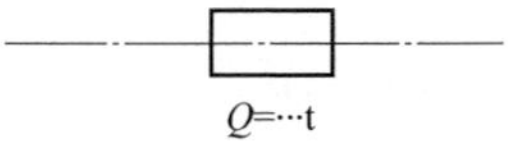 $Q=\cdots t$	单轨起重机(吊车)

序号	图形符号	说　明
31	 $Q=\cdots\mathrm{t},\ L_{\mathrm{K}}=\cdots\mathrm{m}$	悬挂起重机(吊车)
32	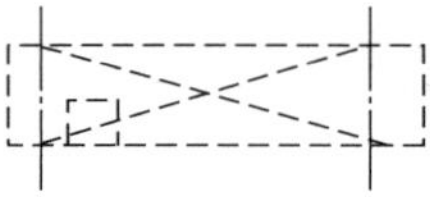 $Q=\cdots\mathrm{t},\ L_{\mathrm{K}}=\cdots\mathrm{m}$	电动桥式起重机
33	 $Q=\cdots\mathrm{t},\ L_{\mathrm{K}}=\cdots\mathrm{m}$	梁式起重机
34	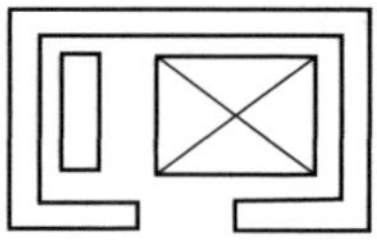	封闭式电梯
35	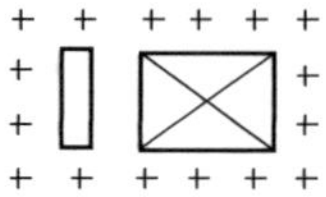	网封闭式电梯
36	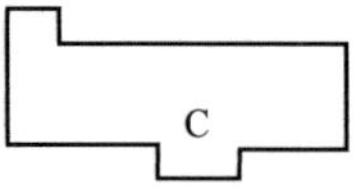 C	工艺设备外形(车床)
37		防水材料或防潮层
38		自然土壤
39		素土夯实
40	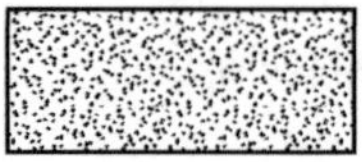	砂、灰土及粉刷材料

序号	图 形 符 号	说　　　明
41	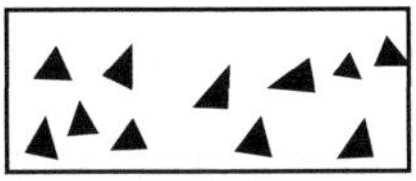	砂石及碎砖三合土
42	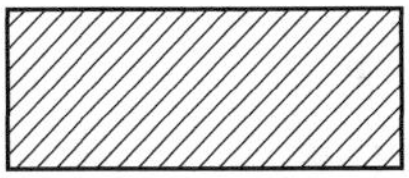	普通砖、硬质砖
43	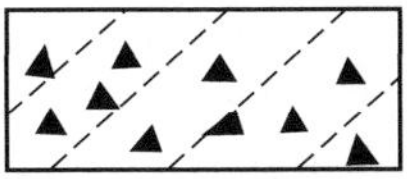	混凝土
44	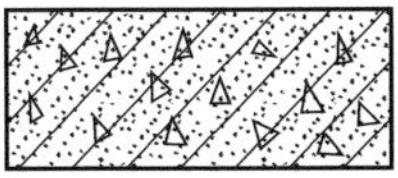	钢筋混凝土
45	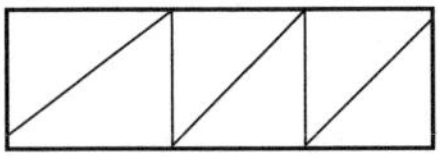	空心砖
46		格网(筛网、过滤网等)
47	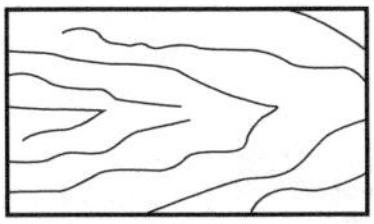	木材纵剖面
48		木材横剖面

（3）图形符号的标注方法

电缆敷设工程是电气工程的一部分，它的图形符号标注方法也与电气工程中电气安装项目标注方式一样，常用文字符号来标注。

① 线路敷设方式的文字符号含义　电缆敷设方式中规定：明敷设用 M 表示、暗敷设用 A 表示、钢索敷设用 S 表示、穿钢管敷设用 DG 表示、穿焊接管敷设用 G 表示，而 DB 则代表直埋敷设、CT 则代表桥架敷设等。

② 线路敷设部位的文字符号含义　电力线路敷设部位常用以下文字来表示：

a. 在砖墙或其他墙上部位敷设用 Q 表示；

b. 沿天棚敷设在屋面及木层顶上用 P 表示；

c. 沿地板敷设在地下用 D 表示；

d. 沿梁、跨梁敷设分别用 YL、KL 表示；

e. 沿柱、跨柱敷设分别用 YZ、KZ 表示；

f. 沿缆沟敷设用 GD 表示。

③ 电气线路及设备标注格式

a. 电气工程中用电设备的标注格式。

例：$\frac{a}{b}$ 或 $\frac{a}{b}\bigg|\frac{c}{d}$

式中　a——电气设备编号；

b——电气设备的额定容量，kW 或 kV·A；

c——线路首端所连接的熔断器熔体电流，A；

d——标高，m。

b. 电力配电设备标注格式。

例：$a\frac{b}{c}$ 或 $a\frac{b\text{-}c}{d(e\cdot f)g}$（本标注带导线规格）

式中　a——电气设备编号；

b——设备型号；

c——设备容量代号，kW 或 kV·A；

d——导线牌号代号；

e——导线根数；

f——导线截面积，mm^2；

g——导线敷设方法。

如某一处挂设的配电箱标注为：$N_3 \dfrac{XL\text{-}3\text{-}2\text{-}35.165}{3\times 35M40G \cdot YZ}$

其中 $N_3 = a$ 为配电箱编号，型号为 XL-3-2、$P_N = 35.165\text{kW}$（b-c），3 根 35mm^2 导线，穿管管径 40mm。

（4）电缆及电气工程中读图、识图方法

图纸是工程技术语言，电缆敷设及电气工程施工中涉及的图纸很多，均要看懂和熟悉后，才能做到按图施工，顺利完成技术语言的交流。

① 图纸种类　电缆及导线敷设电气工程中涉及的图纸种类较多，主要有下列几类。

a. 总体图。总体图包括工程基建布局总平面图、电气工程原理图、电气工程连接方式、设备系统分布图。

b. 组件、部件图。上述几种总体图是由若干环节或系统图组合而成，其中环节装置或分项系统图就属于组件、部件图。

c. 零件图。在电气工程中表示各种零件外形、结构的图为零件图。

d. 图形符号。在电气工程系统中总体图、原理图、组件成部件图或零件图，其最基本的单元就是由若干图形符构成。表 3-1～表 3-4 所列举的就是电气工程施工中常用的电气图形符号。

② 阅读图纸的方法与步骤

a. 读图的方法

ⓐ 先做好基础知识的学习。一张简单的图是由几种形式的线条组成。图的比例大小含义，一个最简单电路是由几部分组成，图中所标代号含义及规格名称等，这些都是基础的东西。

ⓑ 读图、识图应坚持从简到繁的学习方法。先学习各种图形符号，再学习和阅读简单零件图，在此基础上进一步学习组件或部件图，要掌握每个组件图或部件图分别由多少零件或元器件组成，零件之间位置的分布及连接关系如何，最后学习较复杂的总工程平面图、总电气原理图等。在学习总体图过程中，要分清该图由几大

系统或环节构成，它们之间在机械上如何连接和动作，在电气回路中是如何连接的，有没有电磁耦合作用或机电联锁功能等。这样就较完整和系统地学习和掌握了图纸。

b. 读图的具体方法及步骤

ⓐ 学习方法要灵活。不论从简到繁、从零件图到总装图的学习，不要只采用一种死记硬读方法，学习中做到前后有联系、新旧知识相贯穿、结合实物和现场，做到理论与实践相结合的学，边学边干，干中学，学中干。

ⓑ 学习中要多提问题，多请教老技术工人及工程技术人员。在读图中以自学为主，互学相辅，不懂之处多请教，多做笔记和查阅相关资料，做到学习中既知其然又知其所以然。

ⓒ 不同类型图要采用不同方法学习。电气工程安装施工中有基建图、机械图、电气图等多种图纸。学习时既要分别用各自基础知识和技能去读图，掌握各类图结构特点，又要互相融会贯通，把几种类型的图纸结合在一起学，才能将整个工程连在一起。每种图要有重点学，重点掌握。学习过程要记笔记，自己能做到分解图和组合图纸，按图编出施工程序和施工要点。

3.2　电缆敷设的检查评定及竣工验收

3.2.1　电缆线路敷设安装工程质量的检查

工程质量的检查是对电缆线路敷设全部工程中的施工分项目（桥架组件、电缆、电缆终端等）的制作安装、连接的质量进行检验，检查是否按工艺规程质量规范或标准进行施工、是否达到安全用电要求、电气性能是否符合要求、电气连接牢靠与否等。

（1）质量检验形式

无论工程大小，都要先进行自检、互检以及缺陷的整改，再经过施工单位质量部门的检验，最后由监理单位抽检。

① 自检。施工队伍施工班组的自我检查，即检查自己所施工的项目是否合格。

② 互检。施工队中交叉作业的班组间互相检查，并对查出的问题整改。

③ 施工单位专检。由施工单位负责质量的专职检验人员按规范进行检验。这项检验代表产品的出厂检验，非常重要。

④ 监理单位抽检。对中大型工程应由监理部门派专人在现场按规范对工程质量进行监督检查。

⑤ 试送电前的检查。在上述四方面检验合格的前提下，当工程系统各项电气性能全部符合规范质量要求，安全设施齐全，各用电装置各部位都处在断开情况下进行的检查。

⑥ 试运行前的检查。整个线路经过试验达到交接试验标准，电缆线路首末各电气设备及装置经检查正常，即整个线路系统检查合格，此时才能按系统逐项进行通电及试运行。

（2）检查阶段的划分

为确保电缆安装施工工程质量，检查应坚持质量及安全技术标准，贯穿于施工阶段的整个过程。

① 施工前期的检查。此阶段的检查主要由设计单位、建设单位及施工单位负责技术工作的人员组织在一起对工程图纸进行会审；施工单位生产施工及材料管理人员对购置运入现场的材料规格品种、质量进行检测；还应对施工机械设备及测试仪表进行检查调整。

② 施工过程的检查。对施工过程中的各工序工种的施工质量进行检查和记录，检查中发现不符合规程、规范或错误的作业方式方法，应立即加以制止和纠正，指出必须按正确方法和规范施工。

③ 施工后期的检查。按工程各分项施工质量要求进行逐项检查和测试。

3.2.2　电缆敷设安装施工工程的评定

（1）评定组织及人员

电缆施工工程和其他电气安装工程一样，其质量的评定应设立一个专门检查评定组，主要由建设单位领导及动力科室专业人员、建设单位上一级主管、设计单位领导及专业人员、监理单位代表、施工单位领导及专业技术人员、施工班组长参加。

（2）评定的检查项目内容

① 主要检查项目　电缆工程的主要检查项目有电缆线路走向及敷设方式的验证，电缆终端制作检验、电缆敷设规格数量的检查等。这些决定线路安全正常运行的项目，必须符合规范要求。

② 一般检查项目　一般检查项目是指在一定范围内达到规范或质量标准允许有误差值的项目。这些项目在通常情况下不至于影响全局和引发设备或人身事故，如电缆工程中结构件外表防锈处理等。

③ 实测项目的检查　根据施工规范规程或标准规定的质量要求，对敷设安装的电缆所用材料、元器件、设备的指定部位进行实测的检查项目。

④ 电缆敷设安装工程质量检查的依据

a. 设计单位或建设单位提供的图纸资料。主要有工程总图、电缆走向图、施工零位图、技术说明及要求相关资料。

b. 国家及有关工业部门颁发的现行电气含电缆敷设、安装工程标准及规范。

c. 现行的国家有关标准规范。

d. 有关部门颁布的标准或规范。因建设单位性质不同，有冶金、石化、纺织轻工企业等，还应参照这些建设单位主管部门颁布的标准、规范、规程进行检查验收。

e. 地区标准规范。视建设单位所在地而定，应依据相应地区电气工程电缆工程安装的标准进行检查验收。

⑤ 电缆敷设安装工程的检验方法

a. 采用对工程项目的直观检查。检查人员利用自己的手、眼等感觉器官和简单的工具对工程项目的外观及有关尺寸的直观检查。如用眼观察电缆桥架、钢结构件外表防锈层涂刷是否均匀，分支开关柜安装有无倾斜，电缆敷设的拥挤状况；用手摇动标志牌是否结实；用盒尺测量电缆沟宽度及高度是否符合图纸要求；用放大镜观看电缆终端绝缘包扎情况。

b. 采用仪器仪表测试检查。采用专用电工仪器仪表对电缆敷设线路进行电气性能的测试，看其是否符合规范和标准，如用兆欧表测电缆对地绝缘电阻值大小、用耐压试验器对电缆线路进行耐压试验等。

⑥ 电缆敷设安装工程的等级评定 电气安装工程的质量等级评定划分，通常为合格及优良两级。在电缆敷设安装工程中不论是合格或优良项目都必须具备下列两个条件：工程中主要项目均须达到规定标准；工程中一般项目应基本达到规定标准。

在达标前提下，对允许有偏差的分支项目抽查点达 80％及以上标准的，可评定为合格工程项目；90％及以上达到标准的可评定为优良工程项目。

3.2.3 电缆敷设安装施工工程的验收

不论是新建、扩建、改建或迁建工程中的电缆敷设安装工程，通过自检、互检、专检和监理复检合格、各种测试合格，又经通电试运行正常，符合通电供电条件，则可以组织按程序进行交工验收，并办理签证交工验收证书有关事宜。验收中应备齐和建立以下文字性文件资料作为依据。

（1）竣工分支项目表

该一览表应包括工程编号、工程名称、工程地点、电缆敷设线路总长度、电缆根数（路数）、所选用电缆及附件型号、规格、数量、价格、制造厂名以及敷设方式等内容。

（2）要有完整的工程竣工图

按设计图纸施工如无变化，施工单位将原设计图复制一份供建设单位存档；有变更的，重新绘制变更图纸、技术要求及施工说明。

（3）施工设备、材料证书

施工单位将施工中所涉及的设备列出清单，所购买的电缆及组件、附件，列出生产厂家名称并附合格证及使用说明书，还需施工中调整记录资料等。

（4）隐蔽工程记录或照相图片

对于隧道敷设，过桥、跨路敷设的应由建设单位签证认可或附隐蔽处拍摄的照片。

（5）质量检验和评定资料

用表格形式将施工单位的自检、互检及监理单位的复验项目及参数记在表内供建设单位归档。

（6）调试及整改记录

应将施工中对电缆线路整体及分支项目的调试数据及施工中发现问题，通过整改合格的资料，由施工单位整理成文件。

（7）电缆交接验收重点

① 所敷设电缆规格型号与图纸相符，电缆排列整齐、通风、防水设施齐全。

② 电缆的固定、弯曲半径、电力电缆的金属护层、相序排列等符合设计要求。

③ 电缆终端、电缆接头及充油电缆安装应牢固，不得有渗漏现象，充油电缆油压及表计整定应符合要求。

④ 电缆终端的相色应正确，电缆支架、金属件防腐应良好。

⑤ 电缆沟内无杂物、积水，盖板应齐全。

⑥ 直埋电缆路径应有标志，填实牢固。

⑦ 水底电缆两岸，禁锚区的标志和夜间照明装置应符合设计要求。

⑧ 防火措施要齐全、有效且符合要求。

⑨ 各种试验、中间记录、原始记录、施工记录、资料文件变更记录要齐全。

3.3　电缆线路敷设施工质量标准与要求

电缆线路的敷设与安装施工是电气装置安装过程中的重要环节，必须严格控制好施工工艺和把好质量关，施工过程及竣工验收必须按标准进行检查和验收。

3.3.1　与电缆线路安装有关的建筑工程施工标准

（1）与电缆线路安装有关的建筑物、构筑物的建筑工程质量，应符合国家现行的建筑工程施工及验收规范中的有关规定。

（2）电缆线路安装前，建筑工程应具备下列条件

① 电缆沟、隧道、竖井及人孔等处的地坪及抹面工作结束，养护周期已过，并能踩踏。

② 电缆层、电缆沟、隧道等处的施工临时设施、模板及建筑废料等清理干净，施工用道路畅通，盖板、井盖齐全。

③ 电缆线路敷设后，不能再进行的建筑工程工作应结束。

④ 电缆沟内排水畅通，电缆室的门窗安装完毕。

（3）电缆线路安装完毕后投入运行前，建筑工程应完成由于预埋件补遗、开孔、扩孔等需要而造成的建筑工程修饰工作。

（4）电缆及其附件安装用的钢制紧固件，除地脚螺栓外，应用热镀锌制品。

（5）对有抗干扰要求的电缆线路，应按设计要求采取抗干扰措施。通常应将铝包或铅包单独屏蔽接地，接地电阻≤1Ω。

（6）电缆线路的施工及验收，除按本规范的规定执行外，还应符合国家现行的有关标准规范的规定。

3.3.2　电缆运输与保管质量标准及要求

电缆的搬运与保管是电缆敷设前的重要工作，错误地搬运和保管，会使电缆受到一定的损伤，缩短其使用寿命，以致电缆报废。

（1）在运输装卸过程中，不应使电缆及电缆盘受到损伤。严禁将电缆盘直接由车上推下。电缆盘不应平放运输、平放存贮，电缆盘从出厂到安装前所有的过程都应保持立放。

（2）运输或滚动电缆盘前，应检查电缆在盘内已绕紧，电缆盘必须牢固可靠，否则应先加固。充油电缆至压力油箱间的油管应固定好，不得损伤。滚动电缆盘时必须顺着电缆的缠紧方向滚动，道路应平整，滚动时不得跨越凸起物，以免挤伤电缆。

（3）电缆及其附件到达现场后，其电缆型号、规格、长度应符合订货要求，附件齐全，电缆外观无损伤。产品的技术文件资料应齐全。

（4）电缆应集中分类存放，并标明型号、电压、规格、长度。电缆盘间应有通道，地基坚实，不得积水，否则应在地面垫以枕木。在保管期间，应每 3 个月进行一次检查，其内容有：①检查木盘或铁盘是否完整；②电缆端部是否严密完好；③铠装是否紧凑，有无锈蚀；④电缆的各种标志是否齐全；⑤充油电缆应检查油压是否正常。

（5）电缆终端瓷套在贮存时，应有防止受机械损伤的措施。

（6）电缆附件的绝缘材料的防潮包装应密封良好，并应根据材料性能和保管要求贮存和保管。

（7）电缆桥架应分类保管，不得受力变形。

3.3.3　电缆敷设的质量标准及要求

（1）电缆通道畅通，排水良好；金属部分的防腐层完整；隧道内照明、通风符合要求。

（2）电缆型号、电压等级、规格应符合设计。

（3）电缆外观应无损伤、绝缘良好，当对电缆的密封有怀疑时，应进行潮湿判断；直埋电缆与水底电缆应经试验合格。

（4）充油电缆的油压不宜低于 0.15MPa；供油阀门应在开启位置，动作灵活；压力表指示应无异常；所有管接头应无渗漏油；油样应试验合格。

（5）电缆放线架应设置稳妥，钢轴的强度和长度应与电缆盘重量和宽度相配合。

（6）敷设前应按设计和实际路径计算每根电缆的长度，合理安排每盘电缆，减少接头。

（7）在带电区域内敷设电缆应有可靠的安全措施。

（8）电缆敷设时不应损坏电缆沟、隧道、电缆井和人井的防水层。

（9）三相四线制系统中应采用四芯或五芯电力电缆，不应采用三芯电缆另加一根单芯电缆或以导线、电缆金属护套作中性线。在三相三线系统中，不得将三芯电缆中的一芯接地运行。

（10）并联使用的电力电缆其长度、型号、规格宜相同。

（11）电力电缆在终端头与接头附近应留有备用长度。

（12）电缆各支持点间的距离应符合设计规定。当设计无规定时，不应大于表 3-5 中数值。

表 3-5　电缆各支持点间的距离　　　　　　　　mm

电　缆　种　类		敷　设　方　式	
		水　平	垂　直
电力电缆	全塑型	400	1000
	除全塑型外的中低压电缆	800	1500
	35kV 及以上高压电缆	1500	2000
控制电缆		800	1000

注：全塑型电力电缆水平敷设沿支架能把电缆固定时，支持点间距离允许为 800mm。

（13）电缆的最小弯曲半径应符合表 3-6 的规定。

表 3-6　电缆最小弯曲半径

电　缆　形　式			多　芯	单　芯
控制电缆			10D	
橡胶绝缘电力电缆	无铅包、钢铠护套		10D	
	裸铅包护套		15D	
	钢铠护套		20D	
聚氯乙烯绝缘电力电缆			10D	
交联聚乙烯绝缘电力电缆			15D	20D
油浸纸绝缘电力电缆	铅包		30D	
	铅包	有铠装	15D	20D
		无铠装	20D	
自容式充油(铅包)电缆				20D

注：表中 D 为电缆外径。

（14）黏性油浸纸绝缘电缆最高点与最低点之间的最大位差，不应超过表 3-7 的规定，当不能满足要求时，应采用适应于高位差电缆。

表 3-7　黏性油浸纸绝缘铅包电力电缆的最大允许敷设位差　m

电压/kV		电缆护层结构	铅套	铝套
黏性油浸纸绝缘电力电缆	1～3	无铠装	20	25
		铠装	25	25
	6～10	铠装或无铠装	15	20
	20～36	铠装或无铠装	5	
充油电缆		按产品规定		

（15）电缆敷设时，应从盘的上端引出，不应使电缆在支架上及地面摩擦拖拉。电缆上不得有铠装压扁、电缆绞拧、护层折裂等未消除的机械损伤。

（16）机械敷设电缆的速度不宜超过 15m/min，110kV 及以上电缆或在较复杂路径上敷设时，其速度应适当放慢。

（17）机械敷设电缆时，应在牵引头或钢丝网套与牵引钢缆之间装设防捻器。

（18）油浸纸绝缘电力电缆在切断后应将端头立即铅封；塑料绝缘电缆应有可靠的防潮封端；充油电缆在切断后还应符合下列要求。

① 在任何情况下，充油电缆的任一段都应有压力油箱保持油压。

② 连接油管路时，应排除管内空气，并采用喷油连接。

③ 充油电缆的切断处必须高于邻近两侧的电缆。

④ 切断电缆时不应有金属屑及污物进入。

（19）敷设电缆时，电缆允许敷设最低温度，在敷设前 24h 内的平均温度以及敷设现场的温度不应低于表 3-8 的规定；当温度低于表 3-8 规定值时应采取措施。

（20）电力电缆接头盒的布置应符合下列要求

① 并列敷设的电缆，接头盒位置应相互错开，错开距离一般为 1m。

② 电缆明敷时，接头盒需用强度较高的绝缘托板托置固定。

表 3-8　电缆允许敷设最低温度

电 缆 类 型	电 缆 结 构	允许敷设最低温度/℃
油浸纸绝缘电力电缆	充油电缆	−10
	其他油纸电缆	0
橡胶绝缘电力电缆	橡胶或聚氯乙烯护套	−15
	裸铅套	−20
	铅护套钢带铠装	−7
塑料绝缘电力电缆	聚氯乙烯或聚乙烯护套	0
控制电缆	耐寒护套	−20
	橡胶绝缘聚氯乙烯护套	−15
	聚氯乙烯绝缘聚氯乙烯护套	−10

如与其他电缆并列敷设，应用耐电弧隔板予以隔离。绝缘板、电弧板伸出接头盒两端的长度不小于 600mm。

③ 直埋电缆接头盒外应有防止机械损伤的保护盒（环氧树脂接头盒除外）。位于冻土层内的保护盒，盒内宜注以沥青。

（21）电缆敷设时应排列整齐，不宜交叉，及时固定并装设标志牌。

（22）在下列地方应将电缆加以固定并符合固定要求

① 垂直敷设或超过 45°倾斜敷设的电缆在每个支架上；桥架上每隔 2m 处。

② 水平敷设的电缆，在电缆首末两端及转弯、电缆接头的两端处；当对电缆间距有要求时，每隔 5~10m 处。

③ 单芯电缆的固定应符合设计要求。

④ 交流系统的单芯电缆或分相后的分相铅套电缆的固定夹具不应构成闭合磁路。

⑤ 裸铅（铝）套电缆的固定处应加软衬垫保护。

⑥ 护层有绝缘要求的电缆，在固定处应加绝缘衬垫。

（23）沿电气化铁路或有电气化铁路通过的桥梁上明敷电缆的金属护层或电缆金属管道，应沿其全长与金属支架或桥梁的金属构件绝缘，通常垫以尼龙垫并使用尼龙卡子固定，卡子和垫应配套。

（24）电缆进入电缆沟、隧道、竖井、建筑物、盘（柜）以及穿入管时，出入口应封闭，管口应密封。现在一般用防火胶泥封堵。

（25）装有避雷针的照明灯塔，电缆敷设时应符合 GB 50169—1992《电气装置安装工程接地装置施工及验收规范》的有关要求。采用直埋于地下的带金属护层的电缆，护层可靠接地，埋地长度大于 10m，方可与配电装置的接地网相连或与电源线、低压配电装置相连接。

3.4　电缆敷设工程接地装置安装质量标准

电缆敷设竣工前的接地系统必须按电气工程安装规范安装、埋设、连接好。

（1）应做工作接地和保护接地装置的设备及其部位

① 对于电力电缆终端盒的金属外壳、电缆的金属外皮、配线用钢管。

② 电缆隧道内电缆架上沿全长敷设的接地带。

（2）应重复接地的范围及要求

无专用零线或用金属外皮作零线的电缆应重复接地。

（3）在具有爆炸和火灾危险的建筑物内，电气设备的接地和接零要求

① 电缆的金属外皮以及金属外皮两端已接地的电缆金属支架可以不接地，其余均需接地或接零。

② 控制电缆的金属外皮需接地或接零。

③ 移动电器应用专用接地线接地；爆炸危险场所内的金属管线及电缆的金属外皮，只能作辅助接地。

④ 不得利用输送爆炸危险物质的管道作接地线。

⑤ 不得利用蛇皮管、管道保温层的金属外皮或金属网以及电缆金属护层作接地线。

（4）输电线路中，电缆线路电缆外皮的两端应接地。

（5）接地体和接地线的选择应符合设计要求。当利用自然接地体和接地线时，应符合下列要求。

① 可利用的自然接地体　埋设在地下的金属管道（可燃或装有爆炸介质的管道除外）及与大地可靠连接的建筑物的金属构架。

② 可利用的自然接地线

a. 建筑物的金属结构（梁、柱及设计规定的混凝土结构内部的钢筋）。

b. 设备的金属构件（行车轨道、配电装置的外壳、走廊、平台、电梯竖井、起重机与升降机的构架及运输皮带的钢梁等）。

c. 配线钢管。

（6）接地装置所用的材料，应符合表 3-9 的规定。对强烈腐蚀性土壤中埋设的接地体，应采取热镀锡、镀锌等防腐措施，或适当加大截面。

表 3-9　接地装置用钢材的最小尺寸

种类、规格及单位		地上		地下	
		室内	室外	交流电流回路	直流电流回路
圆钢直径/mm		6	8	10	12
扁钢	截面/mm²	60	100	100	100
	厚度/mm	3	4	4	6
角钢厚度/mm		2	2.5	4	6
钢管管壁厚度/mm		2.5	2.5	3.5	4.5

注：电力线路杆塔的接地体引出线的截面不应小于 50mm²，引出线应热镀锌。

（7）埋入地下的接地体或接地线，不能用裸铝导体制造。

（8）敷设在金属结构上的照明电缆线路利用金属结构作零线时，应将金属结构可靠接地。

（9）接地体的选择和预制要求

① 接地体的材料、尺寸应符合设计要求。

② 棒状接地体垂直埋设、长度为 2.5m 时，直径或截面：圆

钢为 $\phi 10\text{mm}$；钢管 $\phi 50\text{mm}$；角钢为 $40\text{mm} \times 40\text{mm} \times 4\text{mm}$（交流回路）和 $45\text{mm} \times 45\text{mm} \times 6\text{mm}$（直流回路）两种。

③ 带状接地体水平埋设时，接地体可采用截面为 100mm^2 的扁钢。

④ 板接地体垂直埋设时，接地体可采用截面为 $0.5 \sim 1\text{m}^2$ 的钢板（或有孔的钢板）。

⑤ 制作接地体应按设计尺寸下料，棒状接地体打入地下的一端应加工成尖状。

（10）接地体的布置和埋设要求

① 接地体的布置应符合设计要求。

② 接地体的间距，一般应为其长度的 2 倍（约 $4 \sim 5\text{m}$）。

③ 接地体和建筑物基础之间的距离一般应不小于 1.5m，距露天装置内部围栏的距离应不小于 1m，与门及人行道的距离应不小于 2.5m，供引出用的接地线与建筑物基础的距离应不小于 1m。

④ 接地线与独立避雷针的接地线同时埋在地中时，其埋在地下的部分之间的距离应不小于 3m。

⑤ 埋设接地体时，应按设计要求开挖接地体沟，一般沟深应为 0.8m，沟宽为 0.5m。

⑥ 接地体应垂直打入地下，并避免将上端打裂，必要时还应加保护帽。

⑦ 人工接地体的埋设尺寸，可按图 3-1 确定。埋入接地后，应将化学处理物（如炉渣、氮肥渣、木炭、石灰、废碱液、食盐等）与土壤均匀混合后再夯实。

（11）接地体的连接要求

① 扁钢应经过平整。扁钢和接地体焊接时，应焊在距接地体最高点 100mm 以下的位置上。

② 焊接应符合图 3-2 的要求。焊接应平整、无夹渣、气孔及间断、未焊透和咬边等现象，焊渣应除净，焊接应牢靠。

③ 扁钢与扁钢的焊接宜采用搭焊接，搭接长度应为扁钢宽度的 2 倍。

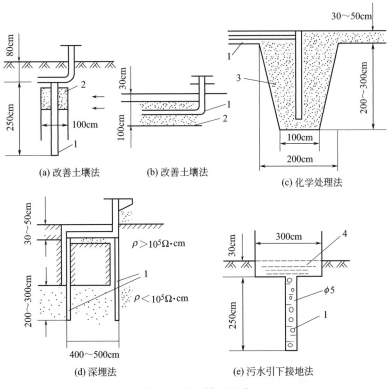

图 3-1　人工接地尺寸

1—接地体；2—黏土；3—化学处理；4—污水池

　　④ 扁钢与圆钢的焊接采用搭接焊时，搭接长度为圆钢直径的 6 倍。

　　（12）明敷接地线的要求

　　① 接地线敷设前应矫正，敷设后应平整美观，连接应牢固；引下线应垂直固定，不弯曲。

　　② 接地线上易受机械操作损伤处，应加钢管或钢保护。

　　③ 接地线过墙时应加坚固的套管或钢管保护。

　　④ 接地线应用螺栓或焊接卡子牢靠地固定在支持件上；支持件的间距，在水平直线方向上应为 1～1.5m，垂直直线方向上应

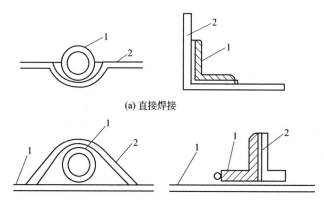

(a) 直接焊接

(b) 附加扁钢焊接

图 3-2　接地扁钢的焊接
1—接地体；2—附加扁钢

为 1.5～2m，转弯处应为 1m。

⑤ 接地线的过伸缩缝部分，应留有伸缩余量（做成 Ω 形），并分别于离线端头 100mm 的两处加以固定。

（13）接地线的敷设位置，应不妨碍设备的拆卸与检修。

（14）接地装置敷设完毕，应及时回填土并夯实，回填土内不应夹有石块、建筑材料和垃圾等。

（15）埋设在地中的接地体上不应涂漆，但接地线可涂漆。

（16）接地线的涂色要求

① 明敷接地线表面应涂以用 10～100mm 宽度相等的绿色和黄色相间的条纹。

② 中性线宜涂淡蓝色标志。

（17）接地线的连接应牢固，电机与电器的外壳以及可移动的金属构架之间的接地线应采用螺栓连接，对潮湿或含有腐蚀性气体场所的接地点，应进行防锈和防腐蚀的处理。

（18）接地线与接地干线的连接点应接触良好。

（19）钢管接地线的连接要求

① 暗敷时在钢管接头的两侧，每侧焊两点。

② 用电缆电线管作接地线时，应先焊接地线后穿线。

3.5　电缆敷设施工用工艺装备

产品生产、安装、调试、修理过程中所采用的工、模、卡具及各类加工机械设备及仪表、仪器统称工艺装备。电缆敷设安装施工，必须有一套完整的工艺装备，才能完成敷设工艺及保证敷设线路质量。

3.5.1　通用工艺装备

（1）通用工具模具

电缆敷设施工属于电气设备安装调整，电缆在施工中常用通用工具为电工工具，如电工钳、断线钳、广嘴钳、尖嘴钳、偏嘴钳、电工刀等，盒尺、直尺、手锤、手工锯、无齿锯等瓦工工具以及铁锨。

（2）专用工具

电缆施工中常用专用工具及模具有油压钳、各类铜接头用的阴、阳模。

（3）通用机电设备

常用通用机电设备有电焊机、氧气-乙炔焊枪、各吨位千斤顶、各吨位的超重运输机械，如吊车、载重汽车、吊链、钢丝绳索、磅秤、混凝土搅拌机、手推车、振动器。

（4）测试仪表、仪器

测试仪表、仪器主要有示波器、绝缘电阻计、电流表、电压表、耐压试验设备、电桥、水平仪等。

上述（1）～（4）中工模具及机电设备具体规格、型号、数量因各施工单位承接施工能力及范围不同，不一一列出。

3.5.2　专用工艺装备

（1）成套电缆敷设机械

电缆敷设通用工艺装备只适用手工敷设施工、设备多、利用率小、占地面积大的施工场所，使用时劳动强度大。对于大型施工单位，承接国家及地区或跨地区电缆敷设工程，必须有效率高的成套敷设机械，如 DLFJ-2 型成套电缆敷设机械，可有效地代替人力，使电缆敷设机械化，满足了发电厂、变电站等场合的电缆隧道、沟道及夹层内敷设电缆的要求。

该装置由电缆牵引机、电气控制台、传动导向滑轮及一对电缆盘支架四部件组成。牵引机装有三相交流 380V、750W、4 极异步电机一台，牵引力 1500N，外形尺寸 439mm×339mm×360mm，重 45kg，牵引速度 15.8m/min，可以较窄的电缆沟道中敷设直径为 10～70mm 的各种电力电缆或控制电缆，电缆盘支架承重 7t。电气控制台和每台牵引机上都装有"前进"、"后退"、"停止"三个按钮，可在任何一台牵引机上对全线同时控制。其短路和过载保护可在故障情况下自动断开电源，按 300m 内有 3～5 个拐弯点、电缆截面为 $3×240mm^2$（10kV）以下的敷设情况，可用 15 台牵引机、一对电缆盘支架、一只电气控制箱和 150 只各种型号的导向滑轮配套（也可按实际敷设长度配套）。

通过在电缆敷设施工现场试用这套装置，证明其可节约劳动力，降低劳动强度，提高施工效率，加快电缆敷设速度，而且不会损伤电缆，降低电缆（特别是纸绝缘电缆）的绝缘强度，可确保施工质量和安全。

（2）专用施工器具

电缆连接器（如我国浙江象山冶金电器设备厂产品），是以插接方式把两段电缆可靠、方便连接起来的专用电器，它由插头、插座两部分组成。主要适用于起重机、起重电磁铁、运输小车、电磁除铁器、磁分离器等可移动式设备的供电与控制。

该产品主要特点是插件镀银、表面镀铬，并装有防水、耐油、耐温橡胶密封圈，具有防浸、防滴、防水的功能。如浸水 24h 内部无水迹，在安装处以阵雨滴水 10min 或用 10m 射程水柱直喷该产品均不影响其正常工作，因此非常适合在冶金、化工、矿山、港口等水汽、酸气等环境较为恶劣的地方使用。主要技术参数见表 3-10。

表 3-10　产品技术参数（电缆连接器）

型号	C_2^T40							C_2^T50			
规格	02060	04060	06030	08030	10010	12010	14010	06060	08060	10030	12030
极数	2	4	6	8	10	12	14	6	8	10	12
额定电压/V	550				250			350			
额定电流/A	60		30		10			60		30	
短时电流/A	165		92		32			165		92	
最大电流/A	90		45		15			90		45	
插入力/N	0.75	1.5	2	2.5	2.5	3	3.5	2	2.5	3	4
拔出力/N	7	12	12.5	14	7.5	11	12	12.5	14	16	17
插头质量/kg	方:1.25;圆:1.1							方:1.4;圆:1.3			
插座质量/kg	1.1							1.0			

第4章　电缆敷设施工工艺程序

敷设电力电缆，应在确保安全运行的前提下，力争节约投资，同时要满足施工和维护的要求，这就是敷设电力电缆的基本原则。本章重点介绍电力电缆及控制电缆直埋敷设、混凝土缆沟敷设、电缆架空敷设、电缆穿钢管敷设、电缆穿海底及隧道敷设等施工方法及工艺程序。

4.1　电缆敷设的线路选择

4.1.1　电缆线路的类型

电缆线路的类型可归纳为硬管型（如钢管电缆）、软管型（如油浸纸绝缘电缆、固体挤压聚合电缆）及悬挂型（如架空电缆）三类。由于电缆的刚性不同，对路径就有不同的要求。

（1）硬管型

硬管型电缆线路的敷设安装方式，多数情况下是先将管道埋设在地下，再将电缆线芯穿过管道内。为了减少电缆接头数量，应尽量增加拉入长度，而拉入长度又与线路弯曲度有关。路径应尽可能为直线路径，必须弯曲时，其弯曲半径应加以控制。硬管型电缆通常适用于公路或成直线的道路。

（2）软管型

软管型电缆线路敷设安装方式的技术要求比硬管型要低，路径选择比较灵活。由于电缆装盘长度短（约 $200\sim300\mathrm{m}$），对于弯曲较多的道路，仍便于安装，在遇有其他地下管线也便于交叉。

（3）悬挂型

电缆架空敷设或架空电缆都可以不受道路方向的制约，能充分利用空间，按最短直线距离安装。比较适用于临时性工程。

4.1.2　电力电缆线路路径选择

电缆线路路径选择,是指从电源点到受电点的电缆线路,在经济上最合理的路径设计。

电缆线路的路径选择通常取决于道路的结构,如路面和路基的种类。此外城市中的各种地下管线较多(如水管、煤气管、电话电缆等),要考虑彼此间的相互关系,不但要满足近期工程的需要,而且要符合城市远景规划和电力发展规划,并在技术和经济上获得最佳利益。总体来说,电缆线路路径选择需要考虑以下因素。

① 电缆投入运行后不致遭到各种破坏,如机械外力、振动力、化学腐蚀、杂散电流和热影响等。

② 符合城市和电力系统远景发展规划及要求。

③ 尽量选择土质较好、水位较低的路径,减少穿越各种管道、铁路、公路及各种建筑物,以便于施工、检修维护。较长的电缆线路有时由于电缆平行根数的密集程度不同,则要用多种方式安装。

④ 选择最佳路径,同时要避免频繁改道,以减少投资。

⑤ 电缆线路路径最理想的路基是沉积层或沙土层,不选择岩石、河滨复填地段,防止路基不均匀沉降对电缆线路造成影响。用工业或生活垃圾填复的路基,用中性软土更换,以防止对电缆金属护套的化学腐蚀。

⑥ 电缆线路为了便于安装和日后维修,要求路面容易开挖,并能承受一定的载重。人行道路面常为最佳选择,也对其他管线同样适用,因此,通常城市中的地下管线布置为:一侧人行道下是电力电缆、自来水管;另一侧为电话电缆和煤气走廊,以防止相互影响。

4.2　电缆线路的安装方式

电力电缆及控制电缆敷设方式应根据电缆敷设单位或地区的地理条件与环境、敷设电缆用途、供电方式、投资情况而定,可采用直埋式、缆沟式、架空式、穿管式、水底式等。

(1) 电缆直埋敷设方式

该方式施工工作量相对（同等线路长度）要轻，一般用于10kV及以下电力电缆和控制电缆的敷设安装。安装要求应将电缆线路敷设在不经常受车辆等重压的地区，埋设线路地下土质应干燥，土壤内无有害液体和固体物质，即不适宜化工厂区等采用，敷设成本相对低，但不方便维护和寻找故障。

（2）电缆缆沟敷设方式

该方式适用35kV及以下电缆与控制电缆等，电缆沟土建工程量大，成本高，但便于维护保养，保养工作量大，缆沟内不能大量积水，通风设施也要齐全，线路走向不受限制。

（3）电缆架空敷设方式

凡不宜采用上述两种敷设方式的地域地段，以及采用架空敷设方式时不影响车辆通行（高度方向）均可采用此方式，适用于各类电压等级电缆敷设。架空电缆金属结构件用量大，钢材用量大，敷设成本较高，此方式电缆线路便于维护保养和检修。

（4）电缆穿管敷设方式

该方式用于10kV以下电缆及控制电缆、电气装备电缆敷设。通常用于恶劣环境地区，如化工厂、冶炼厂等。穿管敷设又分明敷、暗敷两种，视具体情况而定，该方式对电缆维护保养也不便。

（5）电缆水底敷设方式

该方式适用于10~35kV电力电缆的敷设，这是一种特殊敷设方式，专用于水底电缆的敷设。对电缆、附件及施工要求均很高，施工难度也大，成本高。

4.3　电缆的检查和试验

4.3.1　电缆的检查

电缆及附件运至现场后，应进行检查，产品的技术文件应齐全，如合格证、说明书、试验记录、标志等；电缆的型号、规格、电压等级、绝缘材料应符合图样要求，附件应齐全；电缆的封端必须严密，当经外观检查有怀疑或发现漏油、滴油痕迹时，应进行潮湿判断与试验；充油电缆的压力油箱容量及油压应符合电缆说明书上油压变化的要求且油样试验合格，油压不宜低于 0.15MPa；包装完整无损伤。

4.3.2 电缆安装敷设前的试验

电缆安装敷设前应做绝缘电阻的测试和直流耐压试验并测量泄漏电流，试验应有详细记录，以便于竣工试验进行对比及参考。

（1）绝缘电阻的测试

规范对绝缘电阻的测试未做阻值的规定，一般情况下，电力电缆应按表 4-1 要求进行，作为电缆开封或送电前绝缘状况的依据。

表 4-1 电力电缆绝缘电阻阻值

电压等级及类别	使用摇表规格	绝缘电阻内容	换算到长 1km、20℃时的绝缘电阻
3kV 及以下黏性油浸	1000V	相-相 相-地（铅包）	≥50MΩ
3kV 及以下干绝缘	1000V	相-相 相-地	≥100MΩ
6～10kV	2500V	相-相 相-地	≥200MΩ
35kV	2500～5000V	相-相 相-地	＞500MΩ

换算方法可用公式进行：

$$R_t = \alpha_t R_L \frac{L}{1000} \quad (M\Omega/km) \tag{4-1}$$

式中　R_t——换算后的绝缘电阻值，$M\Omega/km$；

　　　α_t——绝缘电阻温度系数，见表 4-2；

　　　R_L——被测电缆绝缘电阻的测定值，$M\Omega$；

　　　L——被测电缆的长度，m。

表 4-2 绝缘电阻温度系数

温度/℃	0	5	10	15	20	25	30	35	40
温度系数 α_t	0.48	0.57	0.70	0.85	1.0	1.13	1.41	1.66	1.92

这里要注意，电缆的绝缘测试与其他绝缘电阻的测试略有不同，应将"L 端"接被测线芯，"E 端"接地（铅包），测量线（相）间时"E 端"接线芯，"G 端"为保护屏蔽端，测量电缆时应

接在被测线芯的内层绝缘物上，以消除因表面漏电而引起的误差。

测量结果，三相不平衡系数一般不大于 2.5。

① 无封端的橡胶、塑料电力电缆可用摇表按上述接线方法进行绝缘电阻的测量，测量前可用蘸有汽油的棉丝将端头的线芯擦干净或者用锯将端头锯 10～20mm，露出新线芯，再进行测量。无封头的电缆随时可进行绝缘电阻的测量。

② 有铅包封头的各类电缆通常在制作电缆头时才进行绝缘电阻的测量，同时进行潮湿判断和直流耐压试验。因为有封头的电缆属黏油浸纸绝缘、不滴流油浸纸绝缘类，易受潮。因此，开封即连续作业，直至做完。开封的同时还需将锯断处剩下不用段的端头进行铅封，以免受潮。测量方法及要求同前。

（2）潮湿判断

当对油浸纸绝缘电缆的密封有怀疑时，应进行潮湿判断。电缆开封后，将靠近铅（铝）包处导线线芯的绝缘纸，用干燥洁净的镊子撕下几条，用火柴点燃，若没有嘶嘶声或白色泡沫出现，即说明未受潮；或者将其放入 150～160℃ 的电缆油或变压器油盘内，若没有嘶嘶声或白色泡沫，也说明未受潮。

有时也可将电缆线芯直接浸到 150℃ 的电缆油或变压器油锅内，同上述方法进行判断。浸入前先用干燥洁净的钳子将线芯松成伞状。

如电缆受潮，应将电缆锯掉一截，再进行上述的试验，直至没有白色泡沫或嘶嘶声出现。每次锯割的长度，由白色泡沫或嘶嘶声的程序而定。一般情况下，每次锯割长度最大不应超过 800mm。

受潮试验完毕后，应立即进行绝缘电阻的测试、耐压试验及电缆头的制作，否则立即封头。

（3）直流耐压试验

3kV 及以上的电力电缆应做直流耐压试验，试验电压可分为 5 段均匀上升，每阶段停留 1min，并读取泄漏电流值，升到试验电压时应停留的时间及试验电压见表 4-3～表 4-7。

表 4-3　黏性油浸纸绝缘电缆直流耐压试验电压标准

电缆额定电压 U_0/U/kV	0.6/1	6/6	8.7/10	21/35
直流试验电压/kV	6U	6U	6U	5U
试验时间/min	10	10	10	10

表 4-4　不滴流油浸纸绝缘电缆直流耐压试验电压标准

电缆额定电压 U_0/U/kV	0.6/1	6/6	8.7/10	21/35
直流试验电压/kV	6.7	20	37	80
试验时间/min	5	5	5	5

表 4-5　塑料绝缘电缆直流耐压试验电压标准

电缆额定电压 U_0/kV	0.6	1.8	3.6	6	8.7	12	18	21	26
直流试验电压/kV	2.4	7.2	15	24	35	48	72	84	104
试验时间/min	15	15	15	15	15	15	15	15	15

表 4-6　橡胶绝缘电力电缆直流耐压试验电压标准

电缆额定电压 U/kV	6
直流试验电压/kV	15
试验时间/min	5

表 4-7　充油绝缘电缆直流耐压试验电压标准

电缆额定电压 U/kV	66	110	220	330
直流试验电压/kV	2.6U	2.6U	2.3U	2U
试验时间/min	15	15	15	15

注：1. 表 4-3～表 4-7 中的 U 为电缆额定线电压，U_0 为电缆线芯对地或对金属屏蔽层间的额定电压。

2. 黏性油浸纸绝缘电力电缆的产品型号有 ZQ、ZLQ、ZL、ZLL 等；不滴流油浸纸绝缘电力电缆的产品型号有 ZQD、ZLQD 等；塑料绝缘电缆包括聚氯乙烯绝缘电缆、聚乙烯绝缘电缆及交联聚乙烯绝缘电缆；聚氯乙烯绝缘电缆的产品型号有 VV、VLV 等；聚乙烯绝缘及交联聚乙烯绝缘电缆的产品型号有 YJV 及 YJLV 等；橡胶绝缘电缆的产品型号有 XQ、XLQ、XV 等；充油电缆的产品型号有 ZQCY 等。

3. 交流单芯电缆的护层绝缘试验标准，可按产品技术条件的规定进行。

此外，应注意以下几点。

① 试验必须在干燥无风天气进行，避免潮气侵入或灰尘滴落，

否则应有一定的防护措施。

②电缆有封头时，开封可锯割端头或用喷灯烤化铅封，然后将外皮的钢甲、铅套管、绝缘物及防护层小心剥掉，并缓慢将线芯分开，不得使线芯根部的绝缘受损，只将端部的绝缘纸轻轻撕掉即可。线芯露出的长度一般不超过 100mm，铅管露出长度不大于 250mm。

③封头操作应由技术熟练者进行，要快速且严密。

封头时，先将分开的线芯从根部（铅管管口处）齐根锯掉，然后用喷灯预热铅管管口，预热长度不超过 100mm，且不得伤及铅管以后的电缆。预热时间一般为 5～10min，然后将封铅料置于铅管口，边预热边将其烤化，使铅滴糊在预热好的管口上，并涂抹硬脂酸，边涂边滴。当铅滴糊满管口时立即用干净白布按住，边按边涂，即可将封头封好。再检查一遍有无漏封或不妥之处，再用同样方法补封。整个过程要快，不得停止加热，必要时应用两只喷灯作业。封头必须封死封严，以避免线芯受潮。

④电除尘器使用的直流电缆应在敷设后进行耐压试验，试验电压为 2 倍额定电压，试验的持续时间为 10min。交流单芯电缆的护层绝缘试验标准，应按订货协议或产品出厂说明书要求进行。

⑤黏性油浸纸绝缘电缆泄漏电流的三相不平衡系数应不大于 2。当 10kV 及以上电缆的泄漏电流小于 20μA、6kV 及以下电缆的泄漏电流小于 10μA 时，其不平衡系数不作规定。充油、橡胶、塑料电缆泄漏电流不平衡系数不作规定。要说明的是，泄漏电流只作为判断绝缘良好与否的参考，不作为决定投入运行与否的标准。表 4-8 给出了电缆允许泄漏电流的参考值。

⑥试验时，泄漏电流很不稳定，或随试验时间延长有上升现象，或随试验电压升高而急剧上升者，则证明电缆绝缘有缺陷，应指出缺陷部位并处理。

⑦电缆内部缺陷的查找方法

a. 把电缆缠绕在另一木盘轴上，边缠边放边检查电缆的外部缺陷，有缺陷的地方可能是故障点。

表 4-8　电缆长度为 250m 及以下时的允许泄漏电流参考值

| 接线方式 | 电缆形式 | 工作电压/kV | 相当于下列试验电压时泄漏电流 | | 允许三相最大不对称系数 |
			电压/kV	电流/μA	
微安表接在高压侧,高压引线及微安表加屏蔽	三芯电缆	35	140	85	2
		20	80	80	2
		10	50	50	2
		6	30	30	2
		3	15	20	2.5
	单芯电缆	10	50	70	
		6	30	45	
		3	15	30	

注：1. 表中泄漏电流试验时间为 5～10min，此电流不得随时间增长或突然闪动。

2. 微安表接在高压侧或采用消除杂散电流影响的其他接线方式。

3. 在直流耐压过程中，应于 0.25 倍、0.50 倍、0.75 倍、1.0 倍试验电压下各停留 1min 读取电流在规定试验电压下读取 1min、5min 和 10min 的泄漏电流值，以观察电流增长情况。

4. 电缆长度超过 250m 时，泄漏电流可按长度成比例适当增加。

b. 继续升高电压或延长试验持续时间，把有缺陷处击穿，但当在试验电压值时能维持试验时间的，该电缆能用，继续升高电压值一般取试验电压的 1.25 倍。如无击穿部位，泄漏电流存在⑥中的现象，则该电缆可降级使用。

c. 采用 1/2 处割断法，也就是电缆从 1/2 长处割断，再做耐压测试，当其中一个 1/2 段有⑥中现象时，再从其 1/2 处割断，做试验，直至找出故障点。当两个 1/2 长都有⑥中的现象时，电缆应降级使用。当找出故障点后应将其割去，把试验合格的段经过电缆头接起来再使用。

d. 采用电缆故障探测仪，把电缆展放开，然后给电缆通以额定电压，这时用仪器沿着电缆外皮缓慢移动，当经过故障时，仪器会报警，很快找出故障点。必要时可将电压升至 2～3 倍额定电压，此项试验应注意安全。

4.4 电缆安装敷设的技术要求

（1）敷设电缆及敷设的过程中，应防止电缆扭伤和过度弯曲，在任何时间，电缆的弯曲半径与电缆外径比值不应小于表 3-6 的规定。电缆支架的层间允许最小距离应符合表 4-9 的规定，其净距不应小于两倍电缆外径加 100mm，35kV 及以上不应小于两倍电缆外径加 50mm。

表 4-9　电缆支架的层间允许最小距离　　　　　mm

电缆类型和敷设特征		支（吊）架	桥架
控制电缆		120	200
电力电缆	10kV 及以下（除 6～10kV 交联聚乙烯绝缘外）	150～200	250
	6～10kV 交联聚乙烯绝缘	200～250	300
	35kV 单芯		
	35kV 三芯、110kV 及以上，每层多于 1 根	300	350
	110kV 及以上，每层 1 根	250	300
	电缆敷设于槽盒内	$H+80$	$H+100$

注：H 表示槽盒外壳高度。

（2）油浸纸绝缘电缆敷设的最高点与最低点之间最大位差不应大于表 3-7 中的规定。当不能满足时，应采用适应于高位差的电缆，或在中间设置塞止式接头。

（3）日平均气温低于下列数值时，敷设前应采用提高周围温度或通过电流法使其预热，但严禁用各种明火直接烘烤，否则不宜敷设。电缆敷设最低允许温度见表 3-8。冬季电缆安装敷设的时刻最好选在无风或小风天气的 11～15 点钟进行。

（4）在电缆的两端，电缆接头处，隧道及竖井的两端，人井内，交叉拐弯处，穿越铁路、公路、道路的两侧，进出建筑物时应设置标志桩（牌）；标志桩（牌）应规格统一、牢固、防腐；标志桩应注明线路编号、型号、规格、电压等级、起始点等内容，字迹应清晰，不易脱落。

（5）有黄麻保护层的电缆，敷设在室内电缆沟内、隧道、竖井内应将麻护层剥掉，然后涂防腐漆。敷设时不应破坏电缆沟、隧道的防水层。

（6）电缆通过下列地段时，应采用有一定机械强度的保护措施，以防电缆受损，一般用钢管保护。

① 引入、引出建筑物，隧道，穿过楼板及墙壁处。

② 通过道路、铁路及可能受到机械损伤的地段。

③ 从沟道或地面引至电杆、设备，墙外表面或室内人容易碰触处，从地面起，保护高度为 2m。保护管埋入地面的深度不应小于 150mm，埋入混凝土内的不作规定，伸出建筑物散水坡的长度不应小于 250mm。

（7）电缆在下列位置时应留有适当的裕度

① 由垂直面引向水平面处；

② 保护管引入口或引出口处；

③ 引入或引出电缆沟、电缆井、隧道处；

④ 建筑物的伸缩缝处；

⑤ 过河的两侧；

⑥ 接头处；

⑦ 架空敷设到电杆处；

⑧ 电缆头处。

裕度的方式一般应使电缆在该处形成倒 Ω 形或 O 形，使电缆能伸缩或者电缆击穿后锯断重做接头。

（8）电缆保护管在 30m 以下者，管内径不应小于电缆外径的 1.5 倍；超过 30m 以上者不应小于 2.5 倍。

（9）埋于地下的管道或保护管，预埋时应将管口用木塞堵严，防水、泥浆流入；敷设后应用沥青膏将管口封住，以便检修或更换电缆。

（10）三相三线系统中使用的单芯电缆，安装时应组成紧贴的"品"字形排列，并每隔 1m 用非金属带绑扎牢固，充油电缆或水底电缆可除外。

(11) 电缆固定夹具的形式应统一。固定交流单芯电缆或分相铅套电缆在分相后固定，使用的固定夹具不应有铁件构成的闭合磁路，通常使用尼龙卡子。裸铝（铅）套电缆的固定处，应加橡胶软垫保护。

(12) 用机具拖放电缆时，其牵引强度不宜大于表 4-10 中数值，以免拉伤电缆，牵引速度不宜超过 15m/min。

表 4-10　电缆最大允许牵引强度　　　　N/mm^2

牵引方式	牵　引　头		钢　丝　网　套		
受力部位	铜芯	铝芯	铅套	铝套	塑料护套
允许牵引强度	70	40	10	40	7

(13) 电缆安装敷设过程中，不得使电缆受到损伤，如有则应重新进行试验。

电缆安装敷设的其他技术要求，请参见 3.3 节有关条款。

4.5　电缆安装敷设的工艺方法

4.5.1　地下直埋敷设

电力电缆的直埋敷设，可由敷设机和人工两种方法完成。前者将开沟、敷缆和回填三项工作由敷设机一次完成；后者是用人工方法挖沟、敷缆和回填。地下直埋是一种最常用的经济简单的方法，可用于交通不密集的场所。电缆埋于地下，有利于散热，可提高电缆的利用率。但直埋不便于监护、检修，也不宜敷设电压等级较高的电缆，通常 10kV 及以下电压等级的铠装电缆可直埋敷设于土壤中。

(1) 电缆沟的挖掘

按图纸上测绘的电缆线路坐标位置，在地面用白灰打出缆沟线路位置及走向。凡电缆线路经过的道路和建筑物墙壁，均按标高敷设过路导管和过墙管。根据白灰线标志开挖电缆沟，直埋沟的形状挖成上大下小的倒梯形，深度一般为 800mm，穿越农田时不应小于 1m，只有在引入建筑物、与地下建筑物交叉及绕过地下建筑物处，可浅埋，但应埋设保护管，其宽度由电缆数量来确定，见表 4-11 和图 4-1。如遇障碍物或冻土层较浅的区域，则应适当加深；电缆沟的转角处要挖成圆弧形，并保证电缆的允许弯曲半径；电缆接头的地方、引入建筑或引自电杆处要挖出备用电缆裕量的余留坑。电缆之间、电缆与其他管道、道路、建筑物之间平行和交叉时的最小净距见表 4-12。

表 4-11 电缆沟宽度 mm

电缆沟宽度		控制电缆或 10kV 及以下电力电缆根数						
		0	1	2	3	4	5	6
35kV 电力电缆根数	1	300	590/620	670/790	750/960	830/1130	910/1300	990/1470
	2	650	940/970	1020/1140	1100/1310	1180/1480	1260/1650	1340/1820
	3	1000	1290/1320	1370/1490	1450/1660	1530/1830	1610/2000	1690/2170

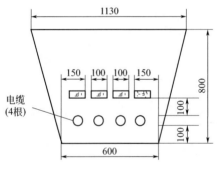

图 4-1 电缆沟尺寸示意

在电缆直埋的路径上凡遇到以下情况，则应分别采取保护措施。机械损伤：加保护钢管；化学作用：换土并隔离（陶瓷管），或绕开；地下电流：屏蔽或加套陶瓷管；振动：与地下水泥桩固定；热影响：用隔热耐腐材料隔离，如石棉水泥板、泡沫混凝土等；腐殖物质：换土并隔离；虫鼠危害：加保护管、钢管、陶瓷管等。挖沟时应注意地下的原有设施，如电缆、管道等，并与有关部门联系，不得随意损坏。所有堆土应置于沟的一侧，且于 1m 以外，以免放电缆时落于沟内。

表 4-12　直接埋地敷设的电缆与各种设施的最小净距　　　m

序号	项目		最小允许净距		备　注
			平行	交叉	
1	电力电缆间、与控制电缆间				1. 控制电缆间平行敷设的间距不作规定,序号 1、3 项,当电缆穿管或用隔板隔开时,平行净距可降低为 0.1m 2. 在交叉点前后 1m 范围内,如电缆穿入管中或用隔板隔开,交叉净距可降低为 0.25m
	10kV 以下		0.10	0.50	
	10kV 以上		0.25	0.50	
2	控制电缆间		—	0.50	
3	不同使用部门电缆之间		0.50	0.50	
4	热管道及热力设备		2.00	0.50	1. 虽净距能满足要求,但检修管路可能伤及电缆时,在交叉点前后 1m 范围内,应采取保护措施 2. 热管道周围应采取隔热措施,使电缆周围土壤的温升不超过 10℃
5	油管道(管沟)		1.00	0.50	
6	可燃气体及易燃液体管道		1.00	0.50	
7	其他管道(管沟)		0.50	0.50	
8	铁路路轨		3.00	1.00	
9	电气化铁路路轨	交流	3.00	1.00	如不能满足要求,应采取适当防腐措施
		直流	10.00	1.00	
10	公路		1.50	1.00	特殊情况,平行净距可酌减
11	城市街道路面		1.00	0.70	
12	电杆基础(边线)		1.00	—	
13	建筑物基础(边线)		0.60	—	
14	排水沟		1.00	0.50	

（2）埋设隔热层

电缆的埋设与热力管道交叉或平行敷设,如不能满足最小允许距离时（表 4-12）,应在接近或交叉点前后 1m 范围内做隔热处理。隔热材料可用 250mm 厚的泡沫混凝土、石棉水泥板、150mm 厚的软木或玻璃丝板。材料一要隔热,二要防腐。埋设隔热材料时除热力的沟宽度外,两边各伸出 2m。电缆宜从隔热后的沟下面穿过,任何时候不能将电缆平行敷设在热力沟的上、下方。穿过热力沟部分的电缆除采用隔热层外,还应穿石棉水泥管保护。

（3）沟内铺沙

沟挖好后应沿全线检查一遍，应符合前述的要求，特别是转角、交叉、设管、隔热、深宽等。合格后可将细沙铺在沟内，厚度100mm，沙子中不得有石块、锋利物及其他杂物。

（4）在沟内敷设电缆

在沟内展放电缆必须用放线架，电缆的牵引可用人工和机械牵引。电缆在沟内应有一定的波形余量，不要撑得很直，以防冬季冷却伸直。多根电缆同沟敷设应排列整齐，不得交叉。

人工牵引展放电缆就是每隔几米有人肩扛着放开的电缆并在沟内向前移动，或在沟内每隔几米有人手持展开的电缆向前传递而人不移动。在电缆轴架处有人分别站在两侧用力转动电缆盘。牵引速度宜慢，转动轴架的速度应与牵引速度同步。遇到保护管时应将电缆穿入保护管，并有人在管口处守候，以免卡阻或意外。

机械牵引和人工牵引要求基本相同。机械牵引前应先沿沟底每隔4～5m放置滚轮，并将电缆放在滚轮上，减少与地面、沙面的摩擦。电缆盘的两侧同样应有人协助转动。电缆的牵引端一般用专用的电缆钢丝网套套上，再由机械牵引，牵引速度应小于8m/min。

（5）盖沙铺砖回填土

全部检查核对无误后，在电缆上面盖一层细沙，要求同前，厚100mm，然后在沙子上面铺盖一层红砖或水泥砖，其宽度应超出电缆各侧50mm。沟内回填土应分层填好夯实，覆盖土要高于地面150～200mm，以防沉陷。在电缆接头、进户位置应先留出作业的位置，一般应大于3m，待接头做完后再砌井或铺沙盖砖回填土。

（6）按规定埋设标志桩。

4.5.2　电缆沟内敷设

将电缆置于砌筑好的沟内并固定在沟内支架上，便于检修、监护，便于更换电缆，多用于厂区、室内或距离较小的场所。

（1）清理沟内外杂物、检查支架预埋情况并修补，并把沟盖板全部置于沟上面不利展放电缆的一侧，另一侧应清理干净。

（2）展放电缆的方法多同人工牵引敷设，不同的是电缆应在沟上一侧展放，不得在沟内拖拉，一方面是沟内狭窄，不便操作；另一方面是易滑伤电缆。一般情况下是先放支架最下层、最里侧的电缆，然后从里到外，从下层到上层依次展放。电力电缆、控制电缆应分开排列。当电力电缆、控制电缆敷设在同一侧支架上时，应将控制电缆放在电力电缆的下一层支架上，低压电缆应放在高压电缆的下一层支架上，并列敷设的电缆之间的净距离应符合表 4-12 的规定。

将电缆在沟边放开后，沟上的人每隔 3～5m 站位，将电缆抬起交于沟下的人，然后将电缆放在预埋支架上，抬的时候要保持电缆足够的弯曲半径。

（3）电缆在支架上的固定方法很多，最常用的是 Ω 形的卡子。Ω 形卡子有两种：一种是由 2mm×25mm 的扁钢做成，另一种是尼龙成品件。在使用金属制的卡子时，应垫以塑料带或其他柔性材料衬垫，无论哪种卡子的规格应与电缆的外径配套。

（4）电缆与热力管道、热力设备之间的净距离，平行时应不小于 1m；交叉时应不小于 0.5m，如无法达到时，应采用石棉水泥板、软木板或其他隔热材料隔离。电缆一般不平行敷设于热力管道的上部。

（5）电缆敷设完后，应及时将沟内杂物清理干净，盖好沟盖板，必要时，应将盖板缝隙密封，以免水、汽、油、灰等侵入。

（6）隧道内的敷设方法与电缆沟内基本相同。

4.5.3　钢索悬吊架空敷设

有时因地下管网复杂，直埋或电缆沟敷设不宜进行，架空线路又有一定困难时，常将电缆用钢索悬吊架空敷设，在人多地带或厂区常用这种方法。

（1）准备工作

测量线路、决定档距、定位、运杆、立杆、安装金具（金具较简单，只有固定钢芯绞线的线夹、拉线抱箍，线夹距杆顶

200mm)、作拉线等工作与架空线路相同。此外，要准备钢绞线、悬挂行走小车、S 形电缆卡子。钢芯绞线的规格可根据档距、电缆规格计算，一般由设计给出，也可按表 4-13 进行选择。

表 4-13　镀锌钢绞线技术规范及悬吊电缆适用范围（仅供参考）

型号及标称截面/mm²	计算截面积/mm²	股数及股线直径/mm	计算直径/mm	极限强度/（kgf/mm²)	拉断力不小于/t	单位质量/（kg/km)	悬吊电缆适用范围
GJ-25	26.6	7×2.2	6.6	120～140	2.94～3.42	210	截面较小、重量较轻,档距≤50m
GJ-35	37.2	7×2.6	7.8	120～140	4.10～4.80	300	截面较小、重量较重,档距≤60m
GJ-50	49.5	7×3.0	9.0	120～140	5.46～6.40	400	截面较大、重量较轻,档距≤60m
GJ-70	72.2	19×2.2	11.0	110～150	7.10～9.70	580	截面大、重量重电缆,档距≤60m
GJ-100	101.0	19×2.6	13.0	110～150	10.0～13.5	800	截面大、重量重电缆,档距≤100m
GJ-120	117.0	19×2.8	14.0	110～150	11.4～15.0	950	截面大、重量重电缆,档距≤100m
GJ-135	134.0	19×3.0	15.0	110～150	13.1～17.9	1100	
GJ-150	153.0	19×3.2	16.0	110～130	15.0～17.7	1200	

　　悬挂行走小车是倒 Ⅱ 形的用型钢焊接而成，上有两个开口闭锁滑轮，将滑轮挂在钢索上，操作人员坐在小车上可沿钢索滑动，便于操作，是架空敷设电缆的主要工具。

　　S 形电缆卡子，是将电缆固定在钢索上的卡具，市场上有成品销售，镀锌处理，其规格应与架设的电缆规格相符。

　　(2) 架设钢芯绞线基本同架空线路的导线架设，但应注意以下几点。

　　① 垂度要比架空线路小，因为档距较小，且悬挂电缆后垂度要增大。

　　② 钢芯绞线在杆上的固定一般都要使用线夹，线夹的规格应和钢芯绞线的规格对应。始端和终端杆上的固定一般采用并沟线夹，每端至少三副，紧固必须牢固。

　　③ 钢芯绞线完全紧好后，才能将多余的锯掉。锯掉后的两端

应用细镀锌铁线绑扎 20mm，以免散股。

④ 拉线必须牢固可靠，必要时应做成双拉线。

（3）展放电缆及在钢绞线上的固定，通常有如下两种方法。

① 按前述方法沿线路将电缆展放在杆下，同时将电缆引至室内或设备的余量要以实物测量好，并在电缆与第一根杆上的固定点处做记号。操作人员携带 S 形卡子从第一根杆处登杆，然后将悬挂行走小车挂在钢绞线上。操作人员坐在小车上，用绳子将电缆吊起，并把电缆做好记号处用 S 形卡子固定在第一根杆处的钢绞线上。拉住钢绞线使小车前行，每隔 750mm 固定一个卡子，控制电缆或弱电电缆每隔 600mm 固定一个卡子。在过杆处应将电缆留倒 Ω 形的余量。

② 将电缆直接引上钢绞线，然后再用小车挂上 S 形卡子固定。将电缆用放线盘架起并装在汽车上，将电缆端头放开穿入钢绞线上的滑轮内，然后将电缆端头固定在始端的电杆上，固定必须牢固，能承受汽车慢速牵引电缆的最大拉力。

第一个操作者坐小挂车，在钢绞线设有上滑轮的部位，启动汽车慢速沿线路方向前进，每放开 5～10m，即将电缆提起，并在钢绞线上固定一开口滑轮，同时将电缆挂入滑轮内；第二个操作者坐小挂车，在挂滑轮的部位，用 S 形卡子固定电缆，并将开口滑轮逐个取下。

汽车不能牵引太快，不能使电缆在地面拖拉，速度基本与操作者同步即可。在条件允许的情况下，可将上部有金属钩的竹梯支在钢绞线上，再进行 S 形卡子安装。

4.5.4　管道内敷设

管内敷设基本同管内穿线，除符合管内穿线的规定外，还应符合下列规定。

（1）每根电力电缆应单独穿入一根管内，交流单芯电缆不能单独穿入钢管中。

（2）裸铠装控制电缆不得与其他外护层的电缆穿入同一根管内。

（3）敷设在混凝土管、陶瓷管、石棉水泥管管内的电缆，宜穿塑料护套电缆。

（4）管内敷设每隔 50m 应设人孔检查井，井盖应为铁制且高于地面，井内有积水池且可排水。

（5）长度在 30m 以下时，直线段管内径应不小于电缆外径的 2 倍；有一个弯曲时应不小于 2.5 倍；有两个弯曲时应不小于 3 倍；长度在 30m 以上时，直线段管内径应不小于电缆外径的 3 倍。

（6）管内应无积水，无杂物堵塞，穿电缆时可采用滑石粉作为助滑剂。

4.5.5　电缆槽架内敷设

常用于工业厂房或高层建筑，敷设方法基本同导线的敷设，一般采用人工方法，除符合槽架敷设导线的规定外，还应符合以下规定。

（1）槽架多层敷设时，其层间距离应符合：控制电缆槽架之间不小于 200mm；电力电缆槽架之间不小于 300mm；弱电与强电槽架之间不小于 500mm；如有屏蔽可减少到 300mm；桥架上部距顶棚或其他障碍物应不小于 300mm。

（2）槽架经过建筑物的伸缩缝、沉降缝时应断开 100mm 的距离。

（3）槽架内横断面的填充率，电力电缆不大于 40%；控制电缆不大于 50%。

（4）不同电压、不同用途的电缆不宜在同一桥架上敷设，如高压和低压电缆、强电和弱电电缆、向同一级负荷供电的双路电源电缆、应急照明和正常照明的电缆，如受条件限制必须在同一层桥架上敷设时，应用隔板隔离并标明用途。

（5）电缆槽架与管道平行或交叉的最小净距应符合表 4-14 的规定。

（6）电缆桥架不宜敷设在腐蚀性气体或热力管道的上方及腐蚀性液体的下方，否则应采用防腐电缆或用隔热材料隔离。金属桥架应有良好的接地。

表 4-14　电缆槽架与管道的最小净距　　　　mm

管　道　类　别		平行净距	交叉净距
一般工艺管道		400	300
具有腐蚀性液体、气体管道		500	500
热力管道	有保温层	500	500
	无保温层	1000	1000

4.5.6　电气竖井内敷设

向上敷设电缆时，先清理井内杂物，并检查预埋件、保护管有无缺陷。展放电缆应将电缆盘放于底层，从下往上牵引，上引电缆一是要注意弯曲半径；二是要在每层出口处用力提拉电缆，不得只在上层提拉牵引，使拉力过于集中而损伤电缆。其在井内排列、固定、间距等与电缆沟内敷设基本相同。往地下层敷设时与向上敷设相反。

4.5.7　沿建筑物明设

在干燥、无腐蚀、不易受到机械损伤的场所，可将电缆直接沿建筑物明设。引入设备、穿越建筑物或楼板均应按前述要求设保护管。电缆的固定可根据电缆的多少固定在支架上或直接固定在墙上、顶板上。

电缆的展放一般应采取人工牵引展放，在转角、穿越墙体、楼板应有专人操作。固定点的距离可参考表 4-15 的数值。固定点除了按表中的距离外，电缆的两终端头、转角的两侧、进入接头处、与伸缩缝交叉的两侧等都必须设点固定。

表 4-15　明设电缆固定点间距　　　　mm

电缆类别及敷设部位	水平敷设	垂直敷设
电力电缆	1000	1500
控制电缆	800	1000
墙上直接固定	1000～1500	1500～2000

4.5.8　电缆在穿越桥梁时的敷设

展放电缆一般采用人工牵引敷设，其他应按以下的要求。

① 敷设在木桥上的电缆应穿在铁管中敷设。敷设在其他结构的桥上电缆，应放在人行道下的电缆沟中或穿在用耐火材料制成的管道中，也可明敷在人行道下面的避光处，用卡子固定。

② 架空钢索悬吊的电缆与桥梁构架间应有 0.5m 以上的净距。

③ 敷设在经常受到振动的桥梁上的电缆，应有防振措施。桥墩两端和伸缩缝处的电缆，应留有倒 Ω 形的余量。

④ 交流电缆的裸金属护层应与桥梁的钢结构构架可靠电气连接。

4.5.9　冬季电缆敷设的技术措施

冬季不宜敷设电缆，当气温低于表 3-8 中要求时，如因工程需要必须敷设电缆，应采取加热方法处理电缆，通常有两种方法，其他要求同上。

（1）室内加热法

将电缆置于保温的室内或临时搭设的工棚内，用热风机或电炉以及其他无明火的加热方法提高室内温度，对电缆加热。加热时间较长，只适用于小截面或较短的电缆。

（2）电流加热法

一般使用三相低压可调变压器，初级 220/380V，次级能输出较大的三相电流，或者使用三台交流电焊机。先将电缆的一端头短接并铅封，铅封应与线芯绝缘，中间应垫以 50mm 厚的绝缘；电缆的另一端头可先制作成一电缆头，并与加热电源接好。此电缆头在敷设时不得受到任何机械及电气损伤。

检查无误后即可接通电源，先小电流加热，然后逐级升到定值。加热过程中，要经常测试电缆表面温度和电流，任何情况下，电缆表面的温度不应超过下列数值：3kV 及以下电缆 40℃；6～10kV 电缆 35℃；20～35kV 电缆 25℃。

电流的测量应用钳型电流表，测温应用半导体点式温度计，也可用水银温度计包在电缆外皮上进行测量。10kV 及以下的三芯统包型电缆加热所需的电流、电压和时间的参考数据，见表 4-16，在实际应用中应根据具体情况和室外气温适当调整。无论采用哪种加热方法，都应先将敷设工作的准备工作做好，电缆加热后，立即进行敷设工作，时间以 1h 为宜。

表 4-16　电缆电加热技术参数

电缆规格	加热时的最大允许电流/A	在四周温度为下列各数值时所需的加热时间/min			加热时所用电压/V				
					电缆长度/m				
		0℃	−10℃	−20℃	100	200	300	400	500
3×10	72	59	76	97	23	46	69	92	115
3×16	102	56	73	74	11	39	58	72	96
3×25	130	71	88	106	16	32	48	64	80
3×35	160	74	93	112	14	28	42	56	70
3×50	190	90	112	134	12	23	35	46	58
3×70	230	97	122	149	10	20	30	40	50
3×95	285	99	124	151	9	19	27	35	45
3×120	330	111	138	170	8.5	17	25	34	42
3×150	375	124	150	185	8	15	23	31	38
3×185	425	134	163	208	6	12	17	23	29
3×240	490	152	190	234	5.1	11	16	21	27

4.5.10　敷设电缆的安全注意事项

（1）架设电缆轴架的地方必须平整坚实，支架必须采用有底盘支架，不得用千斤顶代替。临时搭设的支架必须用两只三脚架架设转轴，必要时电缆轴架应设置临时地锚。

（2）采用撬动电缆轴的边框展放电缆，不得用力过猛，不要将身体伏在边框上面，同时应有制动措施、防止边框滑脱、折坏。

（3）牵引电缆，速度宜慢且平稳，力量均匀，不得猛拉猛跑，看轴人员不得站在电缆轴的前面。

（4）敷设时，处于转角地段的人员必须站在电缆弯曲的外侧，切不可站于内侧，以防挤伤摔倒。

（5）电缆穿管时，操作人员必须做到：送电缆时，手不可离管口太近，以防对方拉拽过猛而挤手；迎电缆时，眼及身体各部位不可直对管口，以防戳伤。

（6）人工滚动电缆时，应站于轴架的侧面且不宜超过电缆轴的中心，以防压伤。上、下坡时，须在轴心孔中穿钢管，在钢管两端系绳拉拖，中途停止时，应用楔子制动卡住，并把绳子系在可靠固定处。

（7）车辆运输电缆时，电缆应放在车厢前方，并用钢索、木楔固定，防止启动或刹车时滚动或撞击。

（8）在已送电运行的变电站（室）或生产车间敷设电缆时，必须做到电缆进入或涉及的柜停电，且须有专人看管或上锁。操作人员应有防止触及带电设备的措施。在任何情况下与带电体的操作安全距离，低压不得小于 1m，高压应大于 2m。

（9）在道路附近或繁华地段电缆施工，要设置栏杆或标志牌，夜间要设置红色标志灯。

（10）在隧道或竖井内敷设电缆，临时照明用的电源电压不得大于 36V。

（11）装卸电缆时，不允许将吊索直接穿入轴心孔内或直接吊装轴盘，应将钢管穿入轴心孔，吊索套在钢管的两端吊装，其钢管强度应满足电缆重量的需要。

（12）采用斜面装卸车时，应将钢管穿入轴心孔内并用钢索或大绳套好系在牢固地方作为保护；滚上或滚下时，任何人不得站于斜面的下方，应站立于轴盘的两侧滚动电缆，以防脱落。保护钢索或大绳必须有良好可靠的制动装置，如地锚等。

（13）敷设在房屋内、隧道内和不填沙土电缆沟内的电缆，应采用裸铠装或非燃性外护层的电缆，这些电缆外皮如裹有麻被层，则应剥除麻被层，以防止产生火灾时火焰蔓延。电缆如有中间接头，则应在中间接头两侧各 2m 处的上部用耐火板隔开，以防中间接头故障时烧坏邻近电缆。

（14）在露天敷设的电缆，应加装遮阳罩，以减少太阳的照射发热而影响电缆的载流能力，也可避免电缆护层的加速老化。

（15）架设在木桥上的电缆应穿在铁管中，管壁厚度应能承受外界机械力的作用，并且在电缆短路故障时不使火焰向外喷出危及木桥。

（16）电缆从地下或电缆沟引出时，地面上 2m 的一段应用金属管或罩加以保护，其根部埋入地下的深度应大于 0.1m，以防外力损坏。电缆敷设在郊区及空旷地带的电缆线路，由于无建筑物等固定标志，因此需在线路转弯处、接头处和直线部分每隔 50m 左右竖立固定的电缆位置标志牌，并标明在电缆线路图上。

4.6　电缆的固定

安装在构筑物中的电缆，需要在电缆线路上设置适当数量的夹具把电缆加以固定，用以分段承受电缆的重力，使电缆护层免于受机械损伤。固定电缆时还应充分注意到电缆因负荷或气温的变化而热胀冷缩时所引起的热机械应力。

4.6.1　电缆固定的部位和要求

（1）将电缆加以固定的部位

① 垂直敷设或超过 30°倾斜敷设的电缆，在每一个支架上都要加以固定。

② 在距地面一定高度而水平沿墙敷设的电缆，应按要求间距装夹具固定。

③ 水平敷设在支架上的电缆，在转弯处和易于滑脱的地方，按要求间距用绑线绑扎固定（除有特殊要求必须用夹具固定外）。

④ 位于电缆两终端处，或电缆中间接头的两端处都要装夹具固定，以免由于电缆的位移或振动致使电缆绝缘损伤，或使充油电缆终端和中间接头的铅封开裂而漏油。

（2）电缆固定的一般要求

① 裸金属护套电缆的固定处应加软衬垫保护。

② 敷设于桥梁支架上的电缆，固定时应采取防振措施，如采用砂枕或其他软质材料衬垫。

③ 沿电气化铁路或有电气化铁路通过的桥梁上明敷电缆的金属护层（包括电缆金属保护管道），应沿其全长与电缆的金属支架或桥梁的金属构件绝缘。

④ 使用于交流的单芯电缆或分相金属护套电缆在分相后的固定，其夹具不应有铁件构成磁的闭合通路；按正三角形排列的单芯电缆，每隔 1m 应用绑带扎牢。

⑤ 利用夹具直接将裸金属护套或裸铠装电缆固定在墙壁上时，其金属护套（或铠装层）与墙壁之间应有不小于 10mm 的距离，以防墙壁上的化学物质对金属护层的腐蚀。

⑥ 所有夹具的铁制零部件，除预埋螺栓外，均应采用镀锌制品。

4.6.2　电缆的固定方式

电缆在输、配电系统中用来传输大功率，导体的截面往往做得较大。截面积越大，当负荷变动时受热胀冷缩的影响也就越大，电缆的绝缘及金属护套就会受到周期性的应力和应变影响。因此，在设计电缆的固定方式时，就要充分考虑如何将这种应力和应变控制在最小允许范围内。按照这个要求，敷设较大截面的电缆时，应根据整条电缆线路刚度一致的原则，采用挠性固定或刚性固定的方式。

（1）挠性固定

挠性固定允许电缆在受热膨胀时产生一定的位移，但要加以妥善的控制使这种位移对电缆的金属护套不致产生过分的应变而缩短寿命。挠性固定是沿平面或垂直部位的电缆线路成蛇形波（一般为正弦波形）敷设的形式，如图 4-2 所示。通过蛇形波幅的变化来吸收由于温度变化而引起电缆的伸缩。敷设电缆时按设计选定的蛇

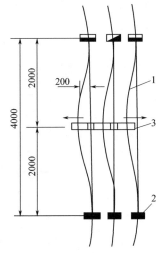

图 4-2　电缆的挠性固定
1—电缆；2—夹具；3—夹板

形波节进行敷设，在调整蛇形波节后用夹具固定电缆。夹具的间距和蛇形波的最佳幅值取决于电缆的重量和刚度。间距越大则安装越简便，但并不意味着间距愈大愈好，间距的上限值取决于由于电缆自重下垂所形成的不均匀弯曲度。一般采用的间距为 3～6m；当为水平敷设时，夹具的间距可适当大一些，但也要考虑到电缆接触摩擦面的性质。蛇形波的初始幅值以相邻夹具间距的 5% 为宜。图 4-2 中相邻夹具间的距离为 4m，蛇形波幅的初始值为 0.2m。电缆夹具的设置方向为：当蛇形波位于电缆线路夹具的轴线（以下简称轴线）之一侧时，电缆夹具的中心线与轴线重合，如图 4-3(a) 所示；当蛇形波以轴线为基准在其两侧作交替方向偏置时，夹具的中心线则与轴线约成 110°的夹角，如图 4-3(b) 所示。为了保证各相电缆运动的一致性，在两固定夹具的中点装置活动夹具，将三根电缆连在一起，并随电缆一起做横向运动。蛇形波挠性固定方式的优点是使用的电缆夹具数量较少，而且在电缆及其附件和电缆夹具上所受到的机械力亦比较小。但在敷设时要仔细地选择夹具的间距，以使在金属护套内产生的周期性弯曲应变保持在允许的限度之内。蛇形固定的电缆线路所占用的敷设面积较大。

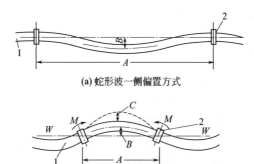

(a) 蛇形波一侧偏置方式

(b) 蛇形波两侧偏置方式

图 4-3　电缆蛇形波挠性固定的方式

A—夹具间距；B—初始波幅值；C—热膨胀移动的距离；

1—电缆；2—夹具

（2）刚性固定

刚性固定，即两个相邻夹具间的电缆在受到由于自重或热胀冷缩所产生的轴向推力后而不能发生任何弯曲变形。与电缆在直埋时一样，导体的膨胀全部被阻止而转变为内部压缩应力，以防止在金属护套上产生严重的局部应力。因此电缆线路在空气中敷设时，必须装设夹具使电缆不产生弯曲。相邻夹具的间距可按下式确定：

$$L = \frac{\pi}{2} \sqrt{\frac{S}{a \Delta \theta E A}}$$

式中　L——相邻夹具之间的距离，cm；

　　　S——电缆导体和金属护套的总弯曲刚度（弯曲刚度为弹性模量与惯性矩之乘积），kg·cm^2；

　　　a——导体的线膨胀系数，1/℃；

　　　$\Delta\theta$——导体的最大允许温升，℃；

　　　E——导体的弹性模量，MPa；

　　　A——导体的截面积，cm^2。

上述公式只适用于线路的直线段，在弯曲部分应按直线段间距的计算值减半使用。公式中对铅合金护套热膨胀产生的推力已被假定忽略。刚性固定的电缆线路如图 4-4 所示。

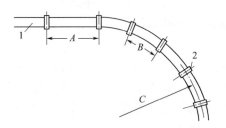

图 4-4　电缆的刚性固定

A—直线段夹具间距；B—弯曲段夹具间距；C—弯曲半径；

1—电缆；2—夹具

4.6.3　高落差电缆的固定

敷设高落差电缆时，采用挠性固定的方式比较多，因为这种方式比较容易实现。当竖井中的空间有限，不便于作蛇形敷设布置蛇形波节时，可采用刚性固定方式。由于电缆截面较大，热膨胀的应力过大而采用刚性固定敷设有困难时，则可采用挠性固定方式。

无论采用刚性固定还是挠性固定方式，只要设计和安装的正确，电缆线路都能满足运行要求。而在实际的一条电缆线路上，不完全是刚性固定或者是蛇形固定。多数情况下是一部分为刚性固定，另一部分为挠性固定。至于采用何种固定方式以及刚性固定与挠性固定在一条线路上的正确过渡，都要根据电缆线路的实际情况，进行合理的设计和选择。

高落差电缆无论是采用挠性固定或刚性固定，但对两终端处的纵向铠装带或铠装丝的固定有其特殊的要求，特别是上终端的纵向铠装层，仅仅使用普通的电缆夹具是难以奏效的，因此要采用特殊的夹具。对于落差只有 30～50m 的电缆也可以采用上端固定的一点支持法，即用一只特殊的电缆铠装丝夹具将铠装丝固定，以承受下部电缆的重力，同时还能把电缆夹住。在竖井底部将电缆敷设成一弯曲段，以吸收电缆的热膨胀，这种方法对于落差较小的电缆较为合适。当落差较大时，自由悬挂在竖井中或倾斜敷设的电缆，对于检修、运行维护以及防火等都是不利的。

4.6.4 电缆固定夹具的选择和使用

正确地设计和使用电缆夹具是高压电缆敷设安装的重要环节。固定电缆的夹具，一般从三个方面进行考虑：一是材质，二是组合形式，三是使用场合。对于单芯电缆，用金属材料制作夹具时一般用铝制品。电缆夹具的组合形式，有两半组合式结构。有时为了节约铝材，则采用下半为铸铁，上半为铸铝。用夹具固定电缆，特别是在作刚性固定时需要很大的夹紧力，如果用两半组合式的夹具结构，则有将电缆夹成椭圆形的危险。为了能对电缆施加足够的夹紧力而又不夹扁电缆，因此对于采取刚性固定的电缆，最好采用如图4-5所示的四片式径向夹具；对于无特殊要求电缆的固定，则可用图4-6所示的夹具形式。

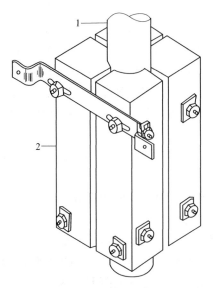

图 4-5　径向四片电缆夹具

1—电缆；2—夹具

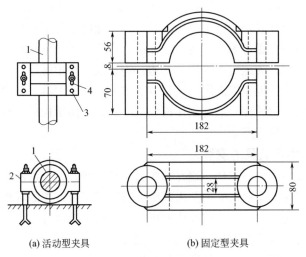

(a) 活动型夹具　　　　　　(b) 固定型夹具

图 4-6　两半组合式电缆夹具

1—电缆；2—夹具；3—夹具卡紧螺栓；4—长圆孔

在电缆敷设安装前，应按照设计图样和设计说明对电缆的固定型式、所用夹具的结构、材质、规格和数量进行全面的了解和检查，并对预埋的夹具基础螺钉的位置、规格、间距、丝扣等进行检查和校正，同时预装电缆夹具。预装的夹具不应有扭斜现象，以免在电缆敷设后无法进行固定。最好将夹具在电缆上试装，观察夹具与电缆的接触情况，如果夹具刚好把电缆夹住，夹紧力较小，可用 2～3mm 厚的耐油橡皮进行调整，橡皮在夹具中不应有重叠。橡皮不宜太厚，否则对于刚性固定的电缆将起不到应有的作用。如果间隙过大，则应更换夹具。

4.6.5　斜坡上电缆的固定及固沙措施

在电缆敷设设计中，为了防止火灾蔓延，在斜坡上设置沟槽，并填满粗细适度的河沙（几种河沙配合而成）。这种河沙不仅能防止火灾事故蔓延，起到防火的作用，还能达到降低热阻的目的，同时又能增加摩擦阻力，防止电缆向下滑落。但如果斜面超过 $25°$～$30°$，沙子就会自身滑动，为此需要采取防止沙子流动的措施，一般是设置屏障加以阻挡。

为方便起见，在所设计的固定夹具上，装设防沙流出的挡板，这种挡板恰好放入沟槽中，周向的缝隙可用防水腻子堵塞。

从另一方面考虑，在各止沙区段，由于沙子向下流动，会把沟槽盖板顶起。为此可在沟槽的两边预埋螺栓，在填满沙子后放置好盖板，并将盖板加以固定。这种方法效果很好，但其工艺稍为复杂些。固定盖板的螺栓最好制作成埋头型式，以防螺栓露出盖板影响运行维修人员行走。

4.6.6　固定夹具的安装

电缆的固定一般从一端开始向另一端进行，切不可从两端同时进行，以免电缆线路的中部出现电缆长度不足或过长的现象，使中部的夹具无法安装。固定操作亦可从中间向两端进行，但是，这种程序只有在电缆两端裕度较大时才允许。

对于高落差电缆，特别是竖井里固定夹具的安装必须从竖井底部开始向上进行，使电缆承受的重力逐步予以消除。这种操作方法要比由上而下容易得多，因为当下部安装好一只夹具后，借助于上部牵引机具调整好电缆的长度及蛇形波幅值，即可安装向上的第二个夹具，依次类推。如果由竖井口开始向下安装，当上部夹具安装固定后，上部的牵引机具即失去作用，使牵引机具以下的电缆固定产生困难。固定夹具的安装一般由有经验的人员进行操作。最好使用力矩扳手，对夹具两边的螺栓交替地进行紧固，使所有的夹具松紧程度一致，电缆受力均匀。

第5章　电缆线路试验

5.1　电缆试验基础知识

5.1.1　预防性试验项目及技术标准

预防性试验是电缆在运行中对其绝缘水平进行周期性监视的重要手段。其主要作用是判断电缆线路在试验电压作用下的绝缘性能，并且与原始记录进行比较，以判明电缆线路绝缘性能的变化情况，确定电缆的状态检修项目和处理方法，确定电缆能否继续运行。

（1）电缆试验的周期。对于新敷设的电缆线路投入运行 3～12 个月，一般应做一次直流耐压试验，以后再按正常周期试验。

（2）重要的无压力电缆，一般每年应试验一次，其他电缆如纸绝缘电缆应三年至少试验一次、橡塑 3.6/6kV 及以下电缆应五年至少试验一次。保持压力的电缆一般试验不作规定，但是失压和修复后应进行试验。对护层有绝缘要求的，应同电缆主绝缘要求相同。

（3）凡是停电超过一星期但不满一个月的电缆线路，应用兆欧表测量该电缆导体对地绝缘电阻，如有疑问时，必须用低于常规直流耐压值进行试验，加压时间 1min；停电超过一个月但不满一年的电缆线路，必须做 50% 的规定试验值的直流耐压试验，加压试验 1min；停电超过一年的电缆线路，必须做常规的直流耐压试验。

（4）根据试验结果被列为异常或不合格，但经过综合分析判断允许在监护条件下投入试运行的电缆，其试验周期应缩短，如在不少于 6 个月时间内，经过连续 3 次以上试验，其试验结果不变坏，则以后可以按正常周期进行试验。

表 5-1　电力电缆常规试验所需的主要仪器种类和适用范围

仪表种类	型号	规格		适用范围
高压试验变压器	YDJ-5/50	5kV·A	5kV/220V	10kV 及以下电缆交流耐压试验
	DSB(G)-1 DSB(G)-2.5C DSB(G)-5C TSB	1kV·A 2.5kV·A 5kV·A 1.5kV·A、3kV·A、6kV·A、10kV·A	5kV/200V 5kV/200V 5kV/200V 5kV/200V	35kV 及以下电缆交流耐压试验
泄漏电流试验变压器	TDM-60/2.5	输出 60kV	输出 2.5mA	6～110kV 电缆的直流泄漏试验及直流耐压试验
直流高压发生器	KGF-60	60kV	1mA	
	JGF	80kV、100kV、 120kV、200kV、 300kV、600kV	1mA,0.5mA,1.2mA 2mA,3mA	
直流高压试验器	JGS-2	60kV	1000mA	
	KGS	200kV、400kV、 600kV		
高压静电电压表	Q3-V Q4-V	额定电压:0～7.5kV～151kV～30kV 额定电压:0～25kV～50kV～100kV		测量交直流高压
变频串联谐振成套试验装置	YHCX2858	额定输出电压:0～1000kV 额定输出电容量:0～35MV·A 工作频率范围:30～300Hz(亦可根据 用户要求放宽频率范围)		适用于 10kV、35kV、110kV、220kV、500kV 高压交联聚乙烯电力电缆交流耐压试验

续表

仪表种类	型号	规格	适用范围
万能电桥	QS18A	电容:1pF~1100μF 电感:1μH~100H 电阻:10~11MΩ	测量电容、电感和电阻等
	QS14	电容:10pF~100μF 电感:10μH~100H 电阻:0.1~10^6Ω 损耗角:$1×10^{-4}~6×10^{-1}$	
直流单臂电桥	QJ23	测量范围:$1~0.9999×10^{-6}$ Ω	测量中等大小电阻
	QJ24	测量范围:$10^{-3}~9.999×10^3$ Ω	
	QJ26	测量范围:$10^{-4}~11$Ω	测量直流电阻
	QJ44	测量范围:$10^{-5}~11$Ω	
	QJ57	测量范围:$10^{-5}~11^3$ Ω	
直流单双臂电桥	QJ47	测量范围:$10^{-4}~10^6$Ω	测量各种导体电阻
兆欧表	ZC11-8	电压量程:500V;电阻量程:100MΩ	测量高低压电缆的绝缘电阻
	ZC25-4	电压量程:1000V;电阻量程:1000MΩ	
	ZC11-10	电压量程:2500V;电阻量程:2500MΩ	
	ZC11-5	电压量程:2500V;电阻量程:10000MΩ	
	ZC48	电压量程:5000V;电阻量程:100000MΩ	
	VC60D 数字兆欧表	电压量程:1000V/2500V 电阻量程:200MΩ/2GΩ/20GΩ	
	VC60E 数字兆欧表	电压量程:2500V/5000V 电阻量程:200MΩ/2GΩ/20GΩ	
数字万用表	UT60H	V:0~1000V(交直流) I:400μA~10A(交直流) R:0~40MΩ	一般测量

（5）对于重新制作的电缆终端头和中间接头，须进行直流耐压试验。在受到外力损伤或发生运行中严重闪络、爬电或者重污染后，应根据运行情况适当缩短试验周期。

（6）负责电缆线路运行维护的管理人员，应根据电缆试验结果和运行情况，在年初按试验要求，提出年度试验计划，每季度应编制季度试验重点，每月按试验计划向有关部门提出计划停电申请。

5.1.2　试验设备

供电电压为 6～110kV 的工矿企业中，电力电缆常规试验所需的主要仪器种类和适用范围如表 5-1 所示。

5.1.3　试验内容

（1）纸绝缘电力电缆线路试验内容

本规定适用于黏性油纸绝缘电力电缆和不滴流油纸绝缘电力电缆线路。纸绝缘电力电缆线路的试验项目、周期和要求直流耐压试验电压见表 5-2 和表 5-3。

表 5-2　纸绝缘电力电缆线路的试验项目、周期和要求

序号	项　目	周　期	要　　求	说　　明
1	绝缘电阻	在直流耐压试验之前进行	自行规定	额定电压 0.6/1kV 电缆用 1000V 兆欧表；0.6/1kV 以上电缆用 2500V 兆欧表；6/6kV 及以上电缆也可用 5000V 兆欧表
2	直流耐压试验	1. 1～3年 2. 新作终端或接头后进行	1. 试验电压值按表 5-3 规定，加压时间 5min，不击穿 2. 耐压 5min 时的泄漏电流值不应大于耐压 1min 时的泄漏电流值 3. 三相之间的泄漏电流不平衡系数不应大于 2	6/6kV 及以下电缆的泄漏电流小于 10μA；8.7/10kV 电缆的泄漏电流小于 20μA 时，对不平衡系数不作规定

表 5-3 纸绝缘电力电缆的直流耐压试验电压 kV

电缆额定电压 U_0/U	直流试验电压	电缆额定电压 U_0/U	直流试验电压
1.0/3	12	6/10	40
3.6/6	17	8.7/10	47
3.6/6	24	21/35	105
6/6	30	26/35	130

（2）橡塑绝缘电力电缆线路试验内容

橡塑绝缘电力电缆是指聚氯乙烯绝缘、交联聚乙烯绝缘和乙丙橡胶绝缘电力电缆。橡塑绝缘电力电缆线路的试验项目、周期和要求见表 5-4。橡塑绝缘电力电缆优先采用 $20\sim300\mathrm{Hz}$ 交流耐压试验，$20\sim300\mathrm{Hz}$ 交流耐压试验电压和时间见表 5-5。不具备表 5-5 试验条件要求或有特殊规定时，可采用施加正常系统对地电压 24h 方法代替交流耐压。当没有交流耐压设备时，额定电压 U_0/U 为 $18/30\mathrm{kV}$ 及以下电缆允许用直流耐压试验及泄漏电流测量代替交流耐压试验。

表 5-4 橡塑绝缘电力电缆线路的试验项目、周期和要求

序号	项目	周期	要求	说明
1	电缆主绝缘绝缘电阻	1. 重要电缆：1 年 2. 一般电缆：3. 6/6kV 及以上 3 年；3.6/6kV 以下 5 年	自行规定	0.6/1kV 电缆用 1000V 兆欧表；0.6/1kV 以上电缆用 2500V 兆欧表；6/6kV 及以上电缆也可用 5000V 兆欧表
2	电缆外护套绝缘电阻	1. 重要电缆：1 年 2. 一般电缆：3. 6/6kV 及以上 3 年；3. 6/6kV 以下 5 年	每千米绝缘电阻值不应低于 0.5MΩ	采用 500V 兆欧表。本项试验只适用于三芯电缆的外护套
3	电缆内衬层绝缘电阻	1. 重要电缆：1 年 2. 一般电缆：3. 6/6kV 及以上 3 年；3.6/6kV 以下 5 年	每千米绝缘电阻值不应低于 0.5MΩ	采用 500V 兆欧表

续表

序号	项目	周期	要求	说明
4	铜屏蔽层电阻和导体电阻比	1. 投运前 2. 重作终端或接头后 3. 内衬层破损进水后	对照投运前测量数据自行规定	1. 用双臂电桥测量在相同温度下的铜屏蔽层和导体的直流电阻 2. 当前者与后者之比与投运前相比增加时，表明铜屏蔽层的直流电阻增大，铜屏蔽层有可能被腐蚀；当该比值与投运前相比减少时，表明附件中的导体连接点的接触电阻有增大的可能
5	电缆主绝缘直流耐压试验	新作终端或接头后	1. 试验电压值按表 5-5 规定，加压时间 5min，不击穿 2. 耐压 5min 时的泄漏电流不应大于耐压 1min 时的泄漏电流	

表 5-5　橡塑绝缘电力电缆 20～300Hz 交流耐压试验电压和时间

额定电压 $U_0/U/kV$	试验电压	时间/min
18/30 及以下	$2.5U_0$（或 $2U_0$）	5（或 60）
21/35～64/110	$2U_0$	60
127/220	$1.7U_0$（或 $1.4U_0$）	60
190/330	$1.7U_0$（或 $1.3U_0$）	60
290/500	$1.7U_0$（或 $1.1U_0$）	60

5.1.4　试验注意事项

（1）试验工作的安全技术措施

① 首先应将所有与试验电缆有电联系的电源全部停电。

② 将已停电的电缆，再用合格的验电器进行三相验电，验证电缆确已无电压。

③ 在验明电缆三相确无电压后，在工作电缆的两端分别悬挂好短路接地线。

④ 在工作地点及周围的有关设备上悬挂相应的标示牌、装设必要的遮栏，提醒或告诫所有工作人员，同时限制工作人员的活动范围。

⑤ 试验负责人在试验开始前，应再次检查安全措施布置是否符合现场实际要求，试验接线是否正确无误、试验设备的选择是否符合现场试验要求等，而后通知所有试验无关人员撤离试验区域，并派专人看守试验区域内的各个通道。

⑥ 试验工作人员在得到工作负责人明确的许可后，方可进行接通电源试验。试验中变换接线或试验完毕时，试验人员必须首先切断试验电源，并对试验设备和试验电缆放电接地后，方可进行其他工作。

（2）操作试验的安全注意事项

① 应选派了解试验设备、试验仪器性能、原理、结构和使用方法的人作为试验人员，要选派熟习有关试验技术标准、技术规程的试验人员作为主要工作人员。

② 要合理、科学地布置试验场所，保证试验人员的活动范围和与带电设备的最小安全距离符合表 5-6 的规定。

表 5-6　试验人员活动范围和与带电设备的最小安全距离

电压等级/kV	6～10	25～35	60～110	220
不设防护栅时/m	0.7	1.0	1.5	3.0
设防护栅时/m	0.35	0.6	1.0	2.0

③ 试验设备的高压引出线应尽量缩短，应与接地体、无关设备的距离留有足够的安全裕度，防止试验中对接地体和其他物件放电，防止附近工作设备产生的感应电压击伤人。

④ 试验人员应集中精力、有条不紊地操作，当发现异常情况时，应首先停止升压，随后降压、断电、放电，分析异常原因采取措施。

⑤ 试验结束后，试验人员应拆除自装的接地短路线，并对被试电缆进行全面检查、清理工作现场的杂物。

⑥ 及时填制试验记录，整理试验报告，同时恢复试验中所拆或所变更的设备引线。

5.2　电缆线路施工及验收标准

5.2.1　电缆敷设的一般规定

（1）电缆敷设前应按下列要求进行检查

① 电缆通道畅通，排水良好，金属部分的防腐层完整，隧道内照明、通风符合要求。

② 电缆型号、电压、规格符合设计要求。

③ 电缆外观应无损伤、绝缘良好，当对电缆的密封有怀疑时，应进行潮湿判断，敷设的电缆应经试验合格。

④ 电缆放线架应放置稳妥，钢轴的强度和长度应与电缆盘重量和宽度相配合。

⑤ 敷设前应按设计和实际路径计算每根电缆的长度，合理安排每盘电缆，减少电缆接头。

（2）电力电缆接头的布置应符合下列要求

① 并列敷设的电缆，其接头的位置宜相互错开。

② 电缆明敷时的接头，应用托板托置固定。

③ 直埋电缆接头盒外面应有防止机械损伤的保护盒（环氧树脂接头盒除外）。位于冻土层内的保护盒，盒内宜注以沥青。

（3）电缆敷设时应排列整齐，装设的标示牌应符合下列要求

① 在电缆终端头、电缆接头、拐弯处、夹层内、隧道及竖井的两端、人井内等地方应装设标志牌。

② 标志牌上应注明线路编号，当无编号时，应写明电缆型号、规格及起讫地点；并联使用的电缆应有顺序号；标志牌的字迹应清晰不易脱落。

③ 标志牌规格宜统一。标志牌应能防腐，挂装应牢固。

（4）电缆的固定，应符合下列要求

① 垂直敷设或超过 45°倾斜敷设的电缆，在每个支架上及桥架上每隔 2m 处都应固定。

② 水平敷设的电缆，在电缆首末两端及转弯、电缆接头的两

端处，以及当对电缆间距有要求时，每隔 5～10m 处都应固定。

③ 交流系统的单芯电缆或分相后的分相铅套电缆的固定夹具不应构成闭合磁路。

④ 裸铅（铝）套电缆的固定处，应加软衬垫保护。

⑤ 护层有绝缘要求的电缆，在固定处应加绝缘衬垫。

5.2.2 电力电缆工程的竣工试验标准

电缆线路竣工后的验收时，施工安装部门应提交施工验收中所有的全部资料。验收内容参考本书 3.2 节内容。

5.3 绝缘电阻测量

5.3.1 绝缘电阻测量原理

电缆的绝缘并非纯粹的绝缘体，其内部和表面均有少量束缚很弱的离子或自由离子，当绝缘层加上直流电压后，沿绝缘表面和内部均有微弱的电流通过，对应这两种电流的电阻被称为表面绝缘电阻和体积绝缘电阻。一般在不加特别说明时的绝缘电阻均指体积绝缘电阻。

电缆绝缘体被加上直流电压后，其内部的电流有充电电流、不可逆吸收电流、可逆吸收电流和电导电流四种。四种电流随加压时间的变化规律如图 5-1 所示。

（1）充电电流

充电电流是由介质极化而产生的电流，实际上就是以电缆导体和外电极（金属护套或屏蔽层）作为一对电极，构成一个电容器的充电电流。该电流在初加电压时较大，其数值由所构成电容器的电容量大小决定，随加压时间按指数规律很快衰减，一般在数毫秒内即可消失。

（2）不可逆吸收电流

不可逆吸收电流是由绝缘体内部的电解电导而产生，约经过数秒钟衰减至零。

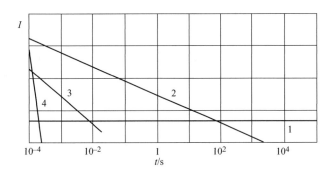

图 5-1　绝缘层内电流变化规律

1—电导电流；2—可逆吸收电流；3—不可逆吸收电流；4—充电电流

（3）可逆吸收电流

可逆吸收电流是绝缘材料的位移电流，在施加电压的瞬间达到最大值，然后，慢慢趋向于位移稳定，可逆吸收电流约经数十秒至数分钟后趋于消失。

（4）电导电流

电导电流是绝缘材料中自由离子及混杂的导电杂质所产生，与施加电压的时间无关。在电场强度不太高时符合欧姆定律，其值决定于介质在直流电场内的电导率，且随温度的增高而快速增加。电导电流又称泄漏电流，它的大小反映了绝缘质量的优劣。

严格地讲，只有恒定的电导电流所对应的电阻才是体积绝缘电阻，它是测试的主要对象。所谓绝缘电阻试验，就是通过仪器测量出与时间无关的电导电流，并将这一电流用绝缘电阻（MΩ）来表示。当绝缘体受潮、脏污或开裂以后，由于绝缘体内自由离子增加，电导电流剧增，绝缘电阻值下降，所以通过测量绝缘电阻值的大小，可以初步了解绝缘的情况。

5.3.2　绝缘电阻的测量

绝缘电阻是反映电力电缆绝缘特性的重要指标，它与电缆能够承受电或热击穿的能力、绝缘层中的介质损耗和绝缘材料在工作状态下的逐步劣化等存在着极为密切的相互依赖关系。因此，测量绝缘电阻的试验就成为检查电缆绝缘情况最简单的方法，而绝缘电阻值是判断其性能变化的重要依据之一。测试电缆绝缘电阻的方法一般有三种：直流比较法、高阻计法和兆欧表法。在施工与维护中，应用最多的是兆欧表法。下面将着重介绍兆欧表的使用方法与注意事项。

兆欧表又称摇表、梅格表等，其计量单位是兆欧（MΩ）。兆欧表具有操作简便、快速灵活、便于携带等优点。对于绝缘电阻较高的被试物，应选择测试电压较高的兆欧表，在电缆绝缘电阻测试中规定：对于电缆主绝缘，额定电压为 0.6/1kV 电缆用 1000V 兆欧表；0.6/1kV 以上电缆用 2500V 兆欧表（6kV 及以上电缆也可用 5000V 兆欧表）；对于电缆内衬层绝缘电阻和电缆外护套绝缘电阻，均采用 500V 兆欧表。

（1）兆欧表的使用方法

① 切除电缆的电源及一切对外联系，将电缆接地放电，放电时间一般不小于 2min，以保证安全与试验结果的准确。

② 用干燥、清洁的柔软布擦去电缆终端头表面的污垢，以减小表面泄漏，同时还应该检查电缆终端头有无缺陷。

③ 将摇表放在水平位置，并在额定转速下调整指针到∞，有的型号摇表还必须做零位校验。

④ 对于多芯电缆，应分别测试每相线芯的绝缘电阻。测试时将被测线芯引出线接于摇表的接线端子（L），其余线芯与金属屏蔽和铠装层短接后一并接到摇表的接地端子（E），并把摇表的"接地"柱接地。为了避免电缆绝缘表面泄漏电流的影响，应利用摇表上的屏蔽端子（G），把表面泄漏完全撇开到摇表的指示之外。对于已敷设完毕或已投入运行的电缆，可在被测线芯绝缘上用金属软线加绕保护环，将保护环与摇表的屏蔽端子相接，如图 5-2 所示。

⑤ 以恒定速度转动摇表把手（约 120r/min），摇表指针逐渐上升，读取 1min 的绝缘电阻值。在停止转动摇表把手前，应先把电缆和摇表断开，以防止电缆向回充电损坏摇表。用摇表测绝缘电

阻时，之所以有额定转速及标准读数时刻的规定，是因为考虑到电缆绝缘层中存在着三种随时间而衰减的电流，从理论上讲应该等这三种电流全部衰减完以后，读取电导电流（泄漏电流），以计算其绝缘电阻。但因衰减时间太长等因素，在测试方法的标准中明确规定，在接通电流后达到 1min 的时刻读取数据。这个规定既保证了非电导电流大部分已衰减为

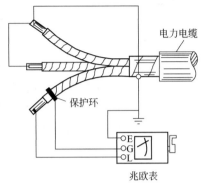

电力电缆

保护环

兆欧表

图 5-2　测量电缆绝缘电阻
时消除表面泄漏的接线

零，又使测试时间有了统一，使读数具有重复性和可比性，同时提高了测试效率。

⑥ 电缆绝缘电阻测试完毕或重复试验之前，必须将被试电缆进行对地充分放电。

⑦ 由于电缆线路的绝缘电阻受许多外界条件的影响，所以在试验中应认真填写记录表格，以利于分析试验结果。

（2）使用兆欧表的注意事项

① 平行双回路架空输电线或母线，当一路带电时，不得测另一回路的绝缘电阻，以防感应高压损坏仪表和危及人身安全。

② 摇表接线端及接地端的引出线不要靠在一起，接线端引出线必须经其他支持物才能和被试物接触，其支持物一定要绝缘良好。

③ 摇表转动速度必须尽可能保持额定值，并维持均匀转速，其转速不得低于额定转速的 80%，否则测的结果误差太大。

④ 电缆的电容较大，特别是对较长电缆线路及多根电缆并联测试时，开始充电电流很大，因而摇表的指示数很小，但这并不表示被试物绝缘不良，待经过较长时间后才能测出正确结果。

⑤ 电缆所用的有机绝缘材料，如塑料、橡胶、纤维、矿物油

等，其绝缘电阻受温度变化的影响很大。一般来说，当温度上升时，电导增强，绝缘电阻下降，电缆绝缘电阻与温度的规律，可以近似用式(5-1) 表示：

$$R_{20} = R_t K_t \qquad (5-1)$$

式中　R_{20}——温度为 20℃时的绝缘电阻，MΩ；

　　　R_t——温度为 t（℃）时的绝缘电阻；

　　　K_t——电缆绝缘电阻的温度换算系数，温度换算系数见表 5-7。

表 5-7　电缆绝缘的温度换算系数

温度/℃	0	5	10	15	20	25	30	35	40
K_t	0.48	0.57	0.70	0.85	1.00	1.13	1.41	1.66	1.92

电力电缆的绝缘电阻没有规定明确的标准数值，一般不应小于表 5-8 所示数值。

表 5-8　电力电缆长度为 250m、温度为 20℃时绝缘电阻参考值

额定电压/kV	1 及以下	3	6~10	25~35
绝缘电阻/MΩ	10	200	400	600

各种产品的绝缘电阻均以 20℃时的值为基准值。不同温度下的绝缘电阻值应换算到标准温度下（20℃）的绝缘电阻值，然后与标准规定值比较。

特别指出的是：电力电缆绝缘电阻的数值，虽然可以作为判断绝缘状态的参数，但不能作为鉴定或淘汰电缆的依据。电缆线路是否可以投入系统运行，一般应由直流耐压试验来决定。

5.4　泄漏电流试验和直流耐压试验

5.4.1　试验的意义

电力电缆在生产、安装及运行过程中所进行的例行试验、交接试验和预防性试验中都要进行耐压试验。耐压试验的基本方法是：

在电缆主绝缘上施加高于其工作电压一定倍数的电压值，并保持一定的时间，要求被试电缆能承受这一试验电压而不击穿。从而达到考核电缆在工作电压下运行的可靠性和发现绝缘内部严重缺陷的目的。耐压试验根据所加电压的性质可分为交流耐压试验和直流耐压试验两种。电缆的出厂例行试验一般为交流耐压试验，而电缆线路的交接试验和预防性试验，一般均采用直流耐压试验。其原因是直流耐压试验比交流耐压试验具有以下优点。

① 可以用较小容量的试验设备，对较长的电缆线路进行高电压试验。

② 可以避免交流电压一旦过高对良好绝缘起永久性的破坏作用。

③ 对绝缘内部缺陷更敏感，即可以在较低电压下发现电缆的缺陷。因为在电缆绝缘内部如果存在会发展的局部缺陷，而且绝缘中某一部分的电导升高，则大部分的电压降作用在其余未损坏的部分上，所以与交流耐压相比，用较小的直流试验电压就易发现缺陷。

④ 试验时间较短。直流耐压试验时，击穿电压与电压作用时间关系不大（将电压作用时间从几秒钟增加到几小时，其击穿电压约降低 8%～15%），一般缺陷在加压 1min 后即可发现，缩短了试验时间。

进行直流耐压试验时，电缆导体线芯一般是接负极。如果接正极，当绝缘层中有水分存在时，将会因电渗透性作用，而使水分移向电缆护层，结果使缺陷不易被发现。当电缆导体线芯接正极时，其击穿电压较接负极时约高 10%。这与绝缘厚度、温度及电压的作用时间均有关系。一般绝缘材料的直流击穿强度要比其交流击穿强度大一倍左右，因此，直流耐压试验的电压比交流耐压试验电压高。

在进行直流耐压试验的同时，一般均进行泄漏电流的试验，以反映电缆的绝缘情况。测量泄漏电流时，电缆的一导电线芯与其他线芯和屏蔽或铠装间形成两个电极，中间是绝缘体，当在两极上施加直流电压时，绝缘体内部和表面均有微弱的电导电流流过，该电导电流又称为泄漏电流。

泄漏电流的试验原理与用摇表测量绝缘电阻完全相同，但泄漏电流试验中所用的直流电源是由高压整流设备供给，试验电压较高，并可借助调压器调节直流电压，比较容易发现绝缘缺陷。在升压过程中，可以随时监视泄漏电流值的大小，以了解被试电缆的绝缘情况。由于微安表的量程可以根据泄漏电流的大小进行选择转换，所以泄漏电流值的读数比摇表更精确。良好的电缆绝缘，其泄漏电流应与试验电压近似为线性关系，而当电缆绝缘有缺陷或受潮时，其泄漏电流值将随试验电压的升高急剧增长，破坏了伏安特性的线性关系。因此，泄漏电流试验较用摇表测量绝缘电阻试验更容易发现绝缘缺陷，是电缆试验中的重要项目。

电力电缆的直流耐压试验电压标准参见表 5-9。

表 5-9   电力电缆直流耐压试验电压标准

电缆类型	额定电压/kV	试验电压
油纸绝缘电缆	2～10	5 倍额定电压
	15～35	4 倍额定电压
	63～110	2.6 倍额定电压
橡塑绝缘电缆	2～35	2.5 倍额定电压
塑料绝缘电缆	2～35	2.5 倍额定电压

当直流耐压试验时，应在试验电压升至规定值后 1min 以及加压时间达到规定值时（5min）测量泄漏电流。一般要求加压 5min 时的泄漏电流不应大于加压 1min 时的泄漏电流。泄漏电流值和不平衡系数（最大值与最小值之比）只作为判断绝缘状况的参考，不作为是否能投入运行的依据。当发现泄漏电流与上次试验值相比有很大变化，或泄漏电流不稳定，随试验电压的升高或加压时间的延长而急剧上升时，应查明原因。如是终端头表面泄漏电流或对地杂散电流等因素的影响，则应加以消除；如怀疑电缆线路绝缘不良，则可提高试验电压（以不超过产品标准规定的出厂试验直流电压为宜）或延长试验时间，以确定电缆线路能否继续运行。

5.4.2　试验方法

（1）试验接线

对电力电缆进行直流耐压及直流泄漏电流试验时，因试验电压较高，绝缘良好的电缆泄漏电流较小，因而设备及引线的杂散电流相对较大，影响显著。为了消除杂散电流对试验结果的影响，一般采用微安表接在高压侧，高压引线及微安表加屏蔽。

如图 5-3 所示的试验接线，由于采取微安表接在高压回路，且高压引线和微安表加了屏蔽，因此，能够消除高压引线电晕和试验设备杂散电流对试验结果的影响，测量出的泄漏电流正确性较高。此种接线对于电缆外皮对地绝缘或对地不绝缘的都可采用，适应性强。

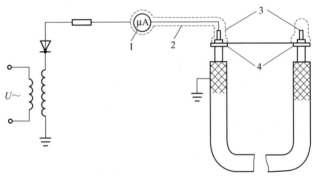

图 5-3　微安表在高压端测量电缆泄漏电流的屏蔽

1—微安表屏蔽；2—导线屏蔽；3—线端屏蔽；4—缆芯绝缘的屏蔽环

采用此种接线时，接于高压回路的微安表应放置在良好的绝缘台上，读数时微安表的短接开关应用绝缘棒操作。为防止微安表在电缆击穿时损坏，应尽量加装微安表保护装置。

（2）试验方法

直流耐压试验电压标准如表 5-9 所示。试验在升压过程中应在 0.25 倍、0.5 倍、0.75 倍试验电压下各停留 1min，以观察并读取泄漏电流值，最后在全试验电压下进行耐压试验，并应在 1min 及 5min 时分别读取泄漏电流值，5min 为电力电缆的直流耐压试验时间。每次耐压试验完毕，待降压和切断电源后，必须对被试电缆用0.1～0.2MΩ 的限流电阻对地放电数次，然后再直接对地放电，放电时间应不少于 5min。

（3）注意事项

① 直流耐压试验是判断电力电缆绝缘状况最直观的试验项目，耐压试验合格的电缆方可投入运行。而试验所测得的泄漏电流值是判断电力电缆绝缘状况的另一重要依据，表 5-10 列出了长度为250m 及以下的油浸纸绝缘电力电缆泄漏电流的参考标准。绝缘良好的电力电缆，其泄漏电流应小于表 5-10 所列数值。如长度超过250m 时，泄漏电流的允许值可适当增加。

但电力电缆的泄漏电流并不能作为能否投入运行的标准，耐压试验合格而泄漏电流显著增大的电力电缆，可以在运行中缩短试验周期来加强监督，如经较长时间多次试验，泄漏电流已趋于稳定，则此电缆允许继续使用。

② 在加压过程中，泄漏电流突然变化，或者随时间的增长而增大，或者随试验电压的上升而不成比例地急剧增大，说明电缆绝缘存在缺陷，应进一步查明原因，必要时可延长耐压时间或提高耐压值来查找绝缘缺陷。

**表 5-10　油浸纸绝缘电力电缆长度为 250m
及以下时的泄漏电流参考值**

电缆形式	工作电压/kV	试验电压/kV	泄漏电流/μA
三芯电缆	35	140	85
	20	80	80
	10	50	50
	6	30	30
	3	15	20
单芯电缆	10	50	70
	6	30	45
	3	15	30

③ 相与相之间的泄漏电流相差很大，说明电缆某芯线绝缘可能存在局部缺陷。相间泄漏电流相差的程度，可用三相不平

衡系数表示。《电气设备预防性试验规程》规定：除塑料绝缘电缆外，不平衡系数不应大于 2。但应当注意，如测得的电缆泄漏电流较小时，由于其他因素产生的试验误差的比例相对增大，上述不平衡系数标准已不适用，因此《电气设备预防性试验规程》还规定：对于 10kV 及以上的电缆的最大一相泄漏电流小于 $20\mu A$、6kV 及以下电缆的泄漏电流小于 $10\mu A$ 时，不平衡系数自行规定。

④ 若试验电压一定，而泄漏电流呈周期性摆动，说明电缆存在局部孔隙性缺陷。这是因为在一定电压作用下，电缆绝缘中的孔隙会击穿，使泄漏电流突然增大，同时使已充电的电缆电容经击穿的孔隙放电，随着电压的下降，孔隙的绝缘又得到恢复，泄漏电流减小，电压上升，电缆电容再充电。当电压升到一定值时，孔隙又被击穿，泄漏电流再次增加，电压又下降。上述过程不断重复，使泄漏电流表现出周期性摆动。

遇到上述现象，应在排除其他因素（如电源电压波动、电缆头瓷套管脏污等）后，再适当提高试验电压或延长持续时间，以进一步确定电缆绝缘的优劣。

5.5　电缆相位检查

5.5.1　电缆相位检查的重要性

在多相电力系统中，各相根据达到最大值（正半波）的次序按相排列，称为相序或相位。在电力系统中，相序与并列运行、电机旋转方向等直接相关。因此，电力电缆在敷设完毕与电力系统接通之前，或重做电缆接头，或解开电缆终端头重新接引线时，必须按照电力系统上的相位标志进行核相。若相位不符，将会产生以下几种后果。

① 当电缆线路连接两个电源时，推上开关会立即跳闸，亦即无法合环运行。

② 当电缆线路送电至用户时

a. 两相相位接错时，用户电机旋转方向颠倒（即反向）。

b. 三相相位全错时，用户电机旋转方向不变，但具有双路电源的用户则无法并用双电源。

c. 只有一个电源的用户，当其申请备用电源后，会产生无法作备用的后果。

③ 当由电缆线路送电至电网变压器时，会使低压电网无法合环并列运行。

④ 多条电缆并列运行时，若其中一条或几条电缆相位接错，会产生合不上开关的恶果。

5.5.2　常用电缆相位试验方法

鉴于上述原因，《电气设备交接和预防性试验标准》中明确规定：电缆线路在交接、运行中重作接头或拆过终端引线时，都必须检查电缆线路的相位，确保其与两端电力系统设备相位的一致。电缆线路的相位试验有许多方法，目前比较常用又方便的方法有以下几种。

（1）电压表法

在电缆首端确认相位后，将干电池组的正负极分别接在电缆首端的任意两相，然后采用表盘中央指示零值、具有适当量程的直流电压表，检测电缆末端任意两相的电压值。当末端检测的两相不是首端加直流电源的两相时，电压表指示为零；当末端检测的两相与首端加直流电源的两相对应时，电压表指示不再为零，根据电压表指针的偏转方向，即可判断这两相的相位。三芯电缆的另一相不必再测。

当一根运行电缆线路的中间部位损坏修理时，也可以利用上述方法找出断开电缆两端的对应线芯进行连接。

（2）指示灯法

以电缆一根线芯和金属屏蔽或铠装分别为正负两极，在电缆首端利用干电池施加直流电压，然后在电缆末端用指示灯依次接通A、B、C三相和金属屏蔽或铠装。指示灯发亮的一相与电缆首端接通干电池的一相为同相，指示灯不亮时为异相。依次重复试验，即可确定其他相位。

(3) 电阻法

对一根性能良好的电力电缆核相时，可将首端一相接地，其余各相"敞口"，用绝缘摇表或万用表在末端测绝缘电阻，绝缘电阻为零的一相与首端接地相同相，否则为异相。也可以在首端一相"敞口"，其余各相接地，不过这时在末端测得绝缘电阻值为∞的一相与首端"敞口"相同相。依次重复上述试验，即可确定其他各相相位。

(4) 带电核相法

上述三种核相方法，均是在同一条电缆上确认两端相位，工程上称这种核相形式为"找对"。当电缆联络两个电源时，先将电缆与一电源合闸接通，再将该电缆与另一电源合闸投运前，仍需要核对相位。这时，由于电缆已带电，多采用专用设备"核相器"。为防止误判断或损坏"核相器"，"核相器"应根据不同的电压等级去选用。"核相器"有发声指示、发光指示或旋转指示等几种，但其工作原理却大致相同：即当两笔接触（或靠近）两电源的相同两相时，由于无电位差而无声、光或旋转指示，否则将发出声、光或旋转等明显的指示。

对于大型电力系统，在合闸前，有时需要测试两电源的相角差。这时需要采用"相角仪"来测试，而普通的方法及"核相器"均无法测出相角。利用"相角仪"核相的方法，在电缆施工中并不常用，因此这里不作详细的介绍。

5.6　高压交联聚乙烯绝缘电缆的竣工试验

(1) 高压交联聚乙烯绝缘电力电缆的试验项目，包括下列内容。

① 测量绝缘电阻。

② 交流耐压试验。

③ 测量金属屏蔽层电阻和导体电阻比。

④ 检查电缆线路两端的相位。

（2）交联电力电缆线路的试验。

（3）测量各电缆导体对地或对金属屏蔽层间和各导体间的绝缘电阻。

（4）交联聚乙烯电缆交流耐压试验方法

① 交联聚乙烯电缆预防性试验采用直流耐压试验的缺陷　近年来国内外的试验和运行经验证明：直流耐压试验不能有效地发现交联电缆中的绝缘缺陷，甚至造成电缆的绝缘隐患。德国Sechiswag 公司在 1978～1980 年 41 个回路的 10kV 电压等级的交联聚乙烯电缆中，发生故障 87 次；瑞典的 3～24.5kV 电压等级交联聚乙烯电缆投运超出 9000km，发生故障 107 次，国内也曾多次发生电缆事故，相当数量的电缆故障是由于经常性的直流耐压试验产生的负面效应引起。因此，国内外有关部门广泛推荐采用交流耐压取代传统的直流耐压。IEC 62067/CD 要求对于 220kV 电压等级以上的交联电缆不允许直流耐压。

直流耐压试验时对绝缘的影响主要表现如下。

a. 电缆的局部绝缘气隙部位由于游离产生的电荷在此形成电荷积累，降低局部电场强度，使这些缺陷难以发现。

b. 试验电压往往偏高，绝缘承受的电场强度较高，这种高电压对绝缘是一种损伤，使原本良好的绝缘产生缺陷，而且，定期性的预防性试验使电缆多次受到高压作用，对绝缘的影响形成积累效应。

c. 试验时，其电场分布是按体积电阻分布的，与运行工况下的电场分布不同，不能准确反映运行时的绝缘状况。

d. 交联电缆绝缘层易产生电树枝和水树枝，在直流电压下易造成电树枝放电，加速绝缘老化。

交流耐压试验由于试验状况接近电缆的运行工况，耐压电压值较低，而且，耐压时间适当加长，更能反映电缆绝缘的状况以及发现绝缘中的缺陷。

② 调频式串联谐振耐压试验装置的原理　图 5-4 中变频电源

输出频率可变的交流电压，高压谐振电抗器的电感值 L 固定不变，在这样的 LRC 串联回路中，当变频电源的频率 f 逐步升高时，谐振电抗器的感抗 $X_L = 2\pi fL$ 逐步增大，而被试品 C_X 的容抗 $X_C = 1/2\pi fC$ 随着频率 f 的增大，反而逐步减小，至某一频率时回路中感抗与容抗相等，出现串联谐振，电感中的磁场能量与试品电容中的电场能量相互补偿，电源只提供回路的有功损耗。串联谐振典型试验接线见图 5-5。

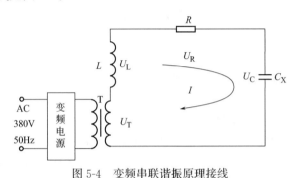

图 5-4　变频串联谐振原理接线

T—励磁变压器；L—电抗器；C_X—试品电容；R—回路等效电阻

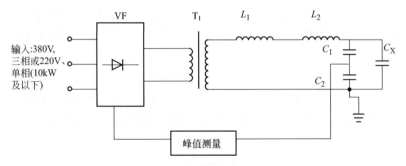

图 5-5　串联谐振典型试验接线

VF—变频控制器；T_1—励磁变压器；L_1，L_2—高压电抗器；

C_1，C_2—高压分压器高、低压臂；C_X—试品

高压电抗器 L_1、L_2 可并、可串接使用，以保证回路在适当的频率下谐振。通过变频控制器 VF 提供电源，试验电压由励磁变

压器 T1 经过初步升压后，使高电压加在高压电抗器 L 和试品 C_X 上，通过改变变频控器的输出频率，使回路处于串联谐振状态。调节变频电源的输出电压幅度值，使试品上的高压达到合适的电压值。

回路的谐振频率取决于与被试品串联的电抗器的电感 L 和试品的电容 C_X，谐振频率 $f = \dfrac{1}{2\pi\sqrt{LC_X}}$。

（5）交联电缆的交流耐压试验标准

交联电缆的交流耐压试验标准见表 5-5。

5.7 电力电缆的试运行和交接验收

5.7.1 投入运行前的检查

电力电缆运行前应对整个电缆线路工程进行检查，并审查试验记录，确认工程全部竣工、符合设计要求、施工质量达到有关规定后，电缆线路才能投入试运行。检查内容如下。

① 电缆排列应整齐，电缆的固定和弯曲半径应符合设计图纸和有关规定，电缆应无机械损伤，标志牌应装设齐全、正确、清晰。油浸纸绝缘电缆及充油电缆的终端、中间接头应无渗漏油现象。

② 充油电缆的供油系统安装应牢固，无渗漏油现象，供油、压力报警及测温系统的安装应符合设计图纸，油压整定值及电接点压力报警值应符合要求。充油电缆的油压应正常，油压报警系统应在运行状态。

③ 35kV 以上交流系统中单芯电缆金属护套的连接与接地应符合设计图纸要求，质量应良好。

④ 电缆沟及隧道内应无杂物，电缆沟的盖板应齐全，隧道内的照明、通风、排水等设施应符合设计要求。

⑤ 直埋电缆的标志桩应与实际路径相符，间距符合要求。标志应清晰、牢固、耐用。

⑥ 水底电缆线路两岸、禁锚区内的标志和夜间照明装置应符合设计要求。

⑦ 电缆的防火设施应符合设计要求，施工质量合格。

⑧ 电缆线路的试验项目应齐全，试验结果应符合要求。

5.7.2　试运行中的检查与测试

（1）试运行中的检查

① 电力电缆带负荷试运行后，应检查电缆的负荷电流，其值不应超过电缆的持续允许载流量。

② 检查油浸纸绝缘电缆、充油电缆及其终端、中间接头的外部，应无渗漏油现象。对终端铅封部分、瓷套上下法兰密封处、供油管路的接头及焊接部位应特别加强检查，因为这些部位最容易发生渗漏油。

③ 充油电缆带负荷后应定期检查压力箱油压的变化是否正常。对于一个回路的三相充油电缆，其三个独立的供油系统的压力变化应基本相同，如有显著差别，则表示已有不正常情况产生。运行时压力箱的压力以一定的滞后时间随着负荷电流的增加而上升，如压力表指示压力连续下降时，表明电缆某些地方可能发生漏油，应进一步检查漏油点。电缆只发生微量渗漏油时，只要压力箱尚能供油给电缆以补偿漏去的油量，而油压又能维持在最低允许值以上时，即使在漏油的情况下，电缆还可以维持运行，此时应加强油压监视，并做好准备，安排适当时间进行处理。如果需要对电缆补充油时，必须使用同一产地、同一型号的电缆油，并经过真空去气处理后，才允许补充到压力箱内。

④ 电缆在负荷电流下，由于导体电阻的损耗、绝缘介质的损耗以及金属护套和金属铠装的损耗，使电缆发热，温度升高。温度过高将使电缆绝缘加速老化。为了使电缆安全运行，应限制电缆导体的运行温度。电力电缆的最高允许温度不应超过表 2-36 所列数值。35kV 以上重要回路高压电缆宜装设有效的测温装置，以便在运行中对电缆进行监测。

⑤ 110kV 及以上电压的直埋电缆,当其表面温度超过 50℃时,应采取降低负荷电流或改善回填土的散热性能等措施。

⑥ 电缆同地下热力管道交叉或接近敷设时,电缆周围的土壤温度,在任何时候不应超过本地段其他地方同样深度的土壤温度 10℃。

(2) 35kV 以上交流单芯电缆金属护套感应电压和电流的测试

金属护套两端接地的电缆线路,当负荷电流接近额定值时,可分别测量两端接地线的环行电流,其值相差应很小。如果相差很大,说明接地不良或护层绝缘有损坏。对于护层一端接地的电缆线路,在额定电流时,测量直接接地端接地线的电流,其值应为零,如果电流很大,说明护层绝缘损坏。另外可测量非直接接地端金属护套的感应电压(相对地)。对于护套交叉互联的电缆线路应测量各相金属护套电流、交叉互联处金属护套感应电压及绝缘接头两侧金属护套接地电流。

(3) 充油电缆带负荷后的温度测量

充油电缆运行温度的监测,目前尚无成熟的经验,一般通过埋于金属护套外的传感元件来间接测量,传感元件可用康铜丝或半导体温差电阻。为了不损坏铠装层,通常将传感元件埋于金属护套接地端的终端尾管铅封以下的金属护套上。当电缆带上负荷后,测定电缆钢带的温度,通过查表换算到电缆导体的温度。在满负荷下测算出电缆导体的温度应不超过 75℃。

5.7.3 交接验收应提供的技术资料

电缆线路竣工后,在交接验收时应提交下列技术资料。

① 设计图纸资料、电缆清册、变更设计的证明文件和竣工图。

② 电缆线路路径协议文件。

③ 充油电缆线路的敷设布置图,终端、中间接头及供油系统的安装图,测温及油压报警系统接线图。

④ 直埋电缆线路的敷设位置图,比例尺一般为 1∶500,地下管线密集的地段不应小于 1∶100,管线稀少且地形简单的地段可为 1∶1000。平行敷设的电缆线路,可合用一张图纸,但必须标明

各条线路的相对位置，并有标明地下管线的剖面图。

⑤ 制造厂提供的产品说明书、试验记录、合格证件及安装图纸等技术文件。

⑥ 电缆敷设及终端、中间接头的施工技术记录，如电缆的规格、型号，实际敷设长度，弯曲半径，终端、中间接头的形式及施工日期，温度、天气情况，绝缘绕包的实际尺寸，填充的绝缘材料名称、型号，施工中发生的问题、处理方法和结果，充油电缆真空浸渍时间和真空度、电缆油型号等。

⑦ 提交下列试验记录

a. 电缆线路交、直流耐压试验和泄漏电流记录。

b. 高压单芯电力电缆外护套绝缘电阻及耐压试验记录，护套绝缘保护器试验记录。

c. 充油电缆除以上两项以外，尚应提交下列试验记录。ⓐ电缆终端、中间接头及压力箱电缆油的介质损耗因数和工频击穿电压试验记录。ⓑ电缆导体直流电阻测量记录。ⓒ压力箱油压上、下限整定及油压报警系统调试记录。ⓓ电缆带负荷后导体温度测试记录。ⓔ电缆金属护套感应电压和电流测试。ⓕ电缆线路油流试验记录。ⓖ浸渍系数试验记录。

5.8　YHCX2858 变频串联谐振耐压试验装置使用介绍

随着电力事业的不断发展，6～110kV 等级的交联聚乙烯电缆应用越来越广泛。根据《电气装置安装工程电气设备交接试验标准》（国标 GB 50150—2006）和《电力设备预防性试验规程》（DL/T 096—1996）的要求，此类高压电缆的安装验收和年度检修中，均需进行交流耐压试验项目，然而对这类电容性试品，采用常规工频耐压试验，所需试验设备和电源容量都非常大，在现场进行试验难度也很大。对于同一试品而言，采用变频谐振试验方式，所需的电源容量和设备最小，重量也最轻。谐振试验系统在试品击穿时，谐振条件破坏，试品上电压和电流随之减小，这有助于保护谐振电源和试品的安全，因此采用变频谐振耐压试验装置更适合现场应用。本节介绍的扬州华电电气有限公司生产的 YHCX2858 变频串联谐振耐压试验装置是目前较为常用的现场交流耐压设备，其外形见图 5-6。

图 5-6　YHCX2858 变频串联谐振耐压试验装置

5.8.1　应用范围

变频串联谐振成套试验装置是运用串联谐振的原理，利用励磁变压器激发串联谐振回路，通过调节变频控制器的输出频率，使得回路中的电抗器电感 L 和试品电容 C 发生串联谐振，谐振电压即为试品上所加电压。变频谐振试验装置广泛用于电力、冶金、石油、化工等行业，适用于大容量、高电压的电容性试品的交接和预防性试验。适用于 10kV、35kV、110kV、220kV、500kV 交联聚乙烯电力电缆交流耐压试验；适用于 66kV、110kV、220kV、500kV 等级 GIS 交流耐压试验；适用于大型发电机组、电力变压器工频耐压；适用于电力变压器的感应耐压试验等。

5.8.2　主要性能指标及特点

（1）主要技术指标

① 工作温度范围：−10～45℃。

② 相对湿度范围：≤90%。

③ 海拔：≤1000m。

④ 供电电源电压：380V±10％、三相或 220V±10％、单相（10kW 及以下）50/60Hz。

⑤ 供电电源容量：0～300kW。

⑥ 额定输出电压：0～1000kV。

⑦ 额定输出容量：0～35MV·A。

⑧ 工作频率范围：30～300Hz（亦可根据用户要求放宽频率范围）。

⑨ 频率调节分辨率：0.02Hz；不稳定度≤0.05％。

⑩ 噪声：≤60dB。

⑪ 系统测量精度：1 级。

⑫ 输出波形：正弦波波形畸变率≤1％。

⑬ 电抗器 Q 值：30～120。

⑭ 系统具有 IGBT 保护、过电压保护、过电流保护、试品闪络保护等全自动保护。

（2）主要特点

① 体积小，重量轻，适合于现场使用　变频控制器集调压、调频、控制及保护功能为一体，省去了笨重的调压器，而且操作方便、读数直观。由于系统电抗器品质因数 Q 值较高（30～120），有效地解决了由于电源容量的不足对现场试验的制约。当电压等级较高时，电抗器采用多级或叠积式结构，便于运输及现场安装。

② 安装可靠性高　变频装置采用先进的设计思想、高品质的 IGBT 及驱动回路使输出波形失真度小，频率输出稳定性好，具有良好的 IGBT 保护、过电流保护、过电压保护（保护值可根据需要人为整定）以及放电保护功能，可保护设备及人身的安全；当试品放电或击穿时，由于谐振条件被破坏，短路电流小，只有试品试验电流的 $1/Q$，避免了因击穿对试品造成的损坏。

③ 试验的等效性好　采用接近工频（30～300Hz）的交流电压作为试验电源，无论是在等效性和一致性上都与 50/60Hz 的工频电源非常接近，保证了试验结果的可靠性和真实性。

5.8.3 系统配置

（1）变频控制器

变频控制器从结构上分为两大类：20kW 及以上为控制台式，20kW 以下为便携箱式。它由控制器和滤波器组成。在系统中变频控制器的主要作用是把幅值和频率固定的工频 380V 或 220V 的正弦交流电转变成为幅值和频率可调的正弦波，并为整套设备提供电源。

变频控制器具有 IGBT 保护、过流保护、过压保护、放电保护、进线保护等可靠的保护功能，保证试验人员和试品的安全。

IGBT 保护：当 IGBT 电流过大或过热时，CPU 将停止工作，直到系统恢复正常。

过压保护：是指当试验电压超过人为整定的保护电压（保护电压可根据不同试验电压需要任意设定）时，控制器自动跳闸，CPU 停止工作，并提示系统发生过压保护。

过流保护：是当 CPU 检测到母线工作电流超过 IGBT 工作电流或 IGBT 温度过高时，CPU 会发生过流保护信号，装置停止工作，并通过液晶屏提示系统发生过流保护。

放电保护：当被试品击穿、短路或试品放电时，CPU 停止工作，并切断主回路。

进线保护、低通滤波器：不仅可以在稳态下使放电或击穿电流小，而且使暂态（瞬时）电流的破坏减小，从而保证设备和人身的安全。

测量部分：试验人员可直接从变频控制器控制面板上读取输入电压、电流、当前工作频率、变频控制器输出电压、电流及试品上所加谐振电压信号。

额定输入：380V、三相或 220V、单相 50/60Hz。

额定输出：0～400V 或 0～220V。

频率分辨率：0.02Hz。

输出波形：正弦波。

输出频率：20～400Hz。

额定容量：5kW、10kW、20kW、50kW、100kW、200kW、300kW（其中 5kW、10kW 可采用单相电源供电）。

（2）励磁变压器

励磁变压器的作用是将变频电源的输出电压升到合适的试验电压，满足电抗器、负载在一定品质因数下试验电压的要求（励磁变压器的容量一般与变频控制器相同）。为了满足不同电压等级、不同容量试品的试验要求，励磁变压器高压绕组一般有多个抽头。

（3）高压电抗器

高压电抗器 L 是谐振回路的重要部件，当电源频率等于 $f = \dfrac{1}{2\pi\sqrt{LC_X}}$ 时，它与被试品 C_X 发生串联谐振。电抗器的性能直接影响到系统 Q 值的大小。

（4）高压分压器

高压分压器是高电压测试器件，它由高压臂 C_1 和低压臂 C_2 组成，测量信号从低压臂 C_2 上引出，作为高压电测量和保护信号。

5.8.4　交联聚乙烯电缆试验接线及操作步骤

（1）进行交联聚乙烯电缆试验时决定系统配置参数的因素

系统谐振电压等级和容量取决于试品的电容量 C，试验电压 U 和试验频率 f。对于交联聚乙烯电缆决定系统配置的主要因素是：电缆的电压等级、电缆的截面积、试验电缆的长度及电缆要求的谐振频率范围。

（2）试验接线和操作步骤

交联聚乙烯电缆最大的特点就是容量大，若是采用工频或接近工频的交流耐压试验作为挤包绝缘电缆线路竣工试验，存在的最大困难是长线路需要很大容量的试验设备。例如 630mm^2、127/220kV 交联聚乙烯电缆线路，电容量为 0.188μF/km，若电缆长 3km，则每相电缆试验需要 50Hz 试验设备的容量至少为 2.9MV·A（试验电压 178kV、试验电流 30A），因此，采用传统的试验变压器的试验方法已经远远不能满足现场系统试验容量的要求。变频谐振试验装置利用变频谐振的原理，使电源容量减少为试品容量的 $1/Q$，设备的重量大大降低，使得高电压、长距离电缆的现场试验成为可能。同时利用试验频率允许在一定范围内（30～300Hz）可调和试验电抗器固定可调（单一电抗器电感是不可调的，但通过串并联，总电感可调）的原理，使得系统的柔性大大增加。

电缆试验的接线如图 5-5 所示。

5.8.5 试验操作步骤及注意事项

（1）试验操作步骤

① 根据图 5-5 所示线路接线，保证各点的接触良好，保证一点接地，且接地点距分压器最近。

② 确保连接无误后接通电源。

③ 打开主机电源开关会显示主菜单，如图 5-7 所示。

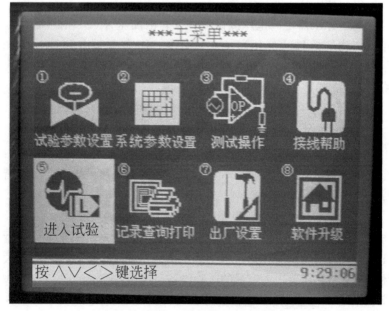

图 5-7 YHCX2858 变频串联谐振成套试验装置主菜单

④ 将光标移至试验参数设置，按确认键。进行各项参数的修改，用上下左右和确认键执行，参数设置如图 5-8 所示。

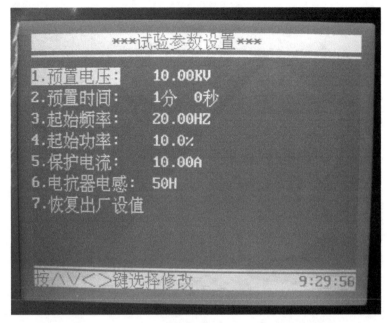

图 5-8　YHCX2858 变频串联谐振成套试验装置参数设置

然后返回主菜单。

⑤ 将光标移至系统参数设置，按确认键。进行时间参数的修改，用上下左右和确认键执行。

⑥ 将光标移至进入试验，如图 5-9 所示选择试验模式并按确认键。

⑦ 此时接上 IGBT 的输入电压选择试验方法，进行试品的试验，用确认键执行。

⑧ 选择手动试验时，首先进行的是找到试品谐振点，用上下键进行，使试验电压在最高点。在完成了此项操作后请按面板调压键用左右键移位，上键增加激励功率当接近试验电压后用右移键将光标移至小数点后慢慢增加功率防止试品击穿，到额定电压后主机

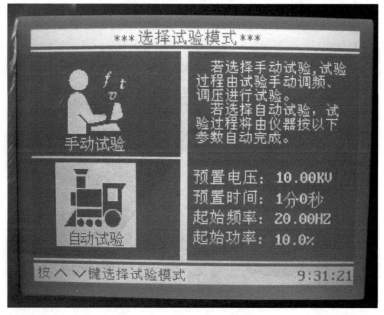

图 5-9   选择试验模式

开始自动计时至设定时间退出试验。选择自动试验时只要按确认键就不要这些操作了。

⑨ 进入试验前注意试品的安全距离，确保人身安全。

（2）注意事项

① 在给整机加电以前，一定要仔细检查各输入、输出接线是否正确和牢固，接地是否可靠，接地线采用一点接地，从面板上引出（接地线最好用裸铜线）。

② 试验时，电抗器不可置于铁板或铜板等导电材料上。

③ 试验升压之前需要整定过电压保护值，以防止试验过程中意外分闸。

④ 当变频控制器提示过电压保护、过流保护或放电保护时，请退出试验，重新整定电压电流保护值，再进入试验。

第6章 电缆线路的运行维护和管理

6.1 电缆线路的运行

6.1.1 电力电缆运行工况良好的标志

受电后的电力电缆承担了电力的传输任务，必须做到运行工况良好、安全可靠、故障少。良好工况的标志有如下几点。

（1）线路连接正确、继电保护齐全

① 电缆的连接应正确、牢固无松脱

运行的电力电缆的首端与变压器二次侧配套的开关柜内的断路器（或负荷开关）连接，末端与分支盒内开关连接，其连接要保证相序正确，连接牢固。连接用的紧固螺栓、螺母及平垫圈均为钢质制品。

② 各类保护齐全且动作灵敏

在线运行的电缆及其连接的配电、用电设施组成了一个完整的供配电系统，应具备下列继电保护及监控系统。

a. 齐全的电压、电流、功率指示仪表及功率因数表，以及过压、过流、过载保护。

b. 温度显示装置及火灾自动报警系统与灭火装置。

c. 电气设备及电缆故障显示装置。

（2）安全可靠、故障少

所谓安全可靠指在线运行的电缆不过载运行，各类表计及装置灵活，指示正确，具体表征如下。

① 电缆及配套设施不过热，通风良好（直埋或穿管暗敷电缆除外），缆沟内不积水，桥架电缆上无灰尘杂物覆盖。

② 不经常中断供电，无火灾发生。

③ 很少出现电缆接地、短路、断路或击穿故障。

④ 电缆及配送电运行、维护、保养组织机构健全，运行、维护人员落实、分工明确，且做到每日进行巡视和维护，一旦发生电缆及变、配电设施故障，能很快排除。

6.1.2 电缆线路的运行要求

为了保证电缆线路设备长期保持良好状态，安全可靠地运行，必须十分注意电缆线路设备的正确运行管理工作。电缆线路设备的运行工作主要包括线路巡视、预防性耐压试验、电源负荷测量、温度测量、防止腐蚀的检查管理工作。

（1）线路巡视

指派专职巡视人员，经常巡视并检查电缆线路、终端头附件和电缆线路沿途的场地情况，是防止外力破坏、消除鸟害和消除终端头瓷套管缺陷所引起的故障的有效方法。巡视人员将检查结果记入巡视记录簿内。巡视中所发现的缺陷，应分轻重缓急，采取对策及时处理。并应经常与有关单位（如城建、自来水、煤气、下水道、电话线、热力管等）加强联系，事先了解单位施工的地点及进展，主动掌握电缆线路上的情况，是防止外力破坏的有力措施。在施工现场及电缆线路附近，采取各种宣传措施以防止运行电缆受损。技术人员也必须定期做重点的监督性检查。运行部门可参照《电力电缆运行规程》的规定，结合当地的实际情况，制定各种设备的巡视检查项目和周期。巡视检查一般有如下内容。

① 巡视检查的周期可根据设备的多少和各设备的运行特点订出周期，周期宜短不宜长。

② 电缆线路上不准堆放笨重物体或打桩，并检查是否有被挖掘过的迹象。

③ 电缆线路上有否新建筑物。

④ 电缆线路有否下沉现象，特别是过桥电缆的桥堍两端。

⑤ 电缆线路上是否堆有含腐蚀性的物品。

⑥ 电缆被开挖后如有悬空的情况，必须用木板衬托后吊起。

⑦ 检查电缆的保护管、钢皮及终端头金属附件是否锈烂。

⑧ 电缆铅包有否龟裂、终端盒及瓷套是否有裂纹和渗油现象。

⑨ 电缆终端头尾线是否安全可靠，接线处是否有过热的现象。

⑩ 电缆的接地是否良好完备。

⑪ 橡塑电缆表面及雨罩是否有积灰爬电（放电痕迹）、绝缘老化现象。

⑫ 电缆的铭牌是否清楚正确。

⑬ 过河电缆岸边的警告牌是否完好。

另外在节日前夕，特殊天气如雾天、大雪天、雷雨季节、落冰雹后对满负荷运行的电缆应特别加强巡视。

电缆线路巡视要求如下。

制订巡视项目和巡视周期计划。各个单位电缆线路路数不同，敷设方法不同，所用电缆电压等级不同，但均须进行有计划、有项目地巡视。正常情况下电力电缆巡视检查项目内容有下列几点。

① 对直埋敷设在地下的电缆线路，应查看电缆走向的路面及地面是否有明显的压坑，有无挖掘痕迹，沿电缆走向线路标志牌是否完整无缺，如有不正常，应及时检测和排除。

② 对钢筋混凝土预制的缆沟电缆线路，应检查缆沟盖板齐全，不应断裂或缺少，应检查沟内通风良好，沟内无积水和积有其他杂物，检查沟内电缆温度正常，无异常运行声。

③ 桥架电缆线路应检查支架无松脱、线槽内无过多的积尘，通风良好，槽盖板齐全无损坏，检查防灭火装置齐全，无异常。

（2）预防性耐压试验

预防性耐压试验是电缆运行中对其绝缘水平进行周期性监视的重要手段，亦是探索隐形故障的有效措施。主要作用是判明电缆线路在试验电压作用下的绝缘性能，并记录测量的原始数据及条件情况，以便与历史记录比较，来判明电缆线路绝缘性能的变化情况，确定该电缆是否能继续运行。通过试验发现缺陷可缩短试验周期或停止运行进行检修，以防发生事故。

通过历次预试结果记录数据的分析，可以了解一条电缆的状况，使运行人员掌握主动权。因此预防性试验是减少电缆事故，保证电缆安全运行的不可缺少的一项工作。对于试验的周期，试验电压可根据《电气设备交接和预防性现场试验标准》进行。

（3）电缆负荷测量

对电缆负荷的监视，可以掌握电缆负荷变化情况和过负荷时间长短，有利于电缆运行状况的分析。电缆线路负荷的测量可用配电盘式电流表、记录式电流表或携带式钳形电流表测定。对无人值班的变电所电缆负荷的测定，每年应进行 2～3 次，1 次安排在夏季，另 1 次则在秋冬季高峰负荷期间，根据预先选定的最有代表性的一天进行。根据测量结果，进行系统分析，以便采取措施，保证电缆安全经济地运行。

电缆的允许载流量决定于导体的截面积和最高许可温度、纸绝缘及护层的热阻系数、电缆结构的尺寸、线路周围环境的温度和热阻系数、电缆埋置深度以及并列敷设的条数等。由于各季节气候温度不同，电缆允许载流量亦随之而异。当电缆过负荷时，电缆内部因热而膨胀，使铅包相对的胀大，但是铅包的伸缩性很小，当负荷减轻电缆较冷时，铅包不能像电缆内部其他组成部分一样恢复到原来的体积，因此就造成铅包和纸绝缘之间的空隙。这个空隙在电场作用下很易发生游离，促使绝缘老化，结果使电缆耐压强度大大降低。为了避免电缆由于上述原因发生故障，运行部门必须经常测量和监视电缆的负荷，使其不超过规定的限度。测量时间及次数应按现场运行规程执行，一般应选择最有代表性的日期和负荷最特殊的时间进行测量。自发电厂或变电所引出的电缆负荷测量可由值班人员执行，每条线路的电流表上应当画出控制红线以标志该线路的最大允许负荷。当电流表的指针超过红线时，值班人员应立即通知调度部门采取减荷措施。调度也可按额定的负荷来调配电网的负荷。在紧急情况下，电缆可以按过负荷继续运行，但过负荷的百分率和时间必须符合《电力电缆运行规程》的规定。

（4）电缆温度测量

仅仅监视或控制电缆的负荷并不能保证电缆的正常运行，因为它还受环境条件和散热条件的影响，所以还应进行温度的监测。利用各种仪器测量电缆线路的负荷电流以及电缆外皮温度、电缆接头温度等，目的是防止电缆绝缘超过允许最高温度而缩短电缆寿命。

不仅要测量电缆的温度，而且还应测量电缆周围的环境温度，仅仅检查负荷并不能保证电缆不过热，这是因为：a. 计算电缆允许载流量时所采用的热阻系数和集聚因数，与实际情况可能有些差别；b. 设计人员在选择电缆截面积时，可能缺少关于整个线路敷设条件和周围环境的充分资料；c. 城市或工厂地区经常有改建工程和添装新的电力电缆或热力管路等，对于原来的周围环境和散热条件产生影响。因此，运行部门除了经常测量负荷外，还必须检查电缆的实际温度来确定有无过热现象。在测量时应选择在负荷最大时和散热条件最差的线段（一般不少于 10m）进行检查。测量仪器可使用热电偶、热电阻压力式温度计或者红外线测温仪。

① 电缆外皮的温度测量　电缆外皮的温度测量，可确定电缆有无过热现象。测量时，先应确定测温点，按负荷最大时和散热条件最差的线段选择并进行测量。对于与电缆接近的交叉地区有外来热源的可能时，还应监测该地区的地温是否超过规定温升，可参照表 6-1 所示数值，一旦超过就应采用降温措施，以防止电缆过热损坏。

表 6-1　电缆接头短路温度

电缆接头形式	短路允许温度
焊锡接头	120℃
压接和螺栓连接接头	150℃
气焊或电焊接头	同导体温度相同

电缆接头温度的测量方法，要根据接头的形式确定。检查接头温度的方法，在电缆线路中较为普遍采用的有下列几种。

a. 示温蜡片法。测试时，将示温蜡片用绝缘棒粘贴在被测量处或在停电时先粘好，观察哪一个颜色蜡片熔化就表示达到哪一温度。示温蜡片分 60℃（黄色）、70℃（绿色）、80℃（红色）三种。

示温蜡片法的不足之处是反应时间较慢，粘贴不方便，只能粗略检查温度，故目前已很少采用它。

b. 变色测温笔法。它实际上是造船工业中监视焊接时受热工件温度用的量具，根据笔中的色素达到一定的温度能变色的特性来指示温度的。在电缆线路中用于测量接头温度，可选用变色温度为70℃的变色测温笔。使用时，将笔置于绝缘棒上在被测处划条线即可。当被测接头的温度超过70℃时，笔线颜色就会变成湖蓝色。这种测量方法测量温度迅速（1~2s），使用简便，价格便宜。

c. 红外线测温仪。如图6-1所示，这种测温方法精度远比上述两种高，并且可以在不接触电气设备的情况下进行测量工作。红外测温仪由光学系统、光电探测器、信号放大器及信号处理、显示输出等部分组成。光学系统汇聚其现场内的目标红外辐射能量，红外能量聚焦在光电探测器上并转变为相应的电信号，该信号再经换算转变为被测目标的温度值。红外测温仪的优点主要是便捷、精确和安全。

图6-1　红外线测温仪外形

上述测试方法虽然能反映出电缆外皮温度、接点温度，监视电缆的运行情况，但不能反映出电缆终端、接头等电缆薄弱部分内部的运行状态。图6-2所示为一种用来测量物体温度的非表面接触式热成像仪，该仪器采用彩色液晶显示，能够高精度地获取并记录物体内部各个部分的温度情况。这种仪器的结构紧凑，重量轻，并且有摄像处理系统，能获取数字化高质量的物体图像，还可自动跟踪温度，并记录回放的温度图，通过输出端子连接到计算机上，在计算机上进行图像数据分析。这种仪器用于电缆线路的测试，特别对于电缆终端、接头等内部温度状态的监测和图像分析效果很好，能及时发现因负荷而引起的局部发热情况，从而做到对运行电缆负荷的有效监视。

② 测量电缆金属内护层温度　为了保证能及时发现和解决电缆发热情况，根据运行管理部门长期经验总结，要对电缆线路运行

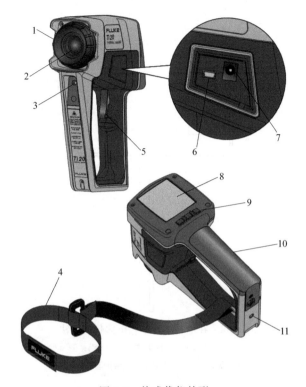

图 6-2　热成像仪外形

1—聚焦控制；2—光通道；3—激光孔；4—腕带和夹头；5—扳机，
用于定格热图像；6—USB 端口；7—AC 适配器；8—显示屏；
9—控制按键；10—电池仓；11—三脚架安装孔

时的实际温度进行测量，通常通过对电缆金属内护层温度测量来实现。目前用于测量电缆金属内护层温度的仪器主要是热电偶、线绕测温电阻。测量时，为保证测量的正确性，应将测点选择在散热最差的线路段，每一个测点放置两个热电偶仪（其中一个作为备用测温仪），两个热电偶仪测量点间的距离应不小于 10m，并在负荷最大时进行测量。热电偶仪的安装方法如图 6-3 所示。测温时应同时测周围的环境温度，但应注意：在测周围环境温度时，应与测电缆温度的元件保持一定的距离（无外来热源影响下

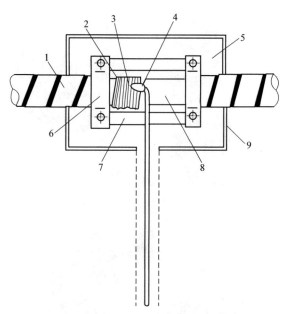

图 6-3   在电缆上安装热电偶仪的方法

1—电缆；2—钢丝；3—热电偶；4—焊锡；5—沥青；

6—钢轧头；7—连接铜片；8—铅护套；9—木盒

保持 3m 以上）。

（5）防止腐蚀

    电缆腐蚀一般指电缆金属护套（铅包或铝包皮）部分的腐蚀。金属被腐蚀结果是部分将变成粉状而脱落，金属护套逐渐变薄至穿透，失去密封作用而导致绝缘受潮，经一定的时间绝缘性能逐步下降，从而形成电缆线路的故障。一般情况下，由于电缆被腐蚀的过程发展很慢，不可能及时被发现，一旦发现时，腐蚀已经是极其严重的程度了，必须做更换处理。电缆腐蚀可分干腐蚀和湿腐蚀。外露于大气中与化学气体接触属干腐蚀，埋设于地下属湿腐蚀。湿腐蚀又分电腐蚀和自然腐蚀。自然腐蚀分别为寄生电池的作用（如细菌新陈代谢等）、透气差及异种金属的接触引起的腐蚀，干腐蚀主要是化学气体和非电解物质引起的腐蚀，化学腐蚀的原因一般是电缆线路附近的土壤中含有酸或碱的溶液、氯化物、有机物及炼炉灰渣等。下面按电缆腐蚀特性分化学腐蚀和电腐蚀（或称电解腐蚀）来说明电缆腐蚀及预防方法。

①　化学腐蚀　产生化学腐蚀的原因通常有两种情况：一种为电缆在制造过程中由于金属护套的外护套用料不当，浸渍剂中含有对铅包或铝包有腐蚀性的物质，如石炭酸等；另一种为电缆在使用中，周围环境所引起腐蚀，如土壤中含有酸、碱溶液、氯化物、有机物腐蚀介质等，均容易引起电缆腐蚀。对化学腐蚀没有太好的防治方法，属于制造缺陷，当然由制造厂改进。对周围环境造成的腐蚀，较难解决，一般将电缆改道或采用防腐性能好的电缆。铝包比铅包更容易遭受腐蚀，如氨水对铅没有多大腐蚀，但对铝包腐蚀严重，因此铅（铝）包电缆如在接头中破坏了制造厂所做的防腐层，必须认真处理修好，否则极易发生故障。

②　电解腐蚀　电解腐蚀主要是由电气化铁道、直流电车轨道流入大地的杂散电流引起。另外，在同一地区里其他管道采用阴极保护时，则附近的电缆也会发生电解腐蚀。电缆金属护套是良好的导电体，杂散电流将通过电缆铅包流回电源。杂散电流从周围土壤中流入电缆铅包的地带叫做阴极带，杂散电流由电缆铅包流向周围土壤地带称阳极带。阴极地带一般没有腐蚀危险，但阳极地带的铅包则极易发生腐蚀，一般当从电缆外皮流出的电流密度一昼夜的平均值达 $1.5\mu A/cm^2$ 时，就有腐蚀危险。此时则应采取措施防止或减少杂散电流通过铅包。电腐蚀预防方法是：加强电缆外被层与杂散电流间的绝缘，它可基本消除杂散流对电缆金属护套和其他外导电层的影响；取消有轨电车，并监视无轨电车用接地回路的电缆的绝缘；远离电气化火车的铁轨或在电缆外加装绝缘遮蔽管；装设防止电腐蚀设备。目前，被广泛应用于防止电腐蚀的方法有牺牲阳极、外接电源、排流或强排流、极性排流和设置阴极站等。

腐蚀的化合物是褐色的过氧化铅时，一般可判定为阳极地区杂散电流腐蚀；呈鲜红色也有呈绿色或黄色的铅化合物时，一般可判定阴极地区杂散电流腐蚀；铅包腐蚀生成物如为白色豆状带淡黄或淡粉红色的化合物，一般可判定为化学腐蚀。

6.1.3　电缆线路的故障分类

（1）低阻故障和开路故障

凡是电缆故障点绝缘电阻下降至该电缆的特性阻抗，甚至直流电阻为零的故障均称为低阻故障或短路故障（注：这个定义是从采用脉冲反射法的角度，考虑到波阻抗不同对反射脉冲的极性变化的影响而定的。对于电桥法，低阻故障的定义不受特性阻抗概念的限制）。这个概念主要是指故障点在电缆终端而言，定义并不十分严格。如果故障点在电缆中的某个位置，由于故障电阻与电缆特性阻抗并联，故障点的等效阻抗是故障电阻与电缆特性阻抗的并联值，即使故障电阻值大于电缆特性阻抗数倍时，其反射脉冲的极性仍然会与发送脉冲相反，呈短路性质反射。这里给出一个电缆特性阻抗的参考值：铝芯 240mm^2 截面积的电力电缆的特性阻抗约为 10Ω；铝芯 35mm^2 截面积的电力电缆的特性阻抗约为 40Ω；其余截面积的铝芯电力电缆的特性阻抗一般在 $10\sim40\Omega$ 之间，可据此估计。

凡是电缆绝缘电阻无穷大或虽与正常电缆的绝缘电阻值相同，但电压却不能送至用户端的故障均称为开路（断路）故障。低阻故障和开路故障可以用低压脉冲法直接测得故障距离。

（2）电力电缆的高阻故障（包括高阻泄漏故障和闪络性故障）

电缆故障点的直流电阻大于该电缆的特性阻抗的故障均称为高阻故障。

① 高阻泄漏故障　在做电缆高压绝缘试验时，泄漏电流随试验电压的增加而增加。在试验电压升高到额定值时（有时还远远达不到额定值），泄漏电流超过允许值，称为高阻泄漏故障。

② 闪络性故障　试验电压升至某值时，监视泄漏电流的电流表指示值突然升高，且表针呈闪络性摆动，电压稍下降，此现象消失，但电缆绝缘仍有极高的阻值，这表明电缆存在有闪络性故障。而这种故障点没有形成电阻通道，只有放电间隙或闪络表面的故障

便称为闪络性故障。

一般的高阻故障点的性质，可用图 6-4 的等效电路表示。

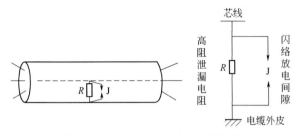

图 6-4　闪络性故障的等效电路示意

高阻故障的表现形式尽管多种多样，但其本质均表现在图 6-4 等效电路中的"高阻泄漏电阻"上。"高阻泄漏电阻"的阻值直接决定了高阻故障的特性。它们可以是"高阻泄漏故障"，或者是"高阻闪络性故障"，或者是二者兼有之的故障。例如：当 R 近似无穷大时，故障点 J 两端的直流电压可以增至相当高而泄漏电流还不至于超过额定值，完全可能在电压升至额定值前故障间隙 J 被击穿，从而形成闪络性故障。当 R 小于一定值，做耐压试验时，由于 R 的存在而产生较大的泄漏电流。这样大的泄漏电流将在高压电源的内阻上产生较大的压降，从而使故障间隙 J 两端的电压无法升高，J 可能就不会被击穿。欲升高电压，泄漏电流势必增加。因此完全可能因泄漏电流大大超过允许值而使继电器保护动作，J 也就不会出现闪络现象。当 R 等于零或小于被测电缆的特性阻抗时，故障性质便变成低阻故障。

电力电缆的高阻故障无法用低压脉冲法测得故障距离，只能用冲击高压闪络法进行测量。测量的基本原理其实就是利用冲击高压将故障点瞬时击穿放电，用电缆仪记录故障点击穿放电时突跳电压（或电流）波在故障点与测试端来回反射的时间差计算故障距离。

6.1.4　常见电缆故障原因

致使电缆发生故障的原因是多方面的，现将常见的几种主要原因归纳如下。

（1）机械损伤

很多故障是由于电缆安装敷设时不小心造成的机械损伤或安装后靠近电缆路径作业造成的机械损伤而直接引起的。有时如果损伤轻微，在几个月甚至几年后损伤部位才发展到铠装、铅（铝）护套穿孔，潮气侵入而导致损伤部位彻底崩溃形成故障。直接受外力作用造成的损坏主要有施工和交通运输所造成的损坏。例如，挖土、打桩、起重、搬运等都可能误伤电缆。行驶车辆的振动或冲击性负荷，也会造成穿越公路或铁路以及靠近公路或铁路并与之平行敷设的电缆的铅（铝）护套的疲劳裂损，形成故障。

（2）电缆外皮的电腐蚀

如果电力电缆埋设在附近有强烈地下电场的地面下（如大型行车、电力机车轨道附近），往往出现电缆外皮铅（铝）护套腐蚀致穿的现象，导致潮气侵入，绝缘破坏。

（3）化学腐蚀

电缆路径在有酸碱作业的地区通过，或从有苯蒸气产生的场地经过往往会造成电缆铠装和铅（铝）护套大面积长距离被腐蚀。

（4）自然力造成损坏

这方面的损坏主要包括：中间接头、终端头受自然拉力和内部绝缘胶膨胀的作用所造成的电缆护套的裂损。因电缆自然胀缩和土壤下沉所形成的过大拉力，拉断中间接头或导体以及终端头护套因受力而破损等。地面下沉现象往往发生在电缆穿越公路、铁路及高大建筑物的地段，由于地面的下沉而使电缆垂直受力形变，导致电缆铠装、铅（铝）护套破裂甚至折断而造成各种类型的故障。

（5）电缆绝缘物的流失

尤其是油浸纸电缆，电缆敷设时地沟凸凹不平，或处在电杆上的户外头，由于电缆的起伏、高低落差悬殊，高处的电缆绝缘油流向低处而使高处电缆绝缘性能下降，导致故障发生。

（6）过热

造成电缆过热的因素有多方面的，既有内因，又有外因。内因主要是电缆绝缘内部气隙游离造成局部过热，从而使绝缘炭化；外因是电缆过负荷产生过热。安装于电缆密集地区、电缆沟及电缆隧道等通风不良处的电缆，穿在干燥管中的电缆，以及电缆与热力管道接近的部分等，都会因本身过热而使绝缘加速损坏。长期过负荷运行，会使电缆的温度随之升高，尤其在炎热的夏季，电缆的温升常常导致电缆整体绝缘下降，薄弱处和接头处首先被击穿。在夏季，电缆故障率高原因正在于此。

（7）拙劣的技工、拙劣的接头与不按技术要求敷设电缆往往都是形成电缆故障的重要原因。

（8）在潮湿的气候条件下做接头，使接头封装物内混入水汽而耐不住试验电压，往往形成闪络性故障。

（9）过电压

过电压主要是指大气过电压（雷击）和电缆内部过电压。对实际故障进行的分析表明，许多户外终端头的故障是由大气过电压引起的。电缆本身的缺陷也会导致在大气过电压的情况下发生故障。在对电缆故障发生原因的分析中，极重要的是要特别注意了解高压电缆敷设中的情况。若电缆外表观察到可疑之点，则应查阅电缆安装敷设工作完成后的正确记录。这些记录应包括如下细节：铜芯或铝芯导线的截面积；绝缘方式；各个对接头的精确位置；三通接头的精确位置；电缆路径的走向；某一电缆到别的电缆或接头的情况，以及两种不同截面积的电缆对接头的精确位置和有无反常的敷设深度或者有特别的保护措施，如钢板、穿管和排管等；电缆敷设中的技工和技术员的姓名；历次发生故障的地点及排除经过等。

当欲快速定位故障时，所有这些资料是非常有价值的。由于制造缺陷而造成的电缆故障不多，因而对于事故的其他原因分析，应充分考虑到上述细节。

6.1.5 电缆绝缘老化原因

在线运行的电力电缆及电气装备用电缆因受机械力、电动力、热力及化学腐蚀等多种因素影响,其绝缘层将老化发脆变硬,影响使用,结果因老化导致电缆击穿而使使用寿命减短。

在机械力、电动力、热力及化学作用四种因素中,热力及化学作用主要是敷设场所及周围环境所致。从 20 世纪 80 年代起,以聚乙烯绝缘及交联聚乙烯绝缘为主体的塑料电缆,因其具有良好电性能、重量轻、价格低和施工方便等特点,故在国内输配电电力线路和控制线路中的应用日趋增多。由于该类电缆采用塑料绝缘,受环境条件影响而老化比其他品种更为严重。现以聚乙烯绝缘电缆为例,说明电缆受环境条件的影响而产生老化情况。

(1) 不同敷设方法对电缆的老化影响

电力电缆的主要敷设方式有地下直埋敷设、架空(含钢索)敷设、缆沟敷设及水下或海底敷设。因敷设安装方式不同受环境条件作用不同,可能出现的老化形式和程度也不同,造成电缆使用寿命长短差别很大。表 6-2 是不同敷设方式对聚乙烯绝缘电缆的环境老化因素及形式。

表 6-2 不同敷设方式对聚乙烯绝缘电缆环境老化因素及形式

序号	电缆敷设方式	环境老化因素	可能出现的老化形式
1	架空或钢索敷设	(1)受阳光中紫外线作用,受大气中臭氧的作用	绝缘表面脱色、绝缘硬化发脆和开裂或龟裂,这些都是绝缘老化的具体表现
		(2)受有害气体二氧化硫(SO_2)及硫化氢(H_2S)腐蚀作用	
2	地下直埋敷设	(1)受表面活化剂作用	绝缘硬化、开裂或龟裂
		(2)土壤内有机溶剂作用	能软化、溶解绝缘
		(3)地下油污作用	
		(4)地下化学药剂作用	绝缘硬化、开裂、软化、溶解
		(5)土壤中水分潮气	绝缘电阻低,绝缘产生水树
		(6)土壤中硫化物作用	绝缘产生硫化树
		(7)土壤中盐、碱作用	

续表

序号	电缆敷设方式	环境老化因素	可能出现的老化形式
3	缆沟敷设	(1)沟内进水电缆受潮	绝缘电阻低,绝缘产生水树
		(2)环境温度高,通风不佳	绝缘层过热硬化发脆、开裂、龟裂
		(3)空气中有害气体:如 SO_2 及 H_2S 等	使电缆塑料绝缘层硬化发脆、开裂、龟裂
		(4)化学药剂流入缆沟内	绝缘硬化发脆、软化、溶解
		(5)硫化物入侵电缆沟	绝缘产生硫化树
4	海底敷设	(1)受海水作用	绝缘产生水树
		(2)受海生物(如海藻)的影响	绝缘产生硫化树

（2）各式各样的环境老化

电缆敷设场所及周围存在气体、液体及固体三大类介质，三类介质对电缆产生不同影响，如空气中有害气体会腐蚀电缆绝缘，有害液体及固体同样如此。表 6-3 列出了部分环境条件对聚乙烯等几种电缆的影响。

表 6-3　使用环境条件（气、液、固体介质）对电缆的影响

环境条件内容	聚氯乙烯电缆	聚乙烯电缆	橡胶电缆	尼龙电缆	油浸纸绝缘电缆
变压器油	○	○	×	○	√
硅油	○	○			
氟利昂 12	○	○	√	√	×
杂酚油	×	△			
甲酚	○	○			
苯酚	○	○			
苯胺	○	○		√	×
苯二甲酸二辛酯	△	○	√	√	○
醋酸乙烯	△	○	○	○	×
沥青	○	○	√	√	○
盐酸(10%)	√	√	√	√	△
盐酸(38%)	√	√	√	√	△
硫酸(10%)	√	√	√	√	△
浓硫酸(发烟)	×	×			

环境条件内容	聚氯乙烯电缆	聚乙烯电缆	橡胶电缆	尼龙电缆	油浸纸绝缘电缆
硝酸(10%)	√	√	√	√	×
醋酸(50%)	√	○			
亚硫酸气	√	○			
氨气	○	√			
氨水	○	○			
氯气	×	×			
过氧化氢	○	○			
硫化氧	△				
稀氢氧化钠	○	○			
食盐水	√	√	√	√	×
海水	√	√	√		×
土壤	√	√	√	√	√

注:"√"表示环境条件对电缆不受影响;"×"表示严重侵蚀条件,不可用的电缆;"○"表示环境虽起作用,但对电缆影响不大;"△"表示环境条件可避免使用电缆。

6.1.6 几种环境老化机理分析

（1）电缆绝缘受环境条件影响出现脱色

架空电缆在运行中受阳光中紫外线、臭氧作用,其绝缘层出现脱色,这是电缆绝缘老化形式中最常见、最轻微的一种老化表现。脱色虽然对电缆妨碍不大,但它是电缆绝缘进一步老化的先兆。为使电缆绝缘不进一步老化,应加强维护,采取防阳光及紫外线辐射措施,减少其脱色现象,也是维护保养不可忽略的。

（2）电力电缆出现水树故障

就聚乙烯绝缘电缆而言,它的耐水性比油浸纸绝缘电缆要强,橡胶电缆、尼龙电缆的耐水性能均好,然而一旦水分进入缆芯导体中,在电缆送电运行过程中,在电磁的作用下,水分就会从内向外呈树枝状的伸展,最终导致电缆绝缘击穿,通常称这种击穿现象为水树。水树现象通常在高压、大容量的电力电缆中发生。故维护中要强调缆沟内不能积水，桥架电缆线槽盒一定要加盖。

（3）电缆出现硫化树故障

电缆的硫化树故障是由于电缆敷设环境周围有硫化物存在，如硫化氢的水溶液，它可以透过聚乙烯绝缘及油浸纸绝缘电缆的护套和绝缘层，直达电缆的芯线导体。如这些电缆芯线导体为铜材，铜和硫化物产生化学反应，将产生硫化亚铜等黑色的腐蚀物。随着这些腐蚀物不断地增加和聚积在芯线导体上，最后将呈现树枝状贯穿整个绝缘层，最终使电缆绝缘击穿。

因硫化物导致的电缆产生硫化树过程与电磁强度的关系不大，所以这类故障现象在高压电力电缆中几乎不存在，只有在低压电力电缆、控制及信号电缆中发生，又因这几类电缆的绝缘厚度较薄，受硫化作用导致绝缘破坏和击穿时间比高压电缆水树故障更短，一般敷设运行仅几年就出现硫化树而击穿。故石化厂矿电缆运行寿命比其他环境下短。

（4）电缆的硬化、开裂、软化或溶解

电缆绝缘出现硬化、开裂、软化或溶解，均是电缆老化的又一具体体现。从表 6-2 及表 6-3 中也可看出，它只在特定的环境老化因素和电缆护套材料情况下发生。就塑料电缆来说，聚乙烯护套的化学稳定性要比聚氯乙烯护套好。但在应力存在的条件下，当聚乙烯护套处在表面活性剂（如洗涤剂）之中，则将产生所谓的环境应力，使电缆绝缘开裂，而在聚氯乙烯护套中就可避免。从而说明电缆护套的选择要因地制宜，应按环境条件选择。

6.1.7 电力电缆故障诊断的一般步骤

电力电缆故障的测寻一般按如下步骤进行。

（1）电力电缆故障性质的确定

电力电缆发生故障以后，必须首先确定故障的性质，然后才能确定用什么方法去进行故障的粗测。否则，胸中无数，盲目进行测寻，不但测不出故障点，而且会拖延探测故障的时间，甚至因粗测方法不当而损坏测试仪器。

　　所谓确定故障的性质，就是指确定故障电阻是高阻还是低阻；是闪络性还是封闭性故障；是接地、短路、断线，还是它们的混合；是单相、两相，还是三相故障。可以根据故障发生时出现的现象，初步判断故障的性质。例如，运行中的电缆发生故障时，若只是给了接地信号，则有可能是单相接地故障。继电保护过流继电器动作，出现跳闸现象，则此时可能发生了电缆两相或三相短路或接地故障，或者是发生了短路与接地混合故障。发生这些故障时，短路或接地电流烧断电缆将形成断线故障。如果通过上述判断还不能完全将故障的性质确定下来，还必须测量绝缘电阻和进行"导通试验"。

　　测量绝缘电阻时，使用兆欧表（1kV 以下的电缆用 1000V 的兆欧表；1kV 以上的电缆用 2500V 的兆欧表）来测量电缆线芯之间和线芯对地的绝缘电阻。进行"导通试验"时，将电缆的末端三相短接，用万用表在电缆的首端测量芯线之间的电阻，以判断三相中某相有无断线或短路的现象。有时为了弄清故障点的击穿电压，还要进行直流耐压试验，即确定故障的性质。

　　（2）粗测

　　粗测（初步确定）电缆故障点的距离，是排除电缆故障的一个很重要步骤。所谓粗测，就是测出故障点到电缆任一端的大致距离。粗测是故障精确定点前的必要准备。无论电缆仪的分辨率有多么高，所读出的故障点距离仅仅代表了从电缆测试端到故障点的电缆长度。由于电缆的埋设路径不可能是一条直线，而且每一个端头和中间接头都不可避免存在预留长度，以便出故障后检修之用。所以电缆仪读出的故障距离不可能和地面度量距离完全一致，有时相差数十米也是合理的。电缆仪的读数只能作为精确定点时的重要参考。对于精确定点，一味要求电缆仪的读数误差小到一两米都是不必要的。有的厂家把他们生产的仪器粗测精度夸张到零点几米是没有道理的。

　　近年来，国内外很重视电力电缆故障探测技术的开发研究。早期的方法是，使高阻故障经过烧穿后变成低阻故障，而后再用电桥法或低压脉冲反射法进行粗测。因为采用这种方法进行"烧穿"很费时间、人力和电力，而且需要庞大的设备。目前已经开发出可靠的冲击高压闪络法、二次脉冲法、智能高压电桥法等先进测试技术。所以，现在探测电力电缆故障时，不再将高阻故障"烧穿"，而是直接对故障电缆的故障相施加直流高压或冲击高压，使故障点电离放电闪络，然后再通过闪络脉冲的反射波粗测出故障点的位置。

粗测法实际上可归纳为两类，即经典法（如电桥法等）和现代法（如闪络法等）。现代法与经典法相比，具有不需要占有有关电缆的精确数据（如电缆长度、截面、接头数等），测寻速度快（不需要"烧穿"）等优点。

（3）测寻故障电缆的敷设路径

对于埋地电缆，就是找出故障电缆的敷设路径和埋设深度，以便进行精测（定点）。当然，为了绘制埋地电缆敷设路径的图纸，有时也要测寻电缆的敷设路径。测寻方法是向电缆中通入音频信号电流，然后利用路径接收机天线线圈接收此音频信号。根据电缆正上方的电磁场变化规律确定电缆在地下的准确敷设位置和深度。

（4）故障点的精确定位

也就是确定故障点的精确位置。通常，采用声测、感应、测接地电位（跨步电压法）等方法进行定点。

上述四个步骤是一般的测寻步骤。实际测寻时，可根据具体情况省略一些步骤，例如，电缆敷设路径的图纸准确时可不必再测敷设路径；对于高阻故障，可不经烧穿而直接用闪测法进行粗测；对于一些中间接头闪络性故障，不需要进行定点，可根据粗测得到的距离数据查阅资料判断可能是接头故障，可直接挖出粗测点处的中间接头，然后再通过细听而确定故障点；对于电缆沟或隧道内的电缆故障，可进行冲击放电，不需要使用仪器（如定点仪等）而通过直接用耳听来确定故障点。以上是电缆故障诊断的一般步骤。电力电缆故障诊断的一般步骤与方法汇总于表 6-4。

表 6-4　电力电缆故障诊断的一般步骤与方法

步骤	内容	方　　法	备　　注
1	确定故障性质	(1)测绝缘电阻	
		(2)导通试验	
2	粗测	(1)经典法：①电桥法 ②驻波法	高阻故障需烧穿
	距离	(2)现代法(脉冲反射法)：①低压脉冲法 ②直流高压闪络法 ③冲击高压闪络法	高阻故障无需烧穿
3	探测路径	(1)音频感应法	只适用于鉴别电缆
		(2)卡钳形电流表法	
4	精测定点	(1)声测定点法	
		(2)感应定点法	仅适用金属性接地故障
		(3)时差定点法	
		(4)同步定点法	
		(5)其他特殊方法	适用于低压电缆故障

6.1.8　电力电缆故障诊断的常用方法

电缆线路常见故障类别及测试方法详细情况见表 6-5。表 6-6 是自容式充油电缆线路漏油点检测方法。

6.1.9　脉冲反射法粗测电缆故障

事实上，若干种电缆故障诱因共同作用的结果，可使电缆产生任何种类的电缆故障。几十年来，人们在各自的生产实践中探索和总结出许多电缆故障测试方法，如经典法中的电阻电桥法、电容电桥法、高压电桥法等。电阻电桥法只能测试单相接地或相间短路的绝缘电阻较低的电缆故障；电容电桥法主要测试电缆的断线性故障；高压电桥法主要测试高阻故障（泄漏性故障和闪络性故障除外）。可见电缆故障诊断技术中的经典法具有一定的局限性，不能满足各种不同类型电缆故障测试的要求。现代的脉冲反射测试技术包括低压脉冲法、直流高压闪络法和冲击高压闪络法，它们适用于各种不同类型的电缆故障测试。多年的生产实践已经充分证明了现代的脉冲反射测试技术的适用性和准确性，并已日趋成熟与完善。

表 6-5　电力电缆故障类别及检测方法

故障类别	现象及判别	故障点测试	测试原理	故障距离计算
1. 电缆低阻接地故障： ①单相接地 ②二相或三相短路接地	导线与铅护层或导线与导线之间绝缘电阻低于 100kΩ，但导线连接性良好	（1）电桥法：一般选用 QJ-23 型或 QF1-A 型电桥进行 （2）示波器法：即选用 MST-1A 型或 LGS-1 型数字仪，进行连续扫描脉冲示出波形	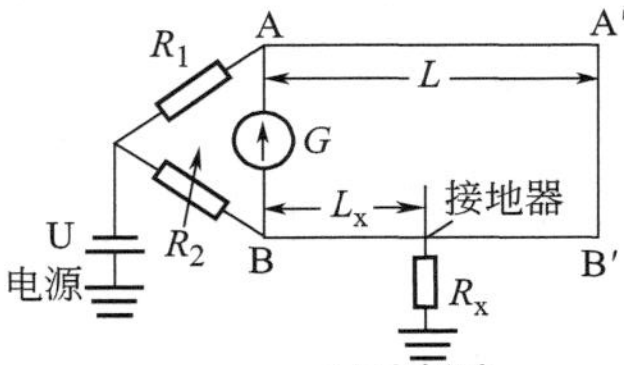 (a) 电桥法 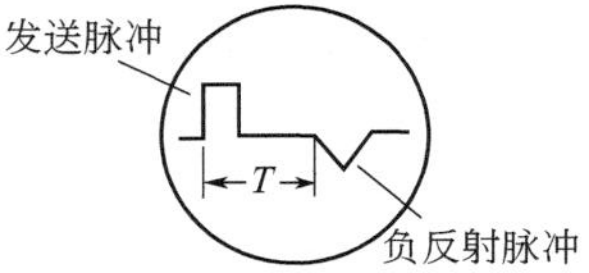 （b）示波器法	$L_x=2L\dfrac{R_2}{R_1+R_2}$
2. 高阻接地故障： ①单相接地 ②多相短路接地	导线与铅护层或导线与导线之间绝缘电阻低于正常值甚多，但高于 100kΩ，且导线连接性良好	（1）高压电桥法：选用 QF1-1 电桥且附滑线桥臂 （2）一次扫描示波器法：常用 711 型 （3）加电压烧穿后再用其他方法查出故障点	（1）高压电桥法测试原理与上图（a）相同，但电桥、检流计均处于高压位置，应做好与地绝缘，且测试要迅速 （2）一次扫描法用高压一次扫描示波器，记录故障点放电波形，确定故障点，荧光屏图如图（c）所示 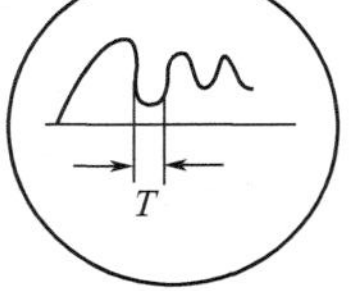 （c）一次扫描示波器荧光屏图	$L_x=\dfrac{VT}{2}$ 式中，V 为波速，m/μs；T 为振荡周期，μs

续表

故障类别	现象及判别	故障点测试	测 试 原 理	故障距离计算
3. 完全断线故障	各相绝缘良好,一相或多相线芯导线不连续,处于断路状态	(1)电桥法:选用电容电桥或 QF1-1 电桥 (2)连续扫描示波器法,选用 MST-1 型或 LGS-1 型	(1)电桥法:在线路两端测量故障的电容与标准电容之比,如图(d)所示 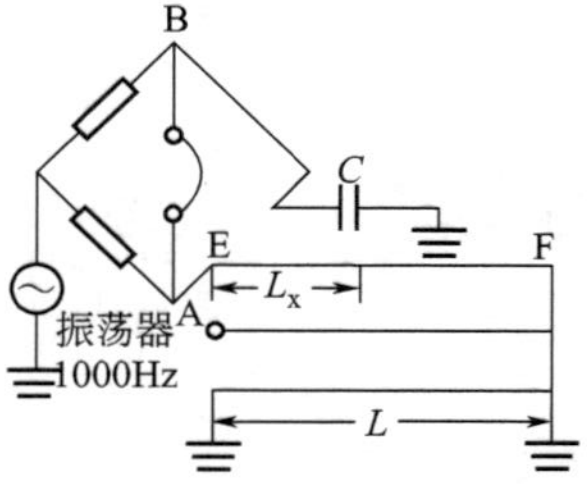 (d) (2)示波器法:断线故障,反射波为正反射,如图(e)荧光屏上的波形 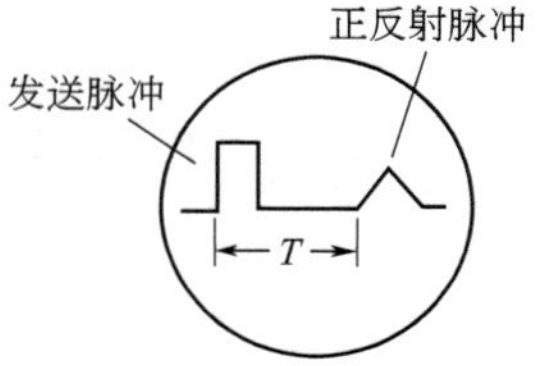 (e) 发送脉冲 正反射脉冲	(1)$L_x = 2L\dfrac{C_E}{C_E + C_F}$ 式中,C_E、C_F 分别为故障相在 E 端、F 端所测的电容 (2)$L_x = \dfrac{VT}{2}$ 式中,V 为波速,m/μs;T 为振荡周期,μs

续表

故障类别	现象及判别	故障点测试	测 试 原 理	故障距离计算
4. 不完全断线 故障:①高电阻断线 ②低电阻断线	各相绝缘良好,但出现一相或多相导线不完全连接	(1)采用交流电桥法测故障线,先用低压电流使其烧断,然后再按完全断线故障测寻	采用交流电桥法测量故障相两端电容线路之比 采用交流电桥法接线如图(f)所示。在线路两端测量故障相与标准电容器之比 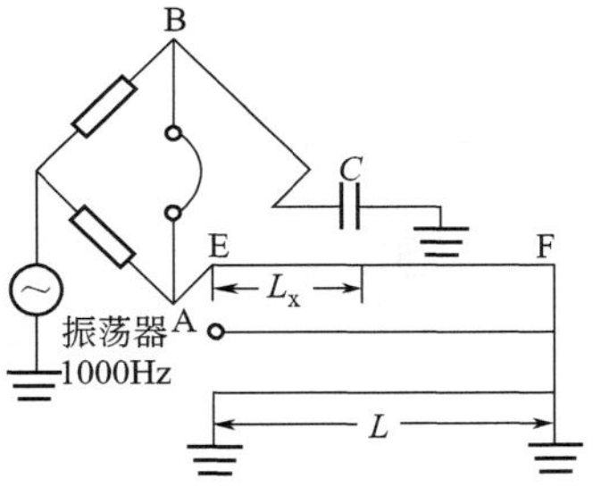 (f)	$L_x = 2L \cdot \dfrac{C_E}{C_E + C_F}$ 式中,C_E、C_F 分别为故障相在 E 端、F 端所测的电容
5. 完全断线并接地故障	出现一端各相绝缘良好,另一端一相接地	采用与序号3完全断线故障测寻方法进行	测试线路及原理参照图(d)及图(e),方法也相同	—
6. 不完全断线并接地	各相绝缘良好,一相或多相导线不完全相连,经电阻接地	用交流电桥法阻断线故障测寻	测试线路原理及测试方法与图(f)同	—
7. 闪络性故障	各相绝缘电阻良好,且导线连续性也好,故障点已经封闭	(1)用一次扫描示波器(711型) (2)烧穿后用其他方法	(1)一次扫描示波器测试接线原理与图(c)相同,方法也相同 (2)其他方法	—

表 6-6 自容式充油电缆线路漏油点测试方法

测试方法	测试原理及过程	测 试 原 理
1. 冷却法	此法是对漏油电缆进行分段多次冷冻,从漏油电缆中段进行冷冻,确定漏油的一侧,从漏油一侧中点开始冷冻,找出第二漏油侧,这样依次分段冷冻,将漏油范围逐步缩小,最后较准确地将漏油点查出。该法是用液态氮作冷却剂	—
2. 油流法	用流法检测充油电缆漏油点的原理如右栏示意图。对漏油点来说,通过流量计 A、B 的油流量 Q_1 和 Q_2 所引起的压力降是相等的,则 $$Q_1 R_1 X = Q_2 R_2 R_1 (2L - X)$$ 而漏油距离 X 为 $$X = 2L \frac{Q_2}{Q_1 + Q_2}$$ 式中,R_1 为每厘米长电缆的流阻;L 为电缆长度,m	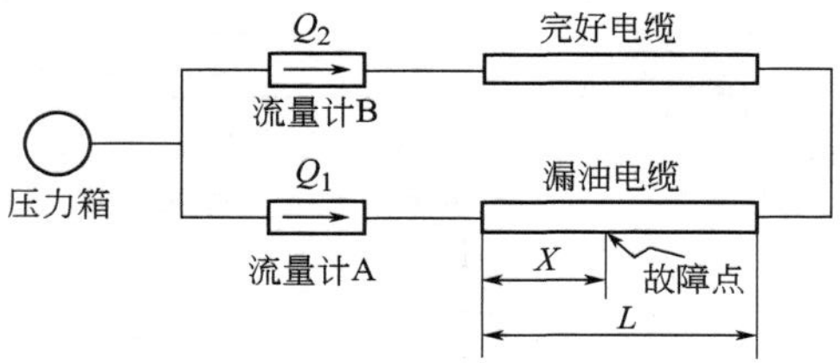 油流检测漏油点原理

（1）低压脉冲反射法

低压脉冲反射法，又称雷达法。它是根据传输线理论，在被测电缆上送入一脉冲电压，当发射脉冲在电缆线路上遇到故障点、电缆终端或中间接头时，由于该处阻抗的改变，而产生向测试端运动的反射脉冲，利用仪器记录下发射脉冲与反射脉冲的时间差 T，即发射脉冲在测试端与故障点之间往返一次所需的时间。则故障距离 L_x 可由下式求得：

$$L_x = \frac{1}{2}VT \tag{6-1}$$

式中　V——电波在电缆中的传播速度，m/μs；

　　　　T——电波在故障点与测试端之间往返一次所需的时间，μs；

　　　　L_x——故障距离，m。

低压脉冲反射法只适用于低阻短路或接地及断线性故障的测试。对于高阻故障，由于故障点的等效阻抗几乎等于电缆的特性阻抗，造成故障点阻抗突变不明显，反射系数近似为零，产生的反射脉冲相当微弱。因此，低压脉冲反射法不能有效地测试高阻故障，这时需要采用下面介绍的直流高压闪络法或冲击高压闪络法进行测试。

（2）脉冲反射电压取样法

脉冲反射电压取样法又称闪络测距法，简称闪测法。闪测法具有直流高压闪络（直闪）方式和冲击高压闪络（冲闪）方式之分别。它们的测试原理是：根据电缆故障性质的不同，在故障电缆上施加直流电压（直闪方式）或冲击电压（冲闪方式），使故障点击穿放电，即发生闪络。根据传输线理论，该闪络将在电缆中产生一个电压跃变（即脉冲），这个跃变的电压将以电波的形式在电缆的测试端与故障点之间来回反射。这时，如果在测试端记录下电波的波形，则可以从电波波形上测出电波来回反射一次的时间 T，再根据电波在电缆中的传播速度 V，就可以利用式(6-1)求出故障距离 L_x 这就是脉冲反射电压取样直闪或冲闪法的基本原理。

脉冲反射电压取样法适用于低阻、高阻、泄漏性、闪络性等所有故障。其中直闪方式对闪络性故障最有效;冲闪方式对泄漏性故障最有效,并对其他所有故障均十分有效。脉冲反射电压取样法在脉冲反射诊断技术中应用最为广泛,多年的应用实践,对它的有效性和准确性,给予了充分的肯定,但也发现了它的不足之处。脉冲反射电压取样法是通过电容、电阻分压器测量电压脉冲信号的,仪器与高压回路有电耦合,安全性不够理想。耦合出的电压信号波形上升不够尖锐,有时识别起来有一定的困难,尤其是在特殊波形的分析中,需要有较好的基础理论与实践经验。在采用冲闪方式测距时,由于高压电容器对脉冲信号呈短路状态,所以需要一隔离电感或电阻,这样就增加了接线的复杂性,而且降低了电容器放电时加到故障电缆上的电压,使故障点不容易被击穿,这些不足,可以通过测试仪器性能的不断提高与完善加以消除或削弱。

(3)脉冲反射电流取样法

脉冲反射电流取样法与脉冲反射电压取样法都是利用行波技术,只是脉冲反射电流取样法所利用的是电流行波信号,而脉冲反射电压取样法利用的是电压行波信号。

脉冲反射电流取样法同样也可以分为直流高压闪络(直闪)方式和冲击高压闪络(冲闪)方式。它们都是根据电缆故障性质的不同,在故障电缆上施加直流电压(直闪方式)或冲击电压(冲闪方式),使故障点击穿放电,即发生闪络。然后通过记录测量故障点击穿时产生的电流行波信号在测试端与故障点之间往返一次所需的时间 T,再根据电波在电缆中的传播速度 V,就可以利用式(6-1)求得故障距离 L_x 可见脉冲反射电流取样法与电压取样法的基本原理完全相同。

脉冲反射电流取样法的电流脉冲信号,是利用线性电流耦合器(Linear Coupler)来测量流入充电电容的脉冲电流信号。当放电脉冲电压(或故障点反射电压)信号到达测试端时,高压电容器呈短路状态,产生很强的脉冲电流信号,被仪器记录下来的就是线性耦合器输出的、与高压回路电流成正比的尖锐脉冲电流信号。

　　脉冲反射电流取样法的应用范围与脉冲反射电压取样法完全相同。其中电流取样直闪法也是最适合于闪络性故障的测试，电流取样冲闪法对泄漏性故障及其他性质的故障均十分有效。

6.1.10　常用电缆故障定点法

　　（1）感应法

　　该法测试原理是当音频电流经过电缆芯线时，在电缆周围有电磁波存在，当用电磁感应接收器沿电缆线路检查一遍，持接收器的检测工就能听到电磁波的声响，音频电流流过故障点时，出现电流突变，电磁波的音响也发生突变，当接收器发出突变音响的一段区域内就是电缆故障点位置。此种感应法最易判定出电缆断线、相间低电阻短路故障位置，但不宜用于寻找高电阻短路及单相接地电缆故障。

　　（2）声测法

　　其原理是用高压脉冲促使故障点放电，产生放电声的原理进行探测。检测工或检测技术人员在敷设电缆地面上用传感器监测，当传感器接收到这种放电声处，就测寻出故障点精确位置。

　　① 测试范围及过程　采用电桥法及脉冲反射测距法测量电缆线路故障，只能确定故障点所在的大致区段，它们属初测。因为它包括仪器本身误差和测量误差，而且在丈量和绘制电缆线路图时也会有误差；在数段电缆连接的线路中，也可能因为每段的芯线导体电阻系数不同而产生计算误差。故在初测之后，还必须以声测定点法进行精测，以准确确定电缆故障点。对长度仅为几十米的短电缆，检测时可不进行初测，可直接用声测定点法测寻电缆故障点。声测法接线如图 6-5 所示，利用故障点在放电时产生的机械振动，在故障点附近的地面上用压电晶体拾音器和放大器或用拾音棒在地面上听取声响，后者作法较简单和原始，但准确度较高，对缺少拾音器和放大器的单位，维修人员可用此法解决大问题。声测时声响最大处即为所测故障点。

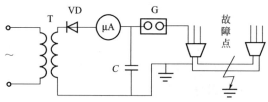

图 6-5　电缆接地故障声测法接线

T—升压变压器，220/3000V，1kV·A；

VD—高压硅二极管，2DL-150/02；

C—电容器，2～9μF；G—球间隙，φ10～20mm

② 声测定点法测试过程注意事项

a. 当试验设备容量不够大时，试验时应断续施加电压。如选用 1kV 试验设备时，通常采用加压 15min、停 5min 再加压的方式进行，同时监视调压器、试验变压器及电源线等是否有过热现象。在现场测试时，不少于 2 人，一般应有 2 人进行核对，以免误判断。

b. 直流冲击高压发生装置应放在靠近故障点的一端，用以减少在电缆线路中的能量损耗，使故障点发出的声响更大些。

c. 接线时务必将升压变压器和电容器的地线连接牢靠，最好直接与电缆内铅包护层连接，以免因声测放电时接地点的电位升高造成低压电源系统的设备烧坏。

d. 试验时为防止升压变压器因过电压损坏，一般将其外壳不接地，但将其放在绝缘垫上。调整升压器的试验人员还必须戴纱布手套或绝缘手套。

e. 埋设在管道内或大的水泥块下的电缆发生故障时，因传声的不均匀，可能在管道两端或水泥块边缘声响较大，不要认为此处为故障点，一定要好好辨认。

f. 声测放电时，如接地不良，可能在电缆线路的护层与接地部分间有放电现象而易造成误判断，为此，在电缆露出部分的金属夹子处，要仔细认真地辨别是否为真正的故障点。一般在故障点能听到声响外，还会有振动伴随产生，用戴绝缘手套的手触摸振动点处即为故障点。此处既声响最大，又有振动。

g. 在声测电源端与故障点间的电缆线路上，声测定点时在电缆保护管上或电缆护层上会出现感应电压而对地有轻微的放电声，应加以辨认，不要将放电声误认为故障点发出的声响。

h. 多条电缆敷设在同一缆沟内，且资料不全时，应先分清好坏电缆，找出有故障的电缆后，再测其故障点，否则一根根测试既费时又测不准。

6.1.11　HD-5816 型电力电缆故障测试仪简介

为了方便读者能直观地了解电缆故障测试过程，下面介绍一款电缆故障测试仪的使用方法。

（1）测试仪概述

扬州华电电气有限公司生产的 HD-5816 型电缆故障测试仪可用于检测各种动力电缆的高阻泄漏故障、闪络性故障、低阻接地和断路故障，如图 6-6 所示。

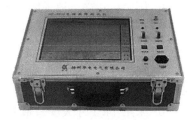

(a) 二次脉冲产生器　　　　　　　(b) 测试仪主机

图 6-6　HD-5816 型电缆故障测试仪

该仪器采用了目前国际上先进的"二次脉冲法"技术，加之自主开发的测试技术和高频高压数据信号处理装置，使其具有很好的电缆故障波形判断能力和简单方便的操作系统。

二次脉冲法的先进之处在于使现场测得的故障波形得到大大简化，将复杂的高压冲击闪络波形变成了容易判读的类似于低压脉冲法的短路故障波形。降低了对操作人员的技术要求和经验要求。极大地提高了现场故障的判断准确率。一般操作人员都能方便、准确地判读波形，标定故障距离，达到快速准确测试电缆故障的目的。

HD-5816 型电缆故障测试仪采用真彩显示触摸屏幕，波形显示直观、清晰。由于采用定义清晰的屏幕模拟按键，使操作也变得十分简单。

（2）主要技术特点

① 测试电缆故障种类

a. 可测试 35kV 以下等级各类动力电缆的低阻、短路、断路、高阻泄漏及高阻闪络性故障。

b. 可测试通信电缆、控制电缆、信号电缆、路灯电缆及市话电缆的断路、短路故障。

c. 可测试和校准各种电缆的长度。

d. 可测试电波在电缆中的传播速度。

② 测试方法

a. 脉冲法：测试电缆开路全长、短路、低阻、断路故障距离。

b. 闪络法：测试电缆的高阻泄漏故障、高阻闪络性故障。

c. 二次脉冲法：测试电缆的高阻泄漏故障、高阻闪络性故障。

③ 仪器特点

a. 除具有传统的脉冲法和闪络法外，采用目前世界最先进的二次脉冲法的测试技术。

b. 采用 14.1 寸大屏幕液晶触摸屏作为显示终端。波形清晰，界面上模拟触摸键操作，按键定义简单明了，操作极为简单迅速。

c. 故障显示波形极为简单，任何高阻故障波形都具有短路故障波形的特征，全长波形和故障波形同屏显示和同屏对比，任何人都能快速准确判断故障距离，不会误判、错判。

d. 仪器工作于 Win2000 平台。具有方便用户的软件和全中文菜单，人机对话极为友好，具有强大的数据处理功能。专用数据库可存储任意多个测试结果。

e. 具有极安全的采样高压保护、隔离措施，测试仪在额定冲击高压环境中不会死机和损坏。

f. 检测故障成功率、测试精度及测试方便程度优于国内同种检测设备。

　　g. 具有标准 USB 接口，可方便地通过该接口接打印机、标准键盘、U 盘和进行设备软件升级。

　　h. 由于没有机械操作键盘，使其操作简单、可靠性高。

　　i. 单端测试距离 16km，无测试盲区。

　　（3）仪器的系统组成和工作原理

　　电缆故障测试系统的组成方框图如图 6-7 所示。

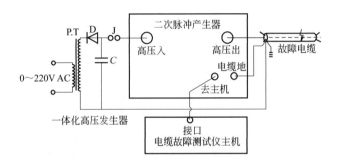

图 6-7　电缆故障测试系统组成方框图

　　作为采用二次脉冲法的电缆故障测试系统，该套仪器包括可以产生单次冲击高压的"一体化高压发生器"、"高频高压数据处理器"、"二次脉冲自动触发装置"和测试波形分析处理的电缆故障测试仪。为方便起见，将"二次脉冲自动触发装置"和"高频高压数据处理器"组合在一起，统称为"二次脉冲产生器"。

　　简单工作原理："二次脉冲产生器"的作用是将"一体化高压发生器"产生的瞬时冲击高压脉冲引导到故障电缆的故障相上，保证故障点充分击穿，并能延长故障点击穿后的电弧持续时间。同时，产生一个触发脉冲启动"二次脉冲自动触发装置"和电缆故障测试仪。"二次脉冲自动触发装置"立即先后发出两个测试低压脉冲，经"高频高压数据处理器"传送到被测故障电缆上，利用电缆击穿后的电流、电压波形特征，形成两个完全不同的反射脉冲记录在显示屏上。一个脉冲波形反映电缆的全长，另一个脉冲波形反映电缆的高阻（短路）故障距离。

（4）HD-5816 型电力电缆故障测试仪操作面板说明

① 仪器面板结构　见图 6-8。

② 面板结构说明　面板的左边是仪器的显示屏，此显示屏为触摸屏。各种功能键都在荧屏的右侧和下侧。面板的右边为仪器的电源开关、位移和幅度调节旋钮、自检按钮、"USB"接口和信号接口、机内电池充电接口以及工作状态指示灯。其屏幕下方还有当前设置参数提示。

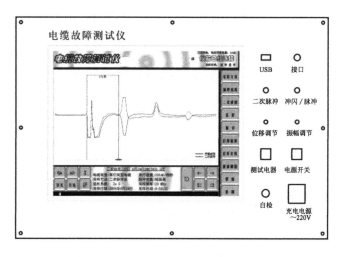

图 6-8　仪器面板结构示意

③ 荧屏触摸键说明　荧屏有二十一个模拟触摸按键，分为三大功能模块，操作内容定义清晰，实际操作时很简单，相当于屏幕菜单的快捷键操作。

荧屏右侧按键模块，只是在仪器进入设置界面时，对电缆类型、采样脉冲宽度、延迟时间等内容选择确定后就不用了。电波测速、打印波形、打开文件和保存文件的操作。只要点击相关模拟键，屏幕将弹出二级菜单引导操作人员逐项选择相关命令，仪器便开始执行此项菜单的相关命令，完成操作者意图。

④ 二次脉冲产生器的面板结构　二次脉冲产生器面板结构示意见图 6-9。

图 6-9　二次脉冲产生器的面板结构示意

6.1.12　直埋电缆故障位置寻测简易方法

电力电缆在企事业厂矿及公共建筑场所的敷设，以电缆直接埋地敷设安装方式为多，因为该种敷设方式简便，投资省。但电缆埋入地下运行，对电缆线路维护保养和检修不太方便，尤其当电缆线路发生故障时，只有找出故障位置后，才能看出故障的严重程度，方可采取对应的检修或更换施工。对直埋地下电缆，故障出现后判断故障位置及故障点很困难，尤其在缺乏原始资料情况下，更难确定故障位置。如采用前面介绍的几种测试方法，又不易准确判断出故障位置或故障点。在生产实践中根据直埋电缆故障特点，人们摸索总结出两种更为简便的测试方法，效果很好。

（1）直埋电缆线路走向不清楚的简捷测寻

① 简捷法测直埋电缆位置的原因　前面曾介绍过用电桥法、示波器法及声测法等测寻故障点的方法，这些方法均能准确地测试出故障点，但其前提是对明敷设或电缆沟及直埋电缆线路的走向、位置有所掌握，如不知电缆走向，尤其是地下直埋电缆在既无原始敷设走向图，又无地面标志时，上述几种仪器及测寻方法就难以找出地下电缆线路位置，当测量误差几米到十几米时，要挖沟找出旧电缆进行更换或检修故障点，费工太多又误时。为此，对这种无电缆敷设走向资料的直埋地下电缆，测寻其准确线路位置，采用如下

介绍的简捷法，省工省时，准确度高。

②　简捷法测寻原理及测寻过程　　简捷法是基于先找出电缆的实际位置，并以此测量电缆的实际长度来找出故障点。直埋在地下的某一根（某一路）三相电缆有故障，但不可能几根芯线同时损坏，就利用其中一根完好芯线，只要这根芯线有几千欧姆的接地电阻就行。将该芯线一端接地，另一端通入零线接地的单相电流，其接线如图 6-10(a) 所示。当接线检查无误后，将调压器从零位缓缓地升到 5A 左右，用钳形电流表卡在那根完好芯线上测量电流，然后以每秒钟两次的频率反复拉合闸刀，形成一种脉冲电流，这一脉冲电流是沿着电缆的实际走向，通过铅包、铠装产生相应的、与周围电磁干扰有很大差异的电磁波。利用手头有的普通音频放大接收器（半导体收音机）在电缆的大致走向的地面上测听，当听到最强信号（每秒钟发出两次喀喀声）的地面位置，其垂直的地下就是电缆敷设走向的实际位置，如图 6-10(b) 虚线所示位置就是一次测寻地下电缆实际敷设走向位置，而图（b）中实线位置是用电桥测出的电缆走向，简捷法所测寻的故障点 B 比电桥法所测寻故障点 A（非实际位置）相差十余米。

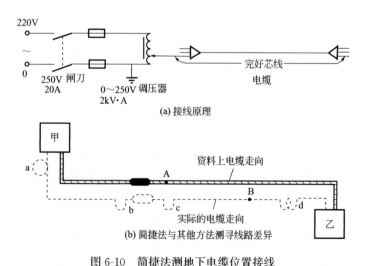

(a) 接线原理

(b) 简捷法与其他方法测寻线路差异

图 6-10　简捷法测地下电缆位置接线

③ 测寻实例　某化工厂地下直埋一条 ZLQ-35 型 3×185 三芯高压电缆发生了单相低阻接地故障，该电缆线路长达 3000m，所测接地电阻仅不到 6Ω，这么小的接地电阻若采用声测定距法很难准确测到故障点，采用简捷法测寻结果，挖掘证实其与实际走向仅差 1m 多，准确度十分高。

（2）高压间隙放电法寻找直埋电缆故障

采用此法的原因和简捷法测直埋电缆位置的原因相同。

① 寻找故障所用设备及仪器　采用高压间隙放电法寻找直埋电缆故障位置所用设备、仪器不复杂，测试线路简单，主要设备及仪器名称、规格及线路组成如下。

a. 调变压试验设备。该设备由变压试验操作台、试验变压器 T、高压整流硅堆 VD、球隙、高压电容 C、限流用水电阻 R 等组成，该变压试验设备结构组成原理如图 6-11(a) 所示。这些设备一般变配电站和电缆施工单位均具备。该设备组成元器件品种规格列于表 6-7。

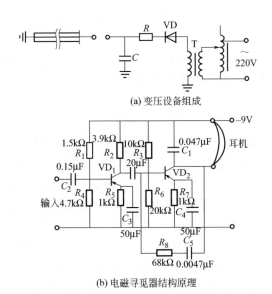

(a) 变压设备组成

(b) 电磁寻觅器结构原理

图 6-11　高压间隙放电寻找直埋电缆故障位置设备

表 6-7　高压间隙放电寻找直埋电缆
线路仪器配用元器件品种规格

部位	元器件名称	品　种　规　格	数量
变压试验设备	1. 试验变压器 T	$S=2kV \cdot A$, $U=200V/50kV$	1 台
	2. 高压整流硅堆 VD	$U=7kV$、$I=200mA$	1 套
	3. 高压电容 C	$C=0.348\mu F$, $U=10.5kV$	1 只
	4. 限流水电阻 R	$R=50k\Omega$	1 只
寻觅器	1. 电磁探头	用 $\phi 0.15mm$ 漆包线在门形铁芯上绕 1000 匝	1 套
	2. 二级晶体管放大器	①三极管 VD 3A×31 型	2 只
	3. 高阻抗耳机	②电阻:规格详见图 6-11(b)	8 只
		③电阻(800～2000Ω)	1 只

b. 电磁寻觅器。该寻觅器是由电磁探头、三极晶体管放大器及高阻耳机所组成，寻觅器的三大元器件品种规格见表 6-7。由该寻觅器拾取电磁信号并经放大器放大后送至耳机进行监听。该电磁寻觅器可用表中元件材料自行制作安装和调整合格，如买不到上述元器件，也可用 QF1-A 型电缆探伤仪的探头和放大器代之，效果一样。

c. 电磁寻觅器简单原理。该寻觅器在埋地电缆故障寻找过程中，由它拾取电磁信号并经晶体三极管放大器放大后送至耳机监听。

② 高压间隙放电法接线及其原理

a. 装置接线及工作原理。图 6-11(a) 是整个测试装置，它由主回路和电磁寻觅器连接成。寻找电缆线路时，先将被测电缆一端芯线接地，另一端芯线接到球隙上，利用高压试验设备整流后产生的直流高压，给电容器 C 充电，当电压升至球隙的放电电压时（一般当间隙约达 5～10mm，放电电压取 2～5kV），球隙击穿，电容通过电缆放电，电缆中流过一迅速衰减的放电电流。放电后电容又重新开始充电，直至下一次放电，如此反复进行充放电，电缆中流过的脉冲电流使电缆周围产生交变磁场，利用电磁寻觅器沿整个地下直埋电缆线路可探测到"啪啪"的放电声。调节球隙的距离可改变放电电压的高低，从而可改变探测器探测到的声音大小。

b. 该装置的优点及寻觅效果。

ⓐ 探测声清晰。图 6-11 组成的高压间隙放电探测装置，灵敏度高、探测距离远，即使是铅包铠装电力电缆，埋地深度较深时（3m 左右），探测时还可听到清晰的放电声。

ⓑ 对电缆规格及环境工况要求不高。由于电缆本身承受到的脉冲电压低，脉冲电流持续时间短，用此法探测时对电缆截面大小及绝缘状况要求不高。被测电缆长度及敷设环境也不受限制。

ⓒ 测听方法简便可靠。用此法探测电缆故障仅需 2 人操作，一人在测试装置前监控设备，调节电压至放电电压；另一人手持电磁寻觅器，随放电声从电缆的一端走到另一端，则可画出被测电缆的敷设走向途径。根据探测画出的途径，就可找出电缆。

ⓓ 效果明显。某电缆安装公司几年来为诸多用户在厂矿区、野外、机场跑道下等不同电缆直埋敷设区域，寻找过数十条直埋敷设的电缆途径并精确找出故障加以排除。

6.1.13　采用滑线法查找电缆接地故障

电缆线路在运行中由于诸多原因出现故障是难免的，尤其出现接地故障是常见的。电缆的低阻及高阻接地故障除参照前面介绍的电桥法、示波器法查找外，还可采用滑线法查找，更为敏捷和准确。

（1）采用滑线法检测电缆接地故障原理

① 装置组成　当电缆发生接地故障后，采用如图 6-12 所示接线方式组成的滑线检测装置可以很准确查出故障点的位置。图中 L 为电缆全长，以米计，AB 为所接滑线，CD 为测试时连接两条电缆中两根芯线的短接线，G 为检流计，E 为直流高压电源。该装置中检流计为 AC15/5 型直流复式、高灵敏度检流计，其分度值为 1×10^9 A/分度；电源 E 采用 KGF-100 型直流发生器，电源电压可

根据检流计灵敏度的需要而随时调节；滑线采用直径为 $\phi 2.6 mm$ 高强度漆包圆铜线，用 100 号砂纸将漆包线外层漆膜砂光，使其外表光滑无绝缘。

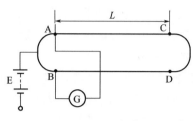

图 6-12　滑线法查找
电缆接地装置及接线

② 查找原理及测试过程

a. 电缆长度 L 的计算。图 6-12 中是利用电缆中一条好芯线与故障芯线用 CD 短接线短接。

测试中严格准确掌握电缆截面大小及长度，当把 CD 线与两芯线端在 C、D 两处短接牢之后，用 QJ44 型双臂电桥在电缆另一端 AB 处测量该电缆芯线的直流电阻，在确定电缆截面 A 的基础上，用下列公式计算出电缆准确长度。即

$$L = \frac{RA}{\rho} \qquad (6-2)$$

式中　L——电缆准确长度，m；

　　　R——所测电缆直流电阻，Ω；

　　　A——电缆截面积，mm^2；

　　　ρ——铜质电缆芯导体电阻率，$\Omega \cdot mm^2/m$。

当具体查找某电缆线路，从该单位资料中或实际中，可确定 A、R 数值，将 A、R 及 ρ 值代入上式，则电缆长度 L 可求出。

b. 测试过程及要求

ⓐ 接好滑线。测试前将砂去漆膜的滑接线按图 6-12 接线图接在电缆左侧两芯线 A、B 端头上，滑线的长度视所测电缆现场情况及操作安全需要而定，一般取 3～4m，为便于滑动，用绝缘塑料带把滑线吊起来。

ⓑ 接好调整好检流计。检流计的输入线是与滑线并联连接，使用时将检流计放在垫有绝缘板的平整处。先打开检流计电源开关，调整检流计，使显示电流大小的光标线与标尺刻度线的零线

重合。

ⓒ 安全操作注意事项。先把直流高压的输出端接在绝缘拉杆的顶端作为滑接端头，以防操作人员触电。操作时工作人员戴好绝缘手套，穿好电工绝缘鞋。KGF-100 型直流高压发生器接通电源前，绝缘拉杆应脱离滑线，当直流高压输出电压调整至 5000V 时，再接上滑接端头。

ⓓ 观察与调整测试。当输出高压调到和滑接端头接上后，已进入测试查找阶段，应仔细观察检流计指针偏转情况，若检流计没有发生变化或变化不大时，则马上移动滑线滑接端头，直至检流计发生明显的变化为止。接着将滑接端头向相反方向滑动，使检流计光标线与标尺刻度线的零线重合。将上述过程反复操作几次，如果没有变化，滑接端头不动，则检测完毕。此时，关掉直流高压电源开关，经放电后，在滑接端头处做上标记，并量出滑线总长度 X 及标记到故障相长度 X_1，如图 6-13 所示。

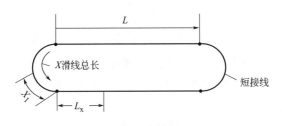

图 6-13　检测时滑线测量位置

（2）应用实例测试过程

① 实例故障概况　冶金系统一家铝合金厂中央变电所，电缆线路出现接地故障。该厂变电所信号盘发出接地信号，经过值班电工的选择，确认为 6 分厂 6 号电炉电缆接地，该炉有 3 条 10kV 电缆，经测试，其中一条电缆 U 相发生接地，当时用万用表 $R \times 1$ 电阻挡测量出接地电阻阻值为 0，接着 QJ44 型双臂电桥测试为 0.31Ω，从所测阻值初步判定属低阻接地故障。

② 故障查找及排除

　　a. 故障查找方法及过程。因属低阻接地故障，根据总厂试验室现有设备采取了滑线法。

　　b. 测试过程。所用测试装置及接线见图 6-12 及图 6-13，测试装置中仪表及滑线规格也相同。

　　ⓐ 电缆具体规格、数据。该电缆截面 $A' = 150mm^2$，测量的直流电阻 $R' = 0.1020\Omega$，铜芯电缆，其电阻率为 $\rho' = 0.0283\Omega \cdot mm^2/m$，将 A'、R' 及 ρ' 代入式(6-2)，得

$$L' = \frac{0.1020 \times 150}{0.0283} / 2 = 270.32 \ （m）$$

　　ⓑ 实际测试结果。取 $L = 270.32m$，测后量出滑线总长 $X = 3.25m$、$X_1 = 0.32m$，因该法测量中 X、X_1、L_x 及 L 关系为 $\frac{X_1}{X} = \frac{L_x}{2L}$，则

$$L_x = \frac{2X_1L}{X} = \frac{0.32 \times 270.32 \times 2}{3.25} = 53.24 \ （m）$$

　　ⓒ 电缆另一端测试数据。为了保证测量的准确性，对该缆的另一端按上述同样方法进行测试，其结果如下：因电缆长度未变，则 $L = 270.32m$，X 也未变为 $3.25m$、测后量出 $X_1 = 1.30m$。将 L、X、X_1' 代入公式得

$$L_x = \frac{1.3 \times 270.32 \times 2}{3.25} = 216.26 \ （m）$$

　　c. 电缆故障点的确定。根据对该电缆两端测试数据进行对比分析，确定该缆接地故障点的具体位置。因电缆的一端 $L_x = 53.24m$，另一端测 $L_x' = 216.26m$，则 $L - L_x' = 270.32m - 216.26m = 54.06$（m）。两端头测试误差值为 $\Delta L = (L - L_x') - L_x = 54.06 - 53.24 = 0.82$（m），两次所测产生这个 ΔL 变化量是可靠的，并且保证了测量精度。

　　(3) 滑线法测试的正确性验证

　　① 电缆故障的排除　采用滑线法寻测电缆接地故障是一种简

便和准确的方法，但验证其正确性在排除电缆故障后方可进行。通常根据接地程度大小采用下列两种修理方法。

a. 割断故障点法。电缆接地故障点位置测寻后，按所测尺寸量出其位置距电缆端头距离，用锯将故障点一段切除掉，再将这两个端头绝缘剥切掉，重新做中间接头，将该电缆两段按工艺规程要求连接好。

b. 不割断电缆修补接地点绝缘法。该法是将所测出的故障点位置处铅皮剥开，在故障相增包新绝缘，包好后再把铅皮包好并封焊牢。

② 验证过程　为了确定所测故障点位置是否正确，用尺从电缆一端至故障点进行测量，然后再在故障点位置前 $1\sim2\mathrm{m}$ 处把铅皮剥开，从电缆端头处测量是否存在接地现象，如不存在接地现象，说明接地点在电缆的另一侧。用同样的方法在故障电缆的另一侧，将其铅皮剥开，测量其接地电阻，以便验证测试的正确性。

（4）滑线法测电缆故障优缺点及注意事项

① 滑线法测电缆故障的优缺点　用该法查找电缆故障的成功率比较高，且能快速、准确地确定出故障点。用该法电压可以随时调整，以提高检流计的灵敏度，但在测量中滑线上加压滑动过程中检流计指示零时，滑接头还有少量滑动，说明有测量死区存在。

② 测试时注意事项　测量装置应采用高灵敏度的检流计，测试过程中要经过多次反复耐心的测试，认真分析各种现象，尤其对直埋电缆要把握好电缆线路的走向、绝缘状况及可能受外力损伤的地段，仔细观察，只有这样测试才可靠，故障点才准确。另外测试中要注意安全。

6.1.14　裸露电缆故障的特殊定点方法

电缆沟和隧道中的电缆，以及从地下挖出来的电缆等，都属于裸露电缆。这些电缆发生故障时，有时用声测法寻找故障点，耳机中听不到放电声（如故障电阻为零的金属性接地故障）。在上述情况下，用特殊方法对电缆故障进行定点比较简单、直观与方便。下面介绍几种特殊的定点方法。

(1) 局部过热法

在粗测出故障点位置后，再向故障点连续长时间施加冲击高压或用直流高压击穿故障点。因故障点处有一定的电阻，所以击穿电流通过时便产生热效应。此时，用红外测温仪扫描故障电缆，过热处即为故障点。

用局部过热法可以较准确地确定故障点的位置，特别适用于寻找在电缆或电缆头上便于用手触摸到的故障点。使用这种方法时，必须注意安全，因为测寻时故障电缆上加了高压，故不能直接用手触摸。

(2) 偏芯磁场法

偏芯磁场法适用于金属性单相接地故障的定点。在故障相与地之间通入音频电流。当电流到达故障点后，流入护套并继而分两路从两个相反的方向同时向电缆的两个终端流去，使全电缆线路都有音频信号电流。在故障点以前，电缆周围的磁场是由通电导体及金属外皮的回路电流产生的。由于通电导体偏离电缆的中心轴线，故它所产生的磁场也是偏离电缆中心轴线，称此磁场为偏芯磁场。用接收线圈围绕电缆圆周表面旋转一周，线圈中接收到的磁场信号会有强弱的变化。而在故障点之后，只有沿电缆铅皮均匀分布的电流，而无芯线电流，此时，接收线圈环绕电缆圆周表面旋转一周，线圈中接收到的磁场信号亦无强弱变化。据此便可以测寻出故障点。

(3) 跨步电压法

对于单相接地故障，或两相、三相短路并接地故障，特别是金属性接地故障，只要电缆裸露在外面，都可以用跨步法测寻故障点。如图 6-14 所示。

测寻方法：在故障相与金属护套之间，接上可调的直流电源。该电源能使故障点流过一定的电流。然后，在粗测所得的故障点位

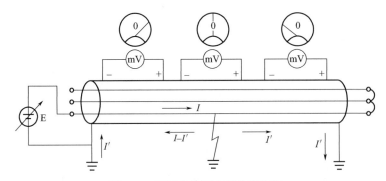

图 6-14　用跨步法测电缆故障位置

置附近，选相互间约距 500mm 的两点，轻轻撬破一小块钢带（只要露出一点铅皮即可），擦净露出的两小点铅皮上的沥青。上述工作完毕后，接通直流电源，直流电流 I 由故障芯线流到故障点，再由故障点经电缆铅皮与大地同时向电缆两个终端流去。即流经铅皮的电流从故障点处分开，向两个相反方向流出（见图 6-14 中 I' 和 $I-I'$）。此时，将检流计测试端两表笔接好，极性记牢（"＋"、"－"表笔的方向）。然后，用表笔测出铅皮的电位，并使检流计的指针向正（负）向偏转。此后，只要正负表笔不调换，测铅皮跨步电位时，若两表笔均在故障点之前，检流计的指针始终向正（负）向偏转；若两表笔均在故障点之后，检流计的指针则向负（正）向偏转；若故障点在两表笔之间，则检流计的指针应在零位。据此，便可测出故障点的位置。

直流电源可用一台 5kV・A 的单相调压器、一台 5kV・A 的单相变压器、一个输出带电容滤波器的单相整流桥组成，如图 6-15 所示。此电源应能使故障点处流过 5～10A 的电流。

6.1.15　低压电力电缆故障探测

低压电缆指的是 1000V 等级以下的动力电缆。低压电力电缆所用的材料多为橡胶和塑料。按电缆芯线分，有单芯、两芯、三芯及四芯四种电线。四芯电缆用于中性点接地的三相交流供电系统

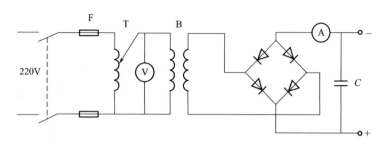

图 6-15　跨步法直流电源接线

中，其中一根芯线作为中性线，除作为保护接地外，还要流过不平衡电流。下面主要谈一下常用的四芯电缆的故障探测问题。原则上，高压电力电线故障测试的方法也适用于低压电力电缆。但低压电缆的绝缘强度比较低，在使用冲击高压使其放电时，应注意一般不要让电压超过 5kV，以避免损坏电缆完好部分的绝缘。如电缆故障点放电有困难时，可加大电容器的容量。根据经验，如使用 5kV 的冲击高压，当电容的容量在 $10\mu F$ 时，故障点一般能够击穿放电。

　　有些低压电力电缆在现场安装时，施工者图省事，没有把电缆的金属铠装保护层接地，没有接地线引出，这样不利于测量电缆的接地故障，应该注意纠正。

6.2　电缆线路的维护

　　电缆线路设备和其他供电设备一样，必须经常加以检修和维护。检修的周期及要求应按照《电力电缆运行规程》和电业部门《维护检修规程》的规定执行，检修项目则根据设备规定的期限，巡视和试验结果加以确定。一般的维护工作每年至少一次（亦可由主管单位领导根据管辖设备数量及设备情况研究决定）主要有以下内容。

　　（1）户内电缆终端头的维护

　　装置在户内的电缆头结构比较简单，运行条件也较好，一般的维护工作如下。

① 清扫电缆沟并检查电缆情况，电缆沟内积水要排除，并找出积水原因采取措施堵漏。

② 清扫终端头，检查有无电晕放电痕迹。

③ 检查终端头引出线接触是否良好。

④ 核对线路铭牌及相位颜色。

⑤ 锈烂支架及电缆铠装油漆防腐。

⑥ 检查接地焊接是否良好接地线有无损伤。

⑦ 检查终端头有无漏油现象，对漏油的终端头应找出原因采取相应措施，消除漏油现象。

（2）户外电缆终端头的维护

① 清扫终端头瓷套管，检查壳体及瓷套有无裂纹，瓷套管表面有无放电痕迹。

② 检查终端头引出线接触是否良好，特别是铜铝接头有否腐蚀。

③ 核对线路铭牌及相位颜色。

④ 修理保护管及油漆锈蚀铠装，更换锈蚀支架。

⑤ 检查铅包龟裂和铝包腐蚀情况。

⑥ 检查接地焊接是否完好，接地线是否标准。

⑦ 检查终端盒内绝缘胶（油）有无水分，绝缘胶（油）不满者应予补充。

（3）分支箱的维护

① 检查电缆分支箱底脚螺栓有无松动，箱外壳有无损坏，检查雨水有无进入箱内。

② 检查分支箱通气孔是否堵塞，通风百叶窗是否完好，检查和清扫箱内积尘。

③ 检查箱内电气设施是否齐全，电缆终端引线与箱内开关连接是否松脱。

④ 检查电缆沟引入分支箱的电缆转弯处电缆有无破损。

⑤ 电缆分支箱应加铁锁和专人负责，检查有无临时动力线从

分支箱内引出。

⑥ 检查和清理分支箱周围的易燃易爆物，分支箱旁应设有防火的消防器材。

(4) 隧道、电缆沟、人井、排管的维护

① 检查门锁是否开闭正常、门缝是否严密，进出口、通风口防小动物进入的设备是否齐全，出入通道是否通畅。

② 检查隧道、人井内有无渗水、积水，有积水时要排除，并将渗漏处修复。

③ 检查隧道、人井内电缆及接头情况，应特别注意电缆和接头有无漏油，接地是否良好，必要时测量接地电阻和电缆的电位，防止电缆腐蚀。

④ 检查隧道、人井电缆支架上有无撞伤或蛇形擦伤，支架有否脱落现象。

⑤ 清扫电缆沟和隧道，抽除井内积水，清除污泥。

⑥ 检查人井盖和井内通风情况，井体有无沉降及有无裂缝。

⑦ 检查隧道内防水设备，通风设备是否完善正常，并记录室温。

⑧ 检查隧道电缆的位置是否正常，接头有无漏油、变形、温度是否正常，防火设备是否完善有效，以及检查隧道的照明是否完善。

⑨ 疏通备用排管，核对线路铭牌。如发现排管有白蚁，应立即消除。

(5) 桥上电缆及电缆桥的维护

① 巡查桥两端靠近平地处的电缆及两桥墩之间电缆有无拖拉或绷紧现象，电缆保护管或保护槽有无裂开或其他缺陷。

② 通航部分是否曾受船舶冲撞或有无被篙杆撞伤情况。

③ 检查电缆铠装护层。

6.3　电缆线路的管理

（1）电缆线路管理工作的内容

电缆线路的技术管理工作主要有四个方面：①技术资料的管理；②计划的编制；③备品的管理；④人员培训。

（2）电缆线路的相关技术资料

电缆线路的技术资料是十分重要的，运行部门必须有系统地、长期地积累并加以整理。完整的技术资料包括一切原始装置记录、设计书及图纸、线路协议书、试验报告、故障及其修复情况、电缆移动变迁报告以及经常性的运行记录。下面列举几种必须具备的重要资料。

① 电缆网络总图　电缆网络总图是一个地区全部电缆线路的地形平面布置图，比例尺一般为 1∶5000，主要标明线路名称电缆间的相对位置及变电所的地点等。在电缆线路密集的城市里，可将总图按电压等级分绘制为数张（但不宜过多，尽可能集中），以便一目了然。总图能使管理人员对全区线路布置情况充分了解，在进行电缆线路扩建和改建时，便于参考选择新的路径，也可以从总图上引出各地段电缆埋设情况，便于迅速查出各地段电缆情况，便于查清线路，对巡视电缆线路和维护电缆工作有重大作用。总图应按电缆线路的增减和变更及时修正，保证高度准确。

② 电缆网络系统接线图　电缆网络系统接线图是表示电缆网络在整个电力系统中供电情况的布局，系统图可以表明各电缆在系统中供电的重要性和负荷分布情况，便于在检修电缆和试验工作时向系统调度部门办理停电手续。电缆网络系统图应标出发电厂、变电所及各线路的系统接线、电压等级、机组及变压器容量等。系统图无比例尺，但线条不应过密，同一输电线路的并行电缆可以简化为一根粗线条表示。

③ 电缆线路图　直埋的电缆线路必须有详细的敷设位置图样，

比例尺一般为 1：500，地下管线密集地段应取 1：100，甚至更大，管线稀少地段可用 1：1000。平行敷设的线路尽量合用一张图纸，但必须标明各条线路的相对位置，并标明地下管线剖面图，线路图应当在敷设电缆时由制图员测绘，其准确度要求较高，图上应当包括路面上所有永久性的建筑物，例如大楼、人井、界石、消防龙头、铁塔等。线路图上还应注明电缆中间接头的具体位置、每段电缆长度、截面积等规格，并有更改线路图的说明记录等。原始的图纸应由施工安装单位绘制，在验收工程时交给运行单位保存。

④ 电缆截面图 电缆的制造规范，各制造厂并不完全一致，即使形式、电压等级及导体截面相同，其结构尺寸也难以完全一样。因此，每种电缆都必须有一张截面图，图上注明需要的参数，图的比例尺寸为 1：1，这张图对于接头设计、系统保护计算及敷设在特殊要求的地方设计装置等都有用处。电缆截面图上还可记载制造厂名、采购日期、采购数量和装置使用地点等，以供将来统计参考之用。

⑤ 电缆头装配图 每一种形式的电缆中间接头或终端头均须有一份标准装置设计总图，总图必须配有详细注明材料的分件图，图纸的编号可以用代表电缆头形式的符号进行系列化，保持不变，以便于记录查考。标准装配图是统一工艺、提高施工质量和验收标准的依据，在采购电缆头材料时也可参考，在培训电缆接头制作工人时，也是制订工艺标准的重要依据。

⑥ 电缆线路索引卡 每一条电缆线路应有索引卡片一张，记录其简单的原始装置和历史情况以及有关的图纸编号等。原始装置包括电缆正确的长度、截面积、电压、型号、安装日期、线路的参数以及电缆头的型号、编号、数量、绝缘剂种类、装置日期等。历史情况包括电缆线路的变迁、故障和检修等的记录。此卡片可按电压等级、变电站、配电站、线路分类，并按查阅方便的办法顺序排列。因索引卡保存时间很长，翻阅次数较多，所以索引卡要选用好的纸张，填写字迹要清晰。

⑦ 故障报告　电缆线路故障后经过修理必须填写故障报告。报告应详细写明故障部分的原有安装资料，故障现象、修理情况及故障原因分析等，必要时可将故障部分摄成照片或绘图附在报告上。完整的故障统计资料，是制订反事故措施和年度检修计划等的主要依据。

⑧ 线路专档　每条电缆线路必须有一专门技术档案，一切有关该线路的技术文件资料（例如线路设计书、电缆安装资料、验收文件、协议书以及后来更改线路的记录等）、运行维护报表、检修工作表、预防性试验报告、故障测试记录、故障修理报告、负荷和温度记录、腐蚀检查记录、现场巡视记录等，都应分类归入专档内。总之在线路索引卡上所不能详载的内容，都应从技术专档内查出。

（3）电缆运行维护和检修计划的编制

计划编制除根据《电力工业技术管理法规》和《电力电缆运行规程》的规定外，还应结合本地区设备的具体情况作适当的调整。经常性的运行和维护工作，一般可按固定计划执行，但检修工作则需根据线路检查和试验结果，以及历年事故分析所提出的反事故对策来进行。计划内容包括工作项目、工作进度、劳动力安排、材料准备和主要材料消耗数量。总的工作量应该从下列各方面来考虑。

① 年平均供电故障次数。

② 年平均定期预防性试验击穿的次数。

③ 拟加以改装的有缺陷的中间接头或终端头数量。

④ 根据事故对策提出的措施。

⑤ 根据线路巡视、温度测量、负荷检查等提出的措施。

⑥ 有关防止电缆腐蚀的工作。

⑦ 配合供电线路更换电杆或配电变压器等的年平均工作量。

⑧ 城市建设部门统一规划改建的有关配合工作。

⑨ 支援用电单位内部电缆线路故障检修的允许工作量。

在制订计划时，运行部门应充分考虑到供电调度问题。务必使停电次数尽量减少，停电时间尽量缩短，以免更多影响用户用电。电缆检修考虑特殊事宜，如耐压试验电源和雨天户外部分不能达到维护标准，以及试验时的安全要求、相互配合等，都需在实际工作中商量妥善安排。

（4）电缆备品的管理

电缆备品包括电缆和电缆接头等材料，都是特殊材料，一般不易零星购置。为了保证按期进行检修工作，运行部门应有一定数量的备品，并有一定的保管制度。备品须保存在易于取用的地点，并且按不同的规范分别放置。备品的数量不仅决定于运行中设备的多少，而且和安装的情况有关，例如电缆备品的长度应足够替换同一电压等级一次事故内损坏电缆的需要，长度可根据过去运行经验决定。水底电缆、过桥电缆及隧道一般应分别备有跨越主航道、桥梁全长及两个人井间长度的备品。电缆的中间接头和终端头，每种形式最少要有两套备品，户外式终端头较容易发生故障，备品数量可适当增加一些。当然，备品过多会造成大量资金积压，也是不适宜的。因此，在确定备品数量时，须从需要和经济两方面同时考虑。如果材料来源较易，则可相应减少备品。备品应放在干燥的地方，专人负责并严格验收，防止在使用时发现缺陷影响工作进展。备品的保管和补充，应每年核实一次，并遵照备品管理制度进行。

（5）对异常运行电缆绝缘的监视管理

电缆运行中发生事故经检修未能彻底消除缺陷，或在预防性试验中发现缺陷而未能及时加以消除者，当它投入运行后必须加强监视。监视过程中必须遵照《电力电缆运行规程》的规定及结合运行部门的运行经验，在较短的时间内重复进行监视，以便检查缺陷有无变化。如果在半年内经三次以上的试验，而缺陷没有变化，则可认为其已是固定性的缺陷，可以记入历史专档备查，而在运行过程中可以按照正常的情况管理。对于异常运行电缆的监视应有专人负责，并有明显的指示图表示意。对于在监视中击穿的绝缘应迅速消除缺陷，以免损失过多，而对于固定性缺陷，虽经放弃监视，但还是不能进行绝缘升级，应按现场评定绝缘的标准，再经过正常试验周期1～2次后，重新评定绝缘等级。

对于那些长期使用和设备陈旧的系统，没有达到国家标准的设备，可按具体情况另行规定。

(6)　电缆线路专业人员的培训

电缆线路的运行工作是一项专业性较强的工作，在技术培训方面，首先要培养掌握各项操作的基本功，学习内容如下。

① 技工工作方法。

② 各种电缆的敷设方法。

③ 各种中间接头、终端头的制作方法。

④ 看懂电缆线路图及简单的装配图。

⑤ 绝缘材料的热处理。

⑥ 进行杆塔登高工作的实习。

⑦ 有关电缆试验的常识。

⑧ 有关各种规程的学习（包括城建、公用事业、交通运输等有关的规定）。

⑨ 一般电缆理论知识。

这些基本功除了必要的理论课和场内实习外，主要结合现场条件进行。电缆线路运行人员必须经过上述的各种基本功训练并有一定的现场工作经验，再学习有关电缆运行的专业知识，才能胜任电缆工作。

(7)　电缆设备评级

电缆线路的设备管理是通过一系列技术、组织、经济措施，对设备实行全过程的管理。它涉及内容广泛，如设备的选用、运输与保管、安装与调试、运行与维护、改造、更新等一系列工作。下面仅介绍电缆线路的定级管理。电缆线路的定级管理，是对设备安全大检查的一个重要环节。设备定级既能反映设备的技术状况，又有利于加强设备的维修和改进，并能及时消除缺陷，对提高设备可靠运行具有十分重要的意义。设备定级，主要根据运行和检修中发现的缺陷，并结合预防性试验结果进行综合分析，确定对安全运行的影响程度，并考虑绝缘水平、技术管理情况及安全管理情况来核定设备。电缆设备评级分一类电缆设备和二类电缆设备评定。一类电缆设备是经过运行考验，技术状况良好，能保证在满负荷下安全供电的电缆设备。评级标准如下。

① 规格能满足实际运行需要，无过热现象。

② 无机械损伤，接地正确可靠。

③ 绝缘良好，各项试验符合规程要求。

④ 电缆头无漏油、漏胶现象，瓷套管完整无损伤。

⑤ 电缆的固定和支架完好。

⑥ 电缆的敷设途径及中间接头等位置有标志。

⑦ 电缆头分相颜色和铭牌正确清楚。

⑧ 技术资料完整正确。

⑨ 装有油压监视和外护层绝缘监视的电缆，要动作正确，绝缘良好。

二类电缆设备是基本完好的设备，能经常保证安全供电，但个别元件有一般缺陷，仅能达到一类设备①～④项标准，即为二类设备。

一、二类设备均为完好设备。达不到一、二类设备，应为三类设备，是不能保证安全运行的设备。

完好设备与参加定级设备总数之比的百分数，称为设备的完好率。每个电缆设备的定级，应按电缆设备单元来进行，每一单元设备的等级一般应按单元中完好性最低的元件来确定。一般可将电缆、电缆架构、电缆保护设备、电缆接地引下线等划归为一个单元；电缆沟、电缆隧道、电缆竖井、电缆排管等划归为一个单元。电缆设备定级，应每季度进行一次，每半年至少进行一次绝缘水平定级。

（8）电缆绝缘评级

从方便电缆线路的运行管理考虑，运行中的每一根电缆都必须建立绝缘监督资料档案，它也是技术部门进行绝缘评级一个重要依据和内容。电缆线路的故障多数是因为绝缘被击穿而引起的，因此加强电缆绝缘的监视就特别重要。对电缆绝缘评级是全面评定电缆绝缘水平的一项重要工作，主要根据预防性试验的结果和运行中是否发生故障而定。电缆绝缘评级，大体分为如下三类。

一类绝缘：试验项目齐全，结果合格，未发现缺陷。

二类绝缘：泄漏试验次要项目或次要项目数据不合格，发现绝缘有缺陷，但能安全运行或影响较小（如泄漏不对称系数大于标准值）。

三类绝缘：泄漏试验主要项目或主要项目数据不合格，发现绝缘有重大缺陷，威胁安全运行的（如耐压试验时闪络，泄漏电流极大且有升高现象，但未超过试验电压）。

6.4　电缆火灾的预防及应对措施

6.4.1　电缆火灾的特点

（1）燃烧条件及燃烧过程

① 物质燃烧的条件

a. 要有可燃物质。可燃物质是发生燃烧的最基本条件，它是被燃烧的对象。电缆的各种绝缘材料，是高分子聚合物或高分子化合物，都是可燃烧物质。

b. 要具有助燃物。燃烧中的助燃物是空气中的氧气。通常空气中的氧含量为 21%，当其下降到 14%～18%，即使已燃起的大火也会停止。

c. 具有足够的温度和热量。物质燃烧的发生除具备可燃物及助燃物参与外，还要有足够的环境温度才能进行下去。

由此可见，防治火灾的途径就是破坏上述燃烧三个条件之一。一旦其中任何一个条件被破坏，则燃烧就停止，即火灾得到控制和扑灭。

② 物质燃烧过程　任何一场大火都是从星星之火发展和蔓延到熊熊烈焰的，电缆火灾的引发也不例外，即燃烧从小到大有一个

过渡过程，过渡过程的时间长短，取决于燃烧物质的性质。一般燃烧形成的整个过程分为四个阶段。

a. 火灾燃烧起始阶段。由不同的火种或火源造成的火灾现象已经发生，有游离的燃烧产物，看不见冒烟和火焰，但可嗅到不正常的味道，即燃烧处于萌芽阶段。

b. 火灾燃烧的阴燃阶段。火灾燃烧的第二阶段为阴燃阶段。这时可以看到冒烟，但仍无火焰出现。

c. 火灾燃烧的明火阶段。该阶段燃烧特点是火焰产生和形成的关键时刻，可以见到火焰但未形成高热。此时如不采取灭火措施，火焰迅速蔓延形成烈焰。

d. 火灾燃烧的高热阶段。这一阶段是燃烧的高潮和燃烧的最终阶段，此时烈焰大火完全形成。同时产生相当高的温度，且火势向四周围迅速扩散。

（2）火灾燃烧中的烟雾

① 烟雾的形成与危害　燃烧的第二阶段起将产生烟雾。烟雾是阻碍灭火和逃生的障碍。烟雾中含有大量 CO 有害气体，火场被困人员如吸入大量有害烟气将中毒死亡。了解和掌握火灾烟雾特性和防预措施，既有利于灭火人员灭火，又有利于人员逃生。

a. 火灾燃烧中烟雾的组成。燃烧中产生的烟雾是物质在燃烧反应过程中生成的含有气态、液态和固态物质与空气的混合物。通常它是极小的炭黑粒子完全燃烧或不完全燃烧的产物、水分以及可燃物的燃烧分解产物所组成。

b. 烟雾的危害。火灾燃烧过程产生的烟雾，除了有较强的毒性，还会使能见度降低，使救火人员和被困人员无法辨认周围的环境。当能见度降低到 3m 以下时，逃离火场就非常困难。由于烟气具有遮光作用，会增加火场被困和救火人员心理不稳定因素，易出现惊慌失措和产生恐怖感，影响被困人员的逃生和给救灾人员设置心理障碍。时间一长会出现中毒身亡和被高温烤至出汗、脱水而晕倒直至死亡。

② 火灾燃烧产生烟雾流动规律　烟雾流动与扩散是有一定规

律的。它和烟囱建筑结构、风向风力、建筑内各种通风系统造成的压力差有关。

（3）电缆火灾燃烧的特点

电缆的燃烧具有一般燃烧的全部过程，但由阴燃阶段到明火阶段之间的间隔时间很短，且迅速形成火势。电缆燃烧的特点有六方面。

① 各种型号电缆均可燃烧构成猛烈火势。

② 电缆燃烧温度高。

③ 电缆燃烧产生大量有毒浓烟。

④ 电缆的火势方向是顺着电缆敷设线路的走向燃烧的。

⑤ 电缆着火后其延燃速度与电缆敷设的密度、方式和环境有关。电缆水平敷设 4 层以上及在缆井内垂直敷设时，极易形成延燃和加剧火势。

⑥ 容易发生电缆火灾的是运行十年以上的工厂区电缆。其次，新建成的电缆线路的工厂区域的电缆火灾率较高。

6.4.2　电缆火灾的原因分析

电缆着火原因是多方面的，但从宏观上来分析可归纳为两方面：①电缆本身因素和缺陷所致；②外部因素酿成。后者因素更为重要。据有关资料统计，电缆火灾中因电缆本身原因我国占 9%，国外约占 7%；电缆火灾外部原因不论是国内还是国外，都占 90% 以上。所以设法解决外因引起电缆着火是刻不容缓的。

（1）电缆本身的原因

电缆及主要附件质量不佳，敷设之后投入运行导致电缆过热、龟裂和损坏。主要表现如下。

① 电缆材料不纯或不合格

a. 电缆芯线用铜导体或铝导体材质不纯。加工电缆芯线导体的材料应为优质的电解铜或电解铝板，先制成圆形线材，经酸洗处理后，再经多道拉拔工艺加工成规定直径裸铜（或裸铝）导体，再通过真空光亮退火合格为芯线成品，再通过多道包绕或压注绝缘层、屏蔽层、护套等工序而为电缆成品。由于芯线材质不纯，含杂质多，使其导电能力下降。材料不纯时，相同截面芯线的载流量相对降低。

b. 电缆芯线导体标称截面不符合要求。电缆生产厂加工出的芯线截面比标称截面小，使单位电流密度过大，运行中导致不正常发热，结果导致电缆着火。

c. 绝缘材料成分不符合要求及加工不良

其结果使电缆在运行中承受耐压能力下降，绝缘电阻不合格，容易加速老化和龟裂，易使电缆出现相间短路和接地故障产生。

② 电缆生产过程工艺差　一些电缆厂家在电缆生产过程中未严格按工艺操作，或一些生产条件较差的厂家，粗制滥造，都会导致电缆质量下降。

③ 运输保管不当使电缆损坏　原本合格的电缆出厂运输及装卸过程不当，使电缆受挤压或撞击，内部芯线受损、各绝缘层受损。

（2）电缆火灾外部因素

引起电缆着火的外部因素较多，主要为电缆敷设安装不符合要求及运行使用部门管理不当，使用不合理及防灭火措施不健全等。

① 电缆敷设安装不符合要求　承接电缆工程施工的单位未按规定要求施工、工艺装备差、不严格执行敷设工艺，安装过程无监理、不自检和互检，更未按消防法要求及电力建设安全工作规程要求施工，这样竣工后的电缆线路在运行中，不安全、事故多、易引起火灾发生。

② 使用单位使用维护不当

a. 用电不合理。使电缆长期过载运行，加之环境温度高，电缆处于高温下运行，促使电缆本身绝缘层老化加剧导致热击穿，缩短了使用寿命。各种电缆的最高允许工作温度如表 6-8 所示，电缆若长期处在表 6-8 温度下运行，电缆故障率及着火率很高。

b. 日常欠巡视检查和维护保养。因日常不检查和维护电缆沟及隧道内积水，水分及潮气侵入已老化的绝缘层内，使电缆绝缘电阻下降。油纸电缆的绝缘纸一般含水分 6%～8%，当电缆绝缘出现老化裂纹时，水分入侵较多，电缆电击穿及热击穿，形成介质老化如图 6-16(a) 所示，图 6-16(b) 是电缆击穿场强度与施加电压时间之间的关系曲线。主要是电缆内部所存在的缺陷所致，如

表 6-8　各种电缆的最高允许工作温度与电缆材料的热胀系数

类别	电缆类型			长期允许温度/℃	瞬间允许温度/℃
最高允许温度/℃	油浸渍绝缘电缆	6kV 及以下		65	220
		20～35kV		50	220
	交联聚氯乙烯电缆			80～90	230
	橡胶电缆			65	150
	充油电缆			75～80	100
热胀系数	材料名称	铝	铜	铅	电缆纸	浸渍剂
	体胀系数/℃$^{-1}$	72×10^{-6}	51×10^{-6}	69×10^{-6}	90×10^{-6}	900×10^{-6}

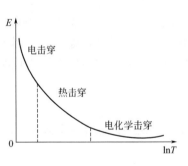

(a) 电介质击穿场强与时间的关系

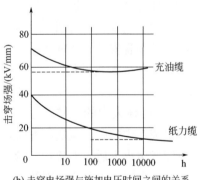

(b) 击穿电场强与施加电压时间之间的关系

图 6-16　电缆受潮后绝缘电阻下降引起的击穿

气隙及电场分布不均等，易导致局部放电。这种放电虽不致立即形成贯穿性通道，但长期局部放电可使绝缘损伤逐渐扩大，直至击穿，最终使电缆故障发生。

保持电缆沟道干燥、通风良好、无潮气、水分入侵，是减少电缆绝缘电阻下降和降低电缆短路击穿或弧光接地的主要维护措施之一。

电缆线路维护保养不及时，常使终端头表面受潮和积污，电缆端头瓷套管破裂导致闪络。特别是当终端头瓷套管处于极不均匀的电场中时，闪络电压较低，可能造成完全击穿而引发电缆火灾。

c. 外界（周围环境）火源波及电缆着火。在石油化工及煤矿、冶炼等厂矿、易燃易爆物质引起着火后波及电缆沟内、桥架内的电缆着火也是常有的事。如汽轮机管路漏油、矿井瓦斯爆炸、开关接触不良打火，熔炼热渣落到电缆上导致电缆着火所占比例更大。所以加强电缆线路环境火种、火源管理和消防工作十分重要。

d. 消防设施及防、灭火措施不健全。一些电缆线路密集的地区或厂矿，认为电缆线路按正规要求敷设的，又有维护工巡视，还有一般的消防灭火器材，不必要装设系统灭火装置及自动报警装置。正因如此，当出现了电缆着火，无自动报警，导致着火初期未发觉，使火情蔓延和扩大，最后引发电缆火灾，造成巨大损失。

总之，对在线运行的电缆线路及电气设备，只有选择质量好的元件、按规程安装、合理使用、及时维护、加强消防意识，健全防灭火制度和安装先进的防灭火及自动报警装置，电缆的火灾才会减少。

6.4.3　电缆火灾的预防管理

电缆火灾的防治应从两方面着手：一是不让电缆发生火灾，二是电缆发生火灾后，不让其延燃。

（1）电缆火灾防治原则及管理措施

① 防治原则　电缆火灾防治应坚持以防为主、以治为辅、防治并举的原则。应该建立健全防火制度和完整的灭火及自动报警装置，做好日常预防工作，首先要杜绝电缆火灾的发生。同时，一旦出现火情，将火灾消灭在萌芽阶段，不让其延燃，减少损失和伤亡。

② 管理措施　要使电缆线路不发生或少发生火灾，应做好下列几项工作。

a. 抓好电缆敷设工程。

b. 做好运行管理及维护检查。

c. 做好消防工作，配齐防灭火装置。

（2）电缆火灾防治技术措施

防治电缆火灾的技术措施基本上有下列两大类型。对防灭火不健全但已运行电缆，凡不符合消防法及防火施工法要求的，在不改变电缆材料和结构条件下，按消防及防火新规定进行改造施工。如增设阻火隔墙及密封桥架、附件及电缆外表涂刷防火涂料、包绕防火包带等补救措施。新建电缆线路防灭火措施，首先选用新型耐火或难燃型电缆及自动报警系统。

① 封堵方式防止电缆着火　变电站中敷设的电缆与各种电力设备的连接是通过孔洞、穿墙、人井、桥架、夹层、隧道等方式进行的，线路走向十分复杂且多变，为了保证安全，防止火灾发生，在电力电缆敷设安装施工过程中，必须对电缆进行防火堵封。

施工中电缆的封堵，既要按有关规程进行，但又要因地制宜，不能教条和盲目设置封堵点，随意确定封堵方式，这样，不仅浪费工料，提高工程造价，而且使电缆通道的通风及散热条件变坏，易造成火灾隐患点；应结合施工场所的具体情况及自身的特点，确定重点防火部位和应采取的措施，下面介绍电缆封堵几种常用的方式。

a. 电缆预留孔洞的防火封堵。在电缆系统工程中，电力监控屏、盘及开关柜等是变电站中的主要设备，一般放置在主控室，在其下方的预留电缆入口部位，应采用防火隔板做上下两层封盖，隔板中间铺以堵料严密封堵，并留有适当的电缆穿越的孔槽。孔槽周围的电缆穿越处应填以软性的有机堵料（俗称防火胶泥），而槽孔外围则灌注具有凝固特性的无机堵料。用这种办法处理，今后若要增加或变更电缆，只需将槽孔中的有机堵料揭下即可，无须拆卸上下封盖板。

b. 电缆穿墙孔洞的防火封堵。敷设电缆时，当电缆要穿过墙体，视穿墙孔洞的大小、厚度，用防火包、有机堵料、无机堵料进行堵封。墙体两侧的防火隔板用膨胀螺栓紧固固定好，防火板根据所穿越的电缆及桥架大小留有孔洞，穿墙两侧用有机耐火槽盒填入有机堵料的方式各设 2m 的防火段，并在墙体两侧电缆上刷涂防火涂料，防止火势穿越蔓延。

c. 电缆竖井及各楼层垂直上下的桥架防火封堵。应在竖井及楼层垂直上下桥架的两端出入口处设阻火隔层，用防火沙包、有机堵料将电缆与墙体缝隙严密封堵，封堵好后，在上面加防火隔板，以增加耐火极限，并遮盖零乱不整洁的防火材料。阻火隔层上下两侧电缆的 1.5m 区域用膨胀型防火涂料涂刷 3 次。垂直走向的桥架整体用防火隔板或槽盒封闭严，以隔绝火源，同时增强整齐美观感。

d. 电缆隧道的防火措施。当采用隧道方式敷设电缆施工时，要考虑通风散热良好，隧道内的防火门与防火夹墙应配合布置。防火门原则上设置在 35kV 开关柜室、10kV 开关柜室，主控室及通信计算机室等电缆隧道处。防火夹墙设置在隧道直线段中，原则上每隔 100m 设置一道。在丁字、十字隧道口处，距其中心 5m 处三方向或四方向各设置一道防火墙，以阻隔各个方向来的火源。防火墙的具体做法是用防火沙包从下至上堆砌成墙体，厚度以两个包体为准，防火墙两侧的电缆应刷膨胀型防火涂料 4～6 次，长度各为 2m 长。防火墙两侧每层电缆用防火隔板铺垫，长度为 4m，作为防火夹层，并在隔板上铺盖 2～4cm 厚的有机堵料以增强耐火极限。防火墙两侧的防火隔板，从下至上用螺栓固定在电缆支架上形成封闭隔离的防火区间。

e. 电缆沟道的防火堵封。要在电缆沟道通往的配电室、控制室、各种设备以及建筑物等的出入口处，用防火沙包堆砌、封闭、并用有机堵料堵塞缝隙，以此来割断可能引起的火源。

f. 电缆夹层中的防火措施。由于电缆夹层中敷设的电缆根数、层数较多又集中，特别是主控室，该处的电缆夹层往往面积很大，且敷设缆数很多，因此该处的电缆防火要作为重中之重来考虑。一般常采用划分小单元及系统两种防火方式，把一个整体空间很大的夹层划分成几个分隔区，利用砌电缆墙的方式来隔离各单元。采取分区隔离措施，从而实现了一个区域起火不至于蔓延至其他区域，就能有效地减少可能发生火灾的过火面积，减少损失和伤亡。

g. 明敷电缆的防火措施。对明敷的电缆线路可采用加防火材料覆盖层的方法，如加防火包带、涂防火涂料及加盖防火罩布等。因这些材料是以阻燃性材料为主、加适量胶黏剂及填充剂制成的。防火包带包绕的方式一般采用 1/2 叠包（半叠包）2层为宜。

h. 高温及易燃管道处电缆的防火封堵。对各种高温管道及煤气易燃管道处电缆及电缆桥架，可采用防火隔板或防火槽将整体遮盖或封闭好。

② 电缆中间接头的防火措施

a. 环氧树脂电缆头制作。该类电缆在制作中间接头过程及环氧树脂配制过程中均应采取有效的防火措施。

b. 其他类型电缆中间接头。对已制作完成中间接头的电缆，特别是对 75mm^2 以上的大截面电力电缆，其防火措施尤为重要，防火处理操作要仔细慎重，必须在电缆的中间接头处，用防火有机槽盒添加有机堵料的方式，在中间接头两端设置可靠、有效的防火段。

电缆中间接头防火封堵必须注意防火隔板及防火槽盒的固定。要考虑既要拆装施工及检修方便，又要安全可靠，比如采取用燕尾螺栓代替普通六角螺栓等。在不易拆装处应该采用先预埋管件，并用防火胶泥和防火板暂时封闭等措施，便于今后新敷设电缆时施工方便。

③ 采用有效的火灾自动报警消防措施　当火灾刚一发生，根据火灾初期产生的烟气和火光，可安装烟感型、光电感应型火灾自动报警装置，一旦发生火情和产生的烟气和火光，报警装置将发出信号，提醒人们及时扑灭火焰。报警装置一般安装在重要的大型变

电所、主电室、电缆隧道、电缆夹层等部位。

同时在变电站、所、室及电缆隧道、沟道、夹层、电缆井等处设置数量足够的消防灭火装置，当火情出现后自动装置发出信号，人们及时采用这些灭火器，迅速予以扑灭。

6.4.4 常见电缆防火技术

电缆线路由于它适用范围较广，敷设密集，遍布各种场所，一旦外部失火或内部故障引起火灾，其火势将难以控制，波及范围大，易造成大面积的停电事故，并且修复时间长，难以短时间恢复生产，因此在电缆线路设计时应重视和做好电缆防火工作，认真贯彻落实各项防火阻燃措施。

（1）电线、电缆火灾的发生

电缆的种类和材料而言，无论是过去的油纸电缆还是现在的全塑电缆，从绝缘层的电缆纸、交联聚乙烯、乙丙橡胶等材料到油麻、聚氯乙烯外护套材料，都是易燃性物质。特别是高分子聚合材料在一定温度下会发生熔融，当局部电缆着火燃烧达到高温，而且超过邻近电缆着火温度时，就会导致电缆群体延燃。电缆着火因素较多，主要有以下几点。

① 对电缆防火认识滞后。

② 电缆安装施工不当，接头工艺不精，电缆接地不良，电缆密集度过大。

③ 运行管理不当。

（2）电缆防火的基本途径

① 使电缆构成材料中的可燃物质尽量减少，选用阻燃、耐火电缆。

② 创造隔绝氧气、减少传导、遮断热辐射的条件，使电缆燃烧时形成厚的强固碳化层，以隔断可燃质与氧气的接触，增加燃烧过程中的冷制作用。

③ 电缆敷设安装时按规范和工艺要求施工，合理布局，强化电缆的运行管理。

④ 采取报警和灭火装置及时扑救。

（3）电缆防火的措施

① 耐火电缆和阻燃电缆　耐火电缆就是在火燃烧条件下仍能在规定时间（约 4h）内保持通电的电缆。以满足万一发生火灾时通道的照明、应急广播、防火报警装置、自动消防设施及其他应急设备的正常使用，使人员及时疏散。在火灾发生期间，它还具备发烟量小，烟气毒性低等特点。该型电缆价格较贵，一般应用在高层建筑、电力、石油、化工、船舶等对防火安全条件要求较高的场合，是应急电源、消防泵、电梯、通信信号系统的必备电缆。

阻燃电缆主要特点就是不着火（或着火后延燃仅局限在一定范围内）所以这类电缆适用于有高阻燃要求、防燃、防爆的场合。这些电缆已被许多工程采用。

② 隔离

a. 防火涂料。近年来，中国研制出了多种防火涂料，经国家鉴定合格的产品在实践中使用及证明效果良好。其中丙烯酸涂料适用于不良环境，改性氨基涂料适用于潮湿环境。

另外，膨胀型过氯乙烯防火涂料，于 1988 年由公安部组织的新产品鉴定。该涂料的特点是遇火膨胀生成均匀致密的蜂窝状隔热层，有良好的隔热、耐水、耐油性。该涂料刷喷均可，但施工过程中必须隔绝火源，每隔 8h 涂刷一次，达到每平方米 400～500g 即可，但这种刷涂型防火涂料，在电缆密度大、长度长、空间小等场合使用不方便，且耗时费力，劳动强度大，影响施工工期。

b. 防火包带。以 1mm 厚防火包带，采取往复各一次的绕包方式缠绕在电缆上，水平布置达到了 7 层，经模型试验，显示出了有效的阻燃性能。这种材料用于局部防火要求高的地方效果特别好。能达到以较低费用而达到较好的防火效果。在实际工作中经常使用在电力电缆接头两侧及相邻电缆 2～3m 长的区段施加防火涂料或防火包带，可达到良好的防火要求。

c. 防火堵料。SFD-Ⅱ、Ⅲ型速固防火堵料是一种理想的电缆贯穿孔洞和防火墙的封堵材料，它能有效地阻止电缆火灾窜延。孔洞向邻室蔓延，该堵料其耐火性能甚好，基本不导热，一般封堵厚度 7~10cm 即可达到耐火阻燃要求。此材料在电缆进墙孔、端子箱孔等孔洞处大量使用，既方便，效果又好，深受施工人员欢迎。经过多年实践，证明其安全防火效果显著。

d. 阻火隔墙。用阻火隔墙将电缆隧道、沟道分成若干个阻火段，达到尽可能地缩小事故范围、减少损失。阻火隔墙一般采用软性材料构筑，如采取轻型块类岩棉块、泡沫石棉块、硅酸盐纤维毡或絮状类如矿渣棉、硅酸纤维等，既便于在已敷好的电缆通道上堆砌封墙，又可在运行中轻易地更换电缆。经试验表明，240mm 左右厚度的阻火墙显示出了屏障般的有效阻火能力。此外，沿阻火墙两侧电缆上紧邻 0.5~1m 范围，添加防火涂料或包带时，可不需设置通道防火门，这样能有效地防止电缆一旦着火时通过门孔穿出火焰和热气流的危险影响，解决了正常运行中隧道通风与防火的矛盾。

e. 耐火隔板。Eg85-A、B、C 型耐火隔板，应用于封堵电缆贯穿孔洞，作多层电缆层间分隔和各层防火罩，具有优良的特性。

Eg85-A 型耐火隔板与耐火材料构成的竖井封堵层，不仅满足耐火性，且满足承载巡视人员的荷重，也便于增添更换电缆，该型耐火隔板使用于承受较大外力的大孔洞封堵。

Eg85-C 型耐火隔板，主要用作电缆防火罩，也可用作多层电缆层间隔板，它具有质轻、形薄、强度高、切割打孔方便、耐腐蚀等特点。

Eg85-B 型火隔板适用于形状各异的小孔洞封堵和作多层电缆层间分隔，但在实际应用中。发现有强度不高、不能任意切割的缺点。

f. 封闭式难燃轻型槽盒。将部分紧靠高温管道的电缆及容易使电缆着火的部分置于封闭式槽盒内，以形成阻火段。难燃型槽盒具有较好的阻止电缆着火延燃的性能，在盒内添置冷却水管，连通外部引接的冷却系统装置，实现对盒内电缆的间接冷却，从而可提高电缆允许载流能力 1.2~2 倍。利用高新技术研制成的高效阻燃玻璃，可以在高温 900℃情况下阻燃，并在此基础上制成新电缆槽合。价格便宜、强度高、阻燃性能好，此产品技术先进防火效果显著，应是今后推广产品。

g. 阻燃桥架。电缆阻燃桥架，具有优良的耐火、隔热、阻燃自熄、耐腐蚀等特点，并能与各类金属直型桥架配套。

③ 合理布局　在条件允许情况下，电缆不应布置过密，且一次、二次电缆应分别敷设在不同的电缆槽盒或沟内，槽盒或沟内通风、散热情况要良好，并远离高温物体。

④ 电缆敷设时，施工人员严格按操作规程和工艺要求施工。

⑤ 提高电缆终端头和中间头的制作质量。掌握电缆附件的新品种、新技术、新材料、新工艺，按说明熟练操作，提高终端头和中间头的制作质量。

⑥ 制定电缆运行维护规程，严格按电缆运行维护规程进行检查、维护、管理。

⑦ 按设计规范配备火灾报警及灭火装置。现场常用的消防设施有：消防沙池、消防器材（如消防栓、各类灭火器等）、烟雾报警器、感温探测器、自动报警灭火系统等，可根据使用条件、使用环境的要求选择使用。

6.5　直埋电缆的白蚁预防

具有危害作用的白蚁有十余种，对直埋电缆有危害的主要是家白蚁和黄肢散白蚁，它们咬破塑料、橡胶、铅护套等，并以此为食料，白蚁能把电缆护层咬穿，使电缆绝缘受潮、电阻下降，从而造成单相接地短路。白蚁对直埋电缆的危害主要是咬穿电缆，因此必须采取防咬和用毒杀的方法控制。

制造防咬电缆，即应用咬不动的电缆或称机械型电缆。白蚁咬不动的材料，有黄铜、磷青铜、不锈钢以及硬质塑料。目前，多数电缆都以聚氯乙烯制作防护套。这种电缆的特点是能适量减少增塑剂的含量，使电缆既做到防白蚁又便于加工挤塑，施工中易敷设，又具有良好的电气稳定性。这种电缆的生产工艺同普通型聚氯乙烯

护套电缆相比，仅挤塑温度高些，而施工敷设的环境温度可在 5℃
以上，当低于此温度时，施工敷设这种电缆则较为困难。

从毒死白蚁方面考虑，即在电缆护层材料（聚氯乙烯、橡胶
等）中加入一定剂量对白蚁有毒杀作用的药物，因此要求制造使用
这种药物型电缆的毒剂对白蚁有强杀作用而药性持久数年乃至数十
年而不失去药力，并能承受 160℃ 的高温作用，不致分解失效，其
生产工艺也应方便，用药量少、毒性不变，对电缆和机电性能均无
影响，且施工较容易，另外对制造药物型电缆的材料要求来源比较
广泛、价格便宜、对人毒性低。药物类型较多，其中狄氏剂最为稳
定，残效期长；林丹稳定性较差，但毒杀力最大；氯丹、艾氏剂、
七氯均介于狄氏剂和林丹两种药剂之间。

在电缆周围的土中渗入一定剂量的毒杀药物，防止白蚁进入电
缆。毒土处理的药物要求防杀效果好、性能稳定、价格便宜、物源
较广、使用方便。毒土防蚁适用于各种电缆，成本要比药物型电缆
高，用药量多，施工比较麻烦。当采用喷洒的方法，即将药物配成
乳液后喷洒在埋电缆的周围，由于喷洒不均，效果就差，多雨区药
易被雨水稀释而流失，毒效差。使用毒土处理时应注意人身安全和
不造成环境污染。

生态防白蚁，是一种辅助方法。它是根据白蚁的活动规律，结
合白蚁的生态条件，采取避开白蚁或对电缆增加保护的方法来防止
白蚁蛀食电缆，这就要灵活使用，因地制宜。

选择电缆线路设计时，尽可能避开白蚁的寄生地，如森林、居
民区、木电杆、木桥等，在水田、沙滩及地下水位较高的地区敷设
电缆；改变敷设方式，采用架空线架设；用水泥砂浆封包电缆，此
法虽效果较好，但成本高，施工难度大，维修不方便，使用较少。

6.6　电缆过电压及防雷接地保护

电缆运行的绝缘水平，同电缆绝缘的过电压能力密切相关，要
想避免过电压对电缆的损坏，就必须熟悉电缆的电磁场效应电缆固

体绝缘的放电机理以及电缆绝缘配合特性，才能防止电缆线路受过电压的侵害，提高电缆线路的运行可靠性。

6.6.1　电缆的电磁场效应

（1）电缆的电磁场效应

电缆的导体通过电流或加上电压后在其周围会产生电场和磁场。电缆电磁场虽不能直接观察到，但可通过各种仪器仪表证明它的实际存在。电缆的电场可用电力线的分布形象地表示。电缆电场的电力线垂直开始于电缆导体的表面，终止于接地体和电流回归导体表面。由于各接地体和回归导体的几何形状不同，电力线的分布也就不相同，如图 6-17 和图 6-18 所示。

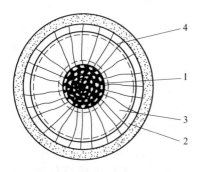

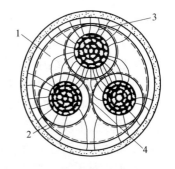

图 6-17　单芯绝缘电缆电场示意图

1—线芯；2—铅包；

3—芯绝缘；4—电力线

图 6-18　带绝缘电缆电场示意图

1—填料；2—带绝缘；

3—芯绝缘；4—电力线

电缆在运行中其绝缘介质内的电力线密度和单位距离的电位差称为电缆的电场应力。通常在电缆的绝缘介质内，任意一点的电场应力可分解为三种：第一种是垂直于导电芯的电场应力称为辐向应力；第二种是平行于导电芯的电场应力称为轴向应力；第三种是沿畸变电力线切向的电场应力称为切向应力。电缆电场应力是损坏电缆绝缘介质的一个因素，而且电场应力的大小决定了电缆和其附件的结构尺寸，因此在设计和选择电缆绝缘本体结构或其附件时（如电缆接头、终端头型式），应尽可能避免和减小电场应力。

防止电场应力的损坏，主要是靠电缆的绝缘层厚度和采用不同介电常数的绝缘材料来保证。一般情况下 500V 及以下截面橡胶、塑料电缆和 1000V 及以下浸渍纸绝缘电缆的绝缘厚度是由工艺最小厚度来决定；1000V 及以下橡胶、塑料电缆和 3kV 浸渍纸绝缘电缆的绝缘厚度是由机械强度来决定；10kV 以上电缆的绝缘厚度才是由电气强度来确定的。

（2）电缆工艺对电场强度的改善

在电缆终端和电缆接头制作中，为了使导体与导体或与其他电气设备连接，需将电缆金属套、绝缘层割断和剥去，待导体连接完后，再恢复绝缘层和金属护套。由于无法保证接头或终端处绝缘厚度、密实程度及金属套与电缆本体的结构相同，在接头和终端中都存在着轴向应力，并且使电场应力分布产生严重的畸变。为了控制轴向应力，改善畸变的电场应力，在允许范围内，利用逐渐减小电容的原理，即将电缆原有的绝缘厚度逐渐增加，使绝缘表面电场强度逐渐递减，疏散电力线密度，提高过渡界面的游离电压。对于 35kV 及以下的铅包纸绝缘电缆，一般采用胀铅与绕包应力锥（增绕式）的办法来改善金属护套断口处的轴向电场应力分布集中的问题。胀铅就是在铅包割断处把铅包边缘撬起，呈喇叭口的形状见图 6-19 所示。对于统包型电缆，胀铅是改善铅包口电场分布的有效措施，现定性分析如下：在图 6-19（b）中，点 a 为胀铅前铅包纸绝缘表面上一点，点 b 是与点 a 相距距离为 Δl 的纸绝缘表面上的一点，点 c 为胀铅前铅包口上一点。胀铅前，点 a 的电位为 $U_a=$

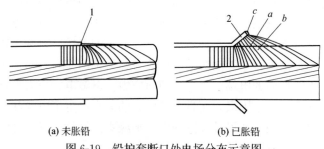

(a) 未胀铅   (b) 已胀铅

图 6-19　铅护套断口处电场分布示意图

1—铅护套断口；2—铅护套喇叭口

0，点 b 的电位 $U_b>0$，a、b 两点间的电位差 $\Delta U_{ab}=U'_b>0$。胀铅后，点 a 的电位为 $U'_a>0$，点 c 的电位为 $U_c=0$，这时 a、b 两点间的电位差 $\Delta U'_{ab}=U_b-U'_a$，即 $\Delta U'_{ab}<\Delta U_{ab}$。由此可见，经胀铅后，铅包口纸绝缘沿面电力线的密度较胀铅前减小了。一般 10kV 及以下电缆将铅包胀到原来铅包直径 1.2 倍为宜。但是由于目前国产电缆所用半导体纸的体积电阻系数 P_V 约为 $104\sim105\Omega\cdot m$，不能起到均匀轴向电场的作用，所以在进行电缆接头和终端头制作时，除采取胀铅措施，还需将半导体纸剥除到喇叭口以下，以进一步改善电场强度的分布。

绕包应力锥就是用绝缘包带与导电金属材料在电缆绝缘层外面绕包成的锥形面。一般适用于 20kV 及以上电压等级的分相铅包型或者屏蔽型电缆。在终端头里，应力锥主要控制接地屏蔽这个部分，接地屏蔽以外的部分，只是为了绕包方便。在中间接头里，应力锥与接头本身的绝缘连在一起，手工绝缘外表面再加接地屏蔽，这时应力锥变成了手工绝缘的自然坡度。应力锥接地屏蔽段纵切面的轮廓线如图 6-20 所示。轮廓线与轴向应力的关系可用下列公式表示。

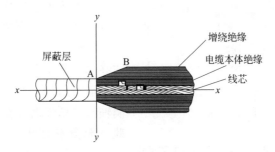

图 6-20　应力锥纵剖面轮廓线与轴向应力关系

$$E_t=\frac{U}{x}\ln\left(\frac{\ln\dfrac{y}{r}}{\ln\dfrac{r_1}{r}}\right)$$

式中 E_t——轴向应力（轴向电场强度），kV/cm；

$\quad\quad U$——相电压，kV；

$\quad\quad r$——导体半径，cm；

$\quad\quad r_1$——电缆绝缘半径，cm；

$\quad\quad y$——附加绝缘半径，cm；

$\quad\quad x$——应力锥长度，cm。

从上式可知：①在一定电压的作用下，应力锥长度越长，则轴向应力越小；②当应力锥长度固定后，附加绝缘加厚会使轴向应力增加，所以绕包时不应使坡度太陡；③当容许轴向应力固定后，附加绝缘半径随着应力锥长度加长而增大，所以在绕包时，应力锥的坡度应先小后大。

在实际安装中，为了施工的方便，并不要求严格的理论计算，而只规定一定范围的工艺尺寸。图6-21所示为35kV终端头的应力锥工艺尺寸图。

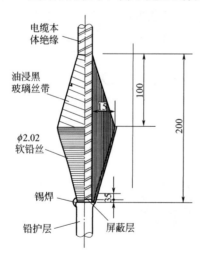

图6-21 35kV终端头应力锥工艺尺寸

对于60kV及以上电压等级的电缆，由于电压较高，仅用应力锥改善电场分布的效果不够理想，终端内轴向应力分布仍不均匀，因此多采用电容式终端。其主要特点是：在电缆终端内附加一些电容器，强制轴向电场强度分布均匀，因此可充分利用电缆终端的长度，缩短电缆终端的高度。

（3）电缆磁场效应及电磁屏蔽

电流流过电缆的导体在其周围必然产生磁场。交变的电流就形成交变的磁场，电缆的交变磁场在邻近导体上也会产生相应的感应电压，对邻近导体产生一定的影响。电缆一方面在外皮有一层接地的金属层，主要是用来防止电缆电场的作用，使电力线只存在于导电芯和接地层的绝缘介质内，使电缆的外面不存在电场和容性耦合；另一方面在电缆的表面，常有磁性材料作成的钢带或钢丝铠装，使电缆导体产生的磁场受到消除，起到去磁作用。电缆的电磁屏蔽是电屏蔽与磁屏蔽的统称。改善电缆绝缘内电力线分布的措施称为电屏蔽。减小电缆磁场对外界影响的措施称为磁屏蔽。

电缆内的电屏蔽分为导体屏蔽和绝缘屏蔽两种。导体屏蔽也称作内屏蔽。紧靠电缆的导电线芯上包一层电阻率很低的薄层，如炭黑纸、炭黑布带、半导电挤压层或金属化纸等，以降低绞线表面凹凸不平所形成的局部集中场强，使导电芯表面光滑均匀，电力线密度分布整齐，达到提高电缆绝缘水平的要求。绝缘屏蔽也称作外屏蔽。贴靠电缆线芯绝缘层外面，包一层电阻率很低的薄层，如炭黑纸、炭黑布带、半导电挤压层或金属化纸、薄金属带等。这些金属带和接地金属套之间有电气连接，因此外屏蔽处于低电位。在外屏蔽之外，不再存在电力线，即没有电场。因为外屏蔽和电缆绝缘层紧密相接，避免了绝缘层和接地金属套间存在气隙或油隙使绝缘强度降低的影响，从而达到提高电缆绝缘水平的要求。

电缆内的磁屏蔽通常有采用磁性材料、逆向磁通回流线和电缆换位等几种措施。磁性材料前面已经讲述过，虽然它能集纳较多的磁力线，减小电缆磁场对外界的影响，但是它易造成磁滞损耗，影响电缆的输送容量，当达到磁饱和后，对外界也会产生一定影响，所以它适于 35kV 及以下电缆。

逆向磁通回流线的措施，是当导体内有电流时，在三根单芯电缆的金属套上产生感应电压，一方面将三相金属套在电缆线路两侧相互连接，使金属套内的感应电压短路，在电缆内形成一个近似于逆向的磁通，它可削减对外界的磁通总和；另一方面沿电缆线路的间距敷设一根阻抗很低的接地线，配电室或变电所可利用接地网，该接地线称为回流线，当电缆线芯通过接地故障电流时，回流线上便有感应电压产生，因为回流线在其两端接地，感应电压转变为以大地为回路的逆向接地电流，抵消了大部分故障电流的磁通，从而起到良好的屏蔽效果。

电缆换位的措施一般适用于单芯长距离线路。在三相单芯电缆线路长度的 1/3 处轮流更换其相对位置，可使其对外界受磁通感应形成的合成电压为零。它相似于电缆金属套的交叉互联，虽然更换电缆相对位置并不产生逆向磁通，但由于各相磁通所感应的各相电压相互抵消，从而起到磁屏蔽的效果。

6.6.2　电缆过电压的保护措施

由于电缆绝缘分为外绝缘和内绝缘两种，其相应的防止过电压的措施也不相同。

① 外绝缘防止过电压的保护措施　电缆外绝缘防止过电压保护措施主要有：选择合适的终端头外绝缘爬电距离，装设相应的避雷器。

由于电缆端头套管的绝缘部件，易受大气条件（气压、气温、湿度、雾、雨、冰、雪以及污染物等）的影响，其耐受电压值降低很多，较内绝缘耐压值低，常发生沿面闪络和气隙击穿的事故。因此选择合适电缆端头套管的爬电距离，是防止电缆端头绝缘过电压的主要措施。

爬电距离是指两个导电部分之间沿绝缘材料表面的最短距离。实际工作中常用各种电压等级下的爬电比距来表示外绝缘性能。爬电比距是指绝缘件的爬电距离与最高工作电压之比，单位为 cm/kV。当已确定外绝缘所处地区的污秽等级（如表 6-9 所示）后，即可确定各污秽等级电力设备的爬电比距，如表 6-10 所示。

表 6-9　发电厂、变电所污秽等级标准

污秽等级	污秽特征	盐密/(mg/cm^2)	
		线路	发电厂、变电所
0	大气清洁地区及离海岸盐场 50km 以上无明显 污染地区	≤0.03	—
I	大气轻度污染地区，工业区和人口低密集区，离海岸盐场 10～50km 地区。在污闪季节中干燥少雾（含毛毛雨）或雨量较多时	>0.03～0.06	≤0.06

续表

污秽等级	污秽特征	盐密/(mg/cm²)	
		线路	发电厂、变电所
II	大气中等污染地区,轻盐碱和炉烟污秽地区,离海岸盐场 3～10km 地区,在污闪季节中潮湿多雾(含毛毛雨)但雨量较少时	>0.06～0.10	>0.06～0.10
III	大气污染较严重地区,重雾和重盐碱地区,近海岸盐场 1～3km 地区,工业与人口密度较大地区,离化学污源和炉烟污秽 300～1500m 的较严重污秽地区	>0.10～0.25	>0.10～0.25
IV	大气特别严重污染地区,离海岸盐场 1km 以内,离化学污源和炉烟污秽 300m 以内的地区	>0.25～0.35	>0.25～0.35

注：盐密是指力线路中绝缘子表面积聚的可溶解污物用等值附盐密度表征。

表 6-10 各污秽等级下的爬电比距分级数值

污秽等级	爬电比距/(cm/kV)			
	线路		发电厂、变电所	
	220kV 及以下	220kV 及以上	220kV 及以下	220kV 及以上
0	1.39(1.60)	1.45(1.60)	—	—
I	1.39～1.74(1.60～2.0)	1.45～1.82(1.60～2.0)	1.60(1.84)	1.60(1.76)
II	1.74～2.17(2.00～2.50)	1.82～2.27(2.00～2.50)	2.00(2.30)	2.00(2.20)
III	2.17～2.78(2.50～3.20)	2.27～2.91(2.50～3.20)	2.50(2.88)	2.50(2.75)
IV	2.78～3.30(3.20～3.80)	2.91～3.45(3.20～3.80)	3.10(3.57)	3.10(3.41)

注：1. 线路和发电厂、变电所爬电比距计算时取系统最高工作电压。上表 ( ) 内数字为按额定电压计算值。

2. 计算各污级下的绝缘强度时仍用几何爬电距离。由于绝缘子爬电距离的有效系数需根据大量的人工与自然污秽试验的结果确定。

② 内绝缘防止过电压的保护措旋 内绝缘防止过电压的保护措施主要有：一是在电缆线路适当的地点装设避雷器；二是根据内绝缘过电压要求,调整内绝缘厚度来实现。下面就避雷器的保护原

则和装设地点的确定进行介绍。

a. 避雷器的保护原则

ⓐ 流经避雷器的冲击电流不应超过配合电流，即 220kV 及以下避雷器为 5kA。

ⓑ 避雷器的残压应根据电缆绝缘试验电压和规定的绝缘配合系数来确定。我国对配电室或变电所 220kV 及以下的避雷器的残压都是以波形 $10/20\mu s$ 和冲击电流幅值 5kA 为标准。

ⓒ 在中性点非直接接地系统中，避雷器的额定电压不应低于电缆线路的最高运行电压。

ⓓ 保护旋转电机中性点绝缘的避雷器，额定电压不应低于电机运行时的最高相电压。

ⓔ 供用电设备常用避雷器的分类及用途如表 6-11 所示。

表 6-11　常用避雷器的分类及用途

避雷器名称	避雷器型号	主要用途
配电用普通阀型避雷器	FS	用作配电线路柱上断路器、熔断器、电缆头和配电变压器等设备防雷保护
电站用普通阀型避雷器	FZ	用作变电所、配电室电气设备的防雷保护
磁阀吹型避雷器	FCZ	用作 35kV 及以上变电所电气设备的防雷保护
金属氧化物避雷器	Y 系列	1. 同 FCZ 的应用范围 2. 串、并联电容器组 3. 高压电力电缆 4. 频繁切合电动机

b. 避雷器及保护器装设位置的确定原则　由于雷电波的作用，当电缆线路与防雷保护装置存在某一距离时，作用在电缆线路上的过电压将会比保护装置上的放电电压或残压有某些升高，即所谓的"反射叠加现象"。它们之间的距离越长，则电缆线路上的过电压也越高，因此需根据不同的网络特点，确定保护装置的装设地点。

ⓐ 对于有电缆线路进出线的配电室或变电站，避雷器应装设

在电缆头附近，其接地端应和电缆金属外皮相连。

ⓑ 若电缆线路长度超过 50m，并且断路器在雷雨季节可能经常断路运行，应在电缆线路的末端装设避雷器或保护间隙。

ⓒ 对于架空裸导线或架空绝缘导线与六氟化硫全封闭管线或电缆段连接处，必须装设避雷器保护，其接地端应与电缆外皮连接。对三芯电缆，末端的金属护套应直接接地；对单芯电缆，应经保护间隙接地。

ⓓ 若电缆线路出线上有电抗器时，避雷器应装设在与架空线的连接处或与电抗器的连接处。

ⓔ 电缆线路端头与避雷器接线长度（保护段）的确定，应使侵入配电室或变电所的雷电波幅值，等于进线保护段绝缘的冲击强度。

c. 电缆护层绝缘过电压的保护措施　电缆护层和铠装在制造结构上，中间有一层绝缘保护层。当铠装与金属护层不进行等电位连接时，在电缆线路发生故障而故障电流从故障点流回到变电所或配电室的接地网时，则在回流过程中金属护套和铠装的电位就会不相等，形成一个电位差，在护层绝缘较差的地方就会引起电火花放电，导致外皮烧穿，影响到金属护层内部的绝缘，因此装有金属护套和铠装的电缆，必须进行金属护套和外部铠装的等电位连接。这也是防止电缆外部绝缘过电压的措施之一。

35kV 及以下的电缆一般为三芯统包绝缘，正常运行情况下，流过三个芯线电流的总和为零，在金属护套的两端基本上没有感应电压，所以金属护套两端接地后不会有感应电流流经金属护套。但是当超过 35kV 时，电缆一般为单芯，当单芯电缆的芯线通过电流时，会在金属护套两端出现感应电压，如把金属护套两端三相互连接地，在金属护套中将会流过很大的环流，其值可达芯线电流的 50%~95%，形成金属护套严重损耗、发热，容易加速绝缘老化，降低电缆载流量；若为金属护套一端接地时，在雷电波或内部过电压波沿芯线流动，会在电缆不接地端出现很高的冲击过电压。并且在系统发生短路事故，在不接地端也会出现较高的工频感应过电压，容易造成电缆金属护套外绝缘层的损坏，形成金属护套的环流。根据上述两种情况，为限制其过电压，就必须使电缆的末端在正常运行情况下开路接地，在接地故障时限压接地。为此可在电缆金属护层的末端和大地间接一过电压保护器，保护器的残压等于或小于电缆金属护套外绝缘层的冲击耐压值。这是单芯电缆护层绝缘过电压保护措施之一。

6.6.3　电缆的防雷保护和接地方式

雷电将直接或间接导致电力系统的部分设备或线路产生雷电过电压，危及电力系统安全运行，是电力系统发生故障的主要因素之一。尽管电缆线路大多数都埋设在地下、水下、管道等构筑物中，而架空绝缘电缆只占极少数，遭受雷击可能性很小，但它必定是与架空线或其他电气设备相连接的。因此同样有被雷击的可能，要对其采取防雷保护。

（1）电缆主绝缘的防雷保护及设备

电力电缆的基本组成结构是线芯、绝缘层和护层（护层分金属护层和非金属护层）。因此，为了保证电缆线路的安全运行，对电缆的主绝缘和金属护套两方面要加以防雷保护。电缆的主绝缘的防雷保护所采用的保护装置有：管型避雷器、普通阀型避雷器、金属氧化物避雷器和护层限压保护器等。由于它们的性能和作用不同，其工作原理也不相同。

① 管型避雷器　管型避雷器是利用产气材料在电弧高温作用下产气以熄灭工频续流电弧的避雷器，也称为排气式避雷器。其结构原理如图 6-22 所示。

当作用在避雷器上的过电压达到间隙的放电电压时，外间隙和内间隙将相继放电，将过电压的电荷导入大地。在过电压消失后，避雷器将继续通过工频短路电流（即续流）。在工频短路电流电弧的作用下，产气管会分解出大量气体，由环形电极的开口孔喷出，产生强烈的吹弧作用，将电弧熄灭。它的伏秒特性比较陡峭，不易和被保护设备的绝缘特性相配合，而且放电后会产生截波。因此它一般适用于 35kV 及以下的变配电进线保护和线路上的弱绝缘保护。

② 阀型避雷器　阀型避雷器是一种含有阀片的避雷器。它又

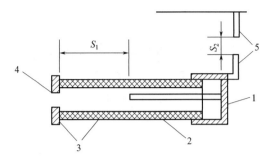

图 6-22　管型避雷器结构原理

1—端盖；2—产气管；3—内电极；4—喷气口；5—外电极；

S_1—内（灭弧）间隙；S_2—外（隔离）间隙

可分为有间隙和无间隙两种。普通阀型避雷器是由碳化硅阀片和普通平板间隙串联组成的。其结构原理如图 6-23 所示。

　　由于碳化硅阀片具有良好的非线性和足够的通流能力，并且由普通平板串联组成的间隙具有足够的对地绝缘强度，因此当正常的工频电压作用时，阀片不会通过电流，间隙也不会被击穿；当系统出现危险过电压时，间隙很快被击穿，使雷电流很容易通过阀片引入大地，这时在阀片上产生的压降称为避雷器的冲击残压，同时此冲击残压也作用在被保护的设备上，为此避雷器的残压要与被保护设备实现绝缘配合。虽然普通阀型避雷器的残压比氧化物避雷器的高，但是它具有结构简单、价格低廉等优点，因此在中性点非有效接地系统中，仍可以在一定范围内使用。

　　③ 金属氧化物避雷器　金属氧化物避雷器是由金属氧化物阀片组成的阀式避雷。金属氧化物阀片具有优异的非线性特性。当作用在阀片上的电压为正常工频电压时，流过阀片的只是微安级的泄漏电流，这样小的电流不会使阀片烧坏，因此金属氧化物的避雷器一般不设间隙来隔离工作电压。当作用在阀片上的电压出现危险过电压时，因无灭弧间隙，从而具有动作响应快、伏秒特性好的特点。当阀片的电阻性变小，通过大量的雷电流，使得加在阀片上的残压也很低，放电后很快恢复其原状。

　　由于金属氧化物避雷器与普通阀式避雷器相比，具有动作响应

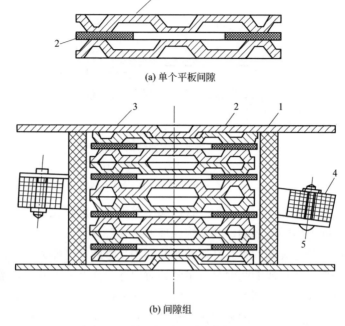

(a) 单个平板间隙

(b) 间隙组

图 6-23　普通阀型避雷器结构原理图
1—黄铜电极；2—云母片；3—莫铜盖板；4—半环形均压电阻；5—瓷套筒

快、通流容量大、残压低、无续流、结构简单、重量轻、动作可靠性高、维护简便等优点，它已开始逐步取代碳化硅阀型避雷器，但是在中性点非有效接地系统中，由于弧光接地过电压的持续作用长，要求金属氧化物避雷器有较高的荷电率和较大的释放能量的能力，这时需加装串联间隙来加以消除。因此我国已开始生产带间隙的、性能更加优良的金属氧化物避雷器，以适应各种网络、各种电压等级的要求。

避雷器的特点是，它能释放过电压能量并限制过电压幅值。正常情况下避雷器不导通（最多只流过微安级的泄漏电流），而在雷电流侵入时，当作用于电缆和避雷器上的电压达到避雷器的动作电压时，避雷器导通，通过大电流，释放过电压能量，并通过把过电压限制在一定水平，而达到保护电缆主绝缘的目的。当释放完过电压能量后，它又恢复到正常工作状态。

　　另外，避雷针、避雷线作为防雷保护装置，也是一种行之有效的措施。避雷针是将雷电引向自身并泄入大地使保护物免遭直接雷击的针形防雷装置。避雷线是架设在被保护物上方水平方向的接地导体，又称架空地线，它可将雷电对地的放电引向自身并泄入大地，使被保护物免遭直接雷击。在发电厂、变电所，除使用避雷器，也采用避雷针（线）作为防雷保护装置，处于这些地方的电缆也就因此而受到保护。

　　（2）电缆金属护套的防雷保护

　　雷电流不仅会侵入电缆的导体，还会侵入电缆的金属护套。当雷电流侵入时，雷电波在终端和绝缘接头的金属护套处会发生畸变，产生相当高的过电压，以致使电缆的外护层被击穿危及电缆的安全运行。因此，必须对电缆的金属护套、外护套采取防雷保护措施，一般都使用护层保护器。

　　护层保护器有单相式与三相式两种，主要元件是非线性电阻的阀片。其工作原理同金属氧化物避雷器工作原理相似。单相式是将一片或几片阀片装在一个密封盒内，或密封在一个环氧树脂的铸件内。三相式是将三组阀片接成星形接线，并进行密封，适用于终端或工作井内的绝缘接头。三相式的保护器与换位铜排一起装在特制的换位箱内，用三根同轴引出线（或称同轴电缆）与绝缘接头连接，如图 6-24 所示。

　　但从经济角度考虑，一般仅对

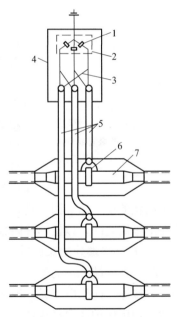

图 6-24　护层保护器结构原理圈
1—阀片；2—阀片盒；3—换位铜排；
4—外壳；5—同轴电缆；6—绝缘
法兰垫片；7—绝缘接头

110kV 及以上电压等级的超高压电缆（单芯电缆）的金属护套、外护套做防雷保护。由于雷电流在金属护套的传输现象很复杂，迄今为止世界各国仍在研究，国外对电缆金属护套常见的防雷保护措施有以下四种。

① 气体绝缘金属封闭电器（GIS）电缆终端处的保护措施　a. 为防止高频雷电流侵入，在 GIS 电缆终端处，将其电缆终端一侧的电缆终端外导电层接地。b. 当电缆的另一侧在铁塔上并已接地时，则在 GIS 侧的电缆金属外护层与大地之间加装外护层保护装置。外护层保护装置以往都使用由碳化硅元件和串联间隙构成的装置（阀片），近年来国外已广泛使用氧化锌避雷器。c. 在 GIS 电缆终端的连接处安装绝缘筒，并在绝缘筒处使用保护装置，如图 6-25 所示。安装绝缘筒有两个作用：一是可以防止 GIS 和电缆的金属护套之间流过工频电流；二是可以防止雷电流侵入记录事故用的电流互感器侧。所安装的保护装置往往采用氧化锌避雷器等外护层保护装置，也有部分使用高频雷电流旁路电容器。高频雷电流旁路电容器是将云母电容器配置成圆筒状的电容器。因其具有频率越高电流越小的特性，故将其布置在绝缘筒之间，以便形成高频雷电流的旁路回路。

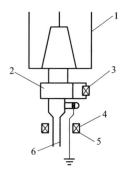

图 6-25　GIS 电缆终端
的保护措施

1—GIS 绝缘筒；2—绝缘筒；
3—外护层保护装置或高频雷
电流旁路电容；4—电流互感器；
5—接地线；6—电缆

② 户外终端处的保护措施　与 GIS 电缆终端处的保护措施类似，将户外终端一侧的电缆金属护套接地，另一侧通过外护套保护层装置接地；而当电缆另一侧在铁塔上并已接地时，将户外终端侧加装外护层保护装置再接地。

③ 塔终端处的保护措施　处于塔终端处的电缆，其金属护套也必须接地，接地方式有两种：a. 间接接地方式，即电缆 5 的金属护套通过铁塔（铁塔本身是接地的）1 间接连接接地，见图 6-26

（a）由于铁塔体与电缆金属护套处于同一电位，电缆金属护套的感应会流到铁塔上，对铁塔有一定的腐蚀作用。b. 直接接地方式，即将位于铁塔 1 上的电缆 5 的金属护套用接地线 3 引至地面并接地，见图 6-26（b)，当接地线 3 过长时可另加装保护装置（多用避雷器）4 并接铁塔。它与间接接地方式相比，电缆金属护套的电流不会流到塔体上，但雷电流侵入时，由于接地线长、波阻抗大，抑制雷电流不充分，将导致电缆金属护套与塔体之间的电位差很高。

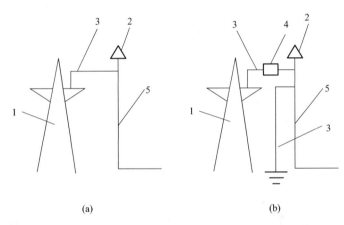

图 6-26　铁塔上终端的保护措施接地线与铁塔直接连接接地线与大地相连
1—铁塔；2—终端；3—接地线；4—保护装置；5—电缆

④ 绝缘接头处的保护措施　对于电缆线路交叉换位处的绝缘接头，必须采用外护层保护装置对接头的绝缘处做防雷保护。

（3）电缆的接地方式

接地是将电气设备的某些部分用导线（接地线）与埋设在土壤中或水中的金属导体（接地体或接地极）相连接。下面简单介绍有关超高压电缆的接地方式。

为保证电缆金属护套对地应保持良好的绝缘，安装时应根据线路的不同情况，按照经济合理的原则在金属护套的一定位置采用特殊的连接和接地方式，并同时装置绝缘护层保护器以防止电缆护层被击穿。这是因为运行中的超高压交流单芯电缆及充油电缆，在磁力线的作用下，其金属护套上会产生感应电压，感应电压的大小与电缆的长度和流过导线的电流成反比。当电缆遭受过电压或发生不对称短路故障时，金属护套上就有可能形成很高的感应电压，这将使得护套绝缘发生击穿。下面简述有关金属护套接地的几种方式。

① 护套一端接地　当电缆线路长度大约在 500m 及以下时，将电缆金属护套在终端位置采用一端直接接地，另一端经间隙或非线性电阻保护器间接接地的连接方式，如图 6-27 所示，即为护套一端接地（也称单端接地）。由于金属护套的其他部位对地绝缘，金属护套与地之间不构成回路，可以减少及消除护套上的环行电流，提高电缆的输送容量。

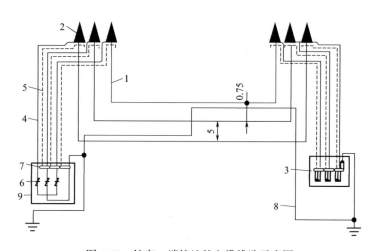

图 6-27　护套一端接地的电缆线路示意图

1—电缆；2—终端头；3—接地箱；4—同轴电缆内导体（连接金属护套）；5—同轴电缆外导体（接支架）；6—保护器；7—闸刀；8—回流线；9—接地线

　　根据国家标准，交流单相电力电缆的金属护套，必须直接接地。为保障人身安全非直接接地一端护套中的感应电压不应超过 50V，如果电缆终端头处的金属护套是用玻璃纤维绝缘材料包裹覆盖的，此时允许提高到 150V。在金属护套一端接地的电缆线路上，为确保护套中间的感应电压规定值，还必须安装一条沿电缆线路平行敷设的导体（导体的截面积应满足短路电流热稳定的要求），并使导体两端可靠接地，这种导体称回流线。这样当发生单相接地故障时，接地短路电流可以通过回路线流回系统的中性点，特别是当接地故障发生在回流线的接地中时，接地短路电流的绝大部分就可以通过回路线降低短路故障时护套的感应电流。另外，为了避免正常运行时回流线内出现环行电流，敷设时还使其与中间一相的距离为 0.75S（S 为相邻电缆轴间距离），并在电缆线路的一半处换位。

　　② 护套两端接地　图 6-28 所示，将电缆金属护套在两个终端位置直接接地，称为护套两端接地。这种接地方式用于当电缆线路很短、传输功率很小时，其金属护套上的感应电压也较小，护套两端直接接地形成通路后，护套中环行电流很小，对电缆的载流量影响不大。采用护套两端接地方式，不需要装设保护器，并可减少运行维护工作，这与护层损耗的损失相比，还是较为经济的选择。施工时用多股绞线一端在电缆终端尾管铅封位置以下进行锡焊连接，另一端接至终端接地箱，并将三相的中性点直接接地。

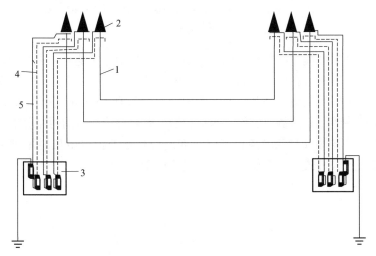

图 6-28　护套两端接地的电缆线路示意图

1—电缆；2—终端头；3—接地箱；4—铅套接地多股绞线；5—支架接地引下线

③ 护套中点接地　当电缆线路的长度采用一端接地太长时，可以改用护套中点接地的方式，如图 6-29 所示。它是将电缆线路的中间铅护套进行接地，而电缆的两端对地是绝缘的，并各装设一组保护器。每一个电缆端头的护套电压可以允许 65V，因此中点接地的电缆线路可以看作一端接地线路长度的两倍。

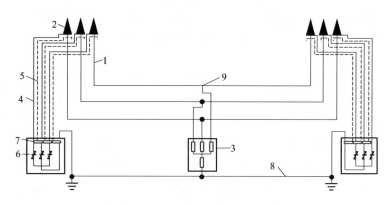

图 6-29　护套中点接地的电缆线路示意图

1—电缆；2—终端头；3—接地箱；4—同轴电缆内导体（连接金属护套）；

5—同轴电缆外导体（接支架）；6—保护器；7—闸刀；8—接地导体；

9—铅护套中点接地

如果电缆线路长度为两盘电缆，不适合中点接地时，则用护套断开的方式，在电缆线路的中部（断开处）装置一个绝缘接头，接头的中间用绝缘片隔开，使电缆两端的金属护套在轴向绝缘，同时在接头绝缘片两侧各装设一组保护器，并将电缆线路的两端分别接地，这样即可避免电缆护套绝缘和绝缘片在冲击过电压时不被冲击。这种方式也可看作一端接地线路长度的两倍。

参 考 文 献

［1］ 于景丰，赵锋．电力电缆实用技术．北京：中国水利出版社，2003.
［2］ 张栋国．电缆故障分析与测试．北京：中国电力出版社，2005.
［3］ 张庆达等．电缆实用技术手册（安装．维护．检修）．北京：中国电力出版社，2007.
［4］ 李宗廷．电力电缆施工手册．北京：中国电力出版社，2002.
［5］ 江日洪．交联聚乙烯电力电缆线路．北京：中国电力出版社，2009.
［6］ 李国征．电力电缆线路设计施工手册．北京：中国电力出版社，2008.
［7］ 李海帆．电力电缆工程设计、安装、运行、检修技术实用手册．北京：中国当代音像出版社，2006.

化学工业出版社电气类图书推荐

书号	书　名	开本	装订	定价/元
19148	电气工程师手册(供配电)	16	平装	198
21527	实用电工速查速算手册	大32	精装	178
21727	节约用电实用技术手册	大32	精装	148
20260	实用电子及晶闸管电路速查速算手册	大32	精装	98
22597	装修电工实用技术手册	大32	平装	88
18334	实用继电保护及二次回路速查速算手册	大32	精装	98
25618	实用变频器、软启动器及PLC实用技术手册(简装版)	大32	平装	39
19705	高压电工上岗应试读本	大32	平装	49
22417	低压电工上岗应试读本	大32	平装	49
20493	电工手册——基础卷	大32	平装	58
21160	电工手册——工矿用电卷	大32	平装	68
20720	电工手册——变压器卷	大32	平装	58
20984	电工手册——电动机卷	大32	平装	88
21416	电工手册——高低压电器卷	大32	平装	88
23123	电气二次回路识图(第二版)	B5	平装	48
22018	电子制作基础与实践	16	平装	46
22213	家电维修快捷入门	16	平装	49
20377	小家电维修快捷入门	16	平装	48
19710	电机修理计算与应用	大32	平装	68
20628	电气设备故障诊断与维修手册	16	精装	88
21760	电气工程制图与识图	16	平装	49
21875	西门子S7-300PLC编程入门及工程实践	16	平装	58
18786	让单片机更好玩:零基础学用51单片机	16	平装	88
21529	水电工问答	大32	平装	38
21544	农村电工问答	大32	平装	38

书号	书　名	开本	装订	定价/元
22241	装饰装修电工问答	大32	平装	36
21387	建筑电工问答	大32	平装	36
21928	电动机修理问答	大32	平装	39
21921	低压电工问答	大32	平装	38
21700	维修电工问答	大32	平装	48
22240	高压电工问答	大32	平装	48
12313	电厂实用技术读本系列——汽轮机运行及事故处理	16	平装	58
13552	电厂实用技术读本系列——电气运行及事故处理	16	平装	58
13781	电厂实用技术读本系列——化学运行及事故处理	16	平装	58
14428	电厂实用技术读本系列——热工仪表及自动控制系统	16	平装	48
17357	电厂实用技术读本系列——锅炉运行及事故处理	16	平装	59
14807	农村电工速查速算手册	大32	平装	49
14725	电气设备倒闸操作与事故处理700问	大32	平装	48
15374	柴油发电机组实用技术技能	16	平装	78
15431	中小型变压器使用与维护手册	B5	精装	88
16590	常用电气控制电路300例(第二版)	16	平装	48
15985	电力拖动自动控制系统	16	平装	39
15777	高低压电器维修技术手册	大32	精装	98
15836	实用输配电速查速算手册	大32	精装	58
16031	实用电动机速查速算手册	大32	精装	78
16346	实用高低压电器速查速算手册	大32	精装	68
16450	实用变压器速查速算手册	大32	精装	58
16883	实用电工材料速查手册	大32	精装	78
17228	实用水泵、风机和起重机速查速算手册	大32	精装	58

书号	书　名	开本	装订	定价/元
18545	图表轻松学电工丛书——电工基本技能	16	平装	49
18200	图表轻松学电工丛书——变压器使用与维修	16	平装	48
18052	图表轻松学电工丛书——电动机使用与维修	16	平装	48
18198	图表轻松学电工丛书——低压电器使用与维护	16	平装	48
18943	电气安全技术及事故案例分析	大32	平装	58
18450	电动机控制电路识图一看就懂	16	平装	59
16151	实用电工技术问答详解（上册）	大32	平装	58
16802	实用电工技术问答详解（下册）	大32	平装	48
17469	学会电工技术就这么容易	大32	平装	29
17468	学会电工识图就这么容易	大32	平装	29
15314	维修电工操作技能手册	大32	平装	49
17706	维修电工技师手册	大32	平装	58
16804	低压电器与电气控制技术问答	大32	平装	39
20806	电机与变压器维修技术问答	大32	平装	39
19801	图解家装电工技能100例	16	平装	39
19532	图解维修电工技能100例	16	平装	48
20463	图解电工安装技能100例	16	平装	48
20970	图解水电工技能100例	16	平装	48
20024	电机绕组布线接线彩色图册（第二版）	大32	平装	68
20239	电气设备选择与计算实例	16	平装	48
21702	变压器维修技术	16	平装	49
21824	太阳能光伏发电系统及其应用（第二版）	16	平装	58
23556	怎样看懂电气图	16	平装	39
23328	电工必备数据大全	16	平装	78
23469	电工控制电路图集（精华本）	16	平装	88
24169	电子电路图集（精华本）	16	平装	88
24306	电工工长手册	16	平装	68
23324	内燃发电机组技术手册	16	平装	188

书号	书　名	开本	装订	定价/元
24795	电机绕组端面模拟彩图总集(第一分册)	大 32	平装	88
24844	电机绕组端面模拟彩图总集(第二分册)	大 32	平装	68
25054	电机绕组端面模拟彩图总集(第三分册)	大 32	平装	68
25053	电机绕组端面模拟彩图总集(第四分册)	大 32	平装	68
25894	袖珍电工技能手册	大 64	精装	48
25650	电工技术 600 问	大 32	平装	68
25674	电子制作 128 例	大 32	平装	48

以上图书由**化学工业出版社　机械电气出版中心**出版。如要以上图书的内容简介和详细目录，或者更多的专业图书信息，请登录 www.cip.com.cn。

地址：北京市东城区青年湖南街 13 号 （100011）

购书咨询：010-64518888

如要出版新著，请与编辑联系。

编辑电话：010-64519265

投稿邮箱：gmr9825@163.com